普通高等教育大学计算机"十三五"精品立体化资源规划教材
"互联网＋"一体化考试平台配套规划教材——教学·练习·考试

大学计算机与计算思维

（Windows 10+Office 2016）

郭　锂　郑德庆◎主　编

汪　莹　崔　强　陈翠松　李丽萍　郭泽颖◎副主编

中国铁道出版社有限公司
CHINA RAILWAY PUBLISHING HOUSE CO., LTD.

内 容 简 介

本书依据教育部高等学校大学计算机课程教学指导委员会制定的《大学计算机基础课程教学基本要求》和全国高等学校计算机水平考试的最新考试大纲编写，采用"案例＋理论"的理念组织全书。

本书内容共 9 章，主要介绍了计算机基础知识、操作系统与常用软件、计算思维概述、文稿编辑软件 Word、数据统计和分析软件 Excel、演示文稿制作软件 PowerPoint、多媒体技术与应用、计算机应用技术的发展等内容，并为知识点配了讲解视频，扫描相应二维码即可观看。第 9 章介绍了广东省高等学校考试管理中心所建的"5Y"计算机课程平台。读者可在中国铁道出版社有限公司资源网站（http://www.tdpress.com/51eds/）免费下载与本书相关的教学课件、素材、测试题等资源。

本书适合作为高等院校"大学计算机"课程的教材，也可作为报考"全国高等学校计算机水平考试"（一级 MS Office）的参考用书及各类培训班的教材。

图书在版编目（CIP）数据

大学计算机与计算思维：Windows 10+Office 2016/郭锂，郑德庆主编. —北京：中国铁道出版社有限公司，2020.8（2024.8重印）
普通高等教育大学计算机"十三五"精品立体化资源规划教材
"互联网＋"一体化考试平台配套规划教材：教学·练习·考试
ISBN 978-7-113-27169-5

Ⅰ.①大… Ⅱ.①郭…②郑… Ⅲ.①电子计算机-高等学校-教材
Ⅳ.① TP3

中国版本图书馆 CIP 数据核字（2020）第 151963 号

书　　名：**大学计算机与计算思维**（Windows 10+Office 2016）
作　　者：郭　锂　郑德庆

策　　划：唐　旭　　　　　　编辑部电话：（010）51873202
责任编辑：刘丽丽
封面设计：刘　颖
责任校对：张玉华
责任印制：樊启鹏

出版发行：中国铁道出版社有限公司（100054，北京市西城区右安门西街 8 号）
网　　址：https://www.tdpress.com/51eds/
印　　刷：天津嘉恒印务有限公司
版　　次：2020 年 8 月第 1 版　2024 年 8 月第 9 次印刷
开　　本：787 mm×1 092 mm　1/16　印张：17　字数：409 千
书　　号：ISBN 978-7-113-27169-5
定　　价：49.80 元

前　言

随着 2016 年《中国学生发展核心素养》研究成果的发布，以"计算思维"等为特征要素的信息技术课程核心素养成为我国从基础教育到高等教育阶段信息技术相关课程改革的立足点。高校计算机公共课程作为信息技术教育在全教育阶段的最高形态，对当代大学生信息相关的必备品格和关键能力的培养将发挥越来越重要的作用；同时从国内大范围来看，社会、行业、高等教育各个专业与信息技术领域的飞速交融发展对"大学计算机"课程的创新也不断地提出新的要求。基于以上背景，我们编写了本书。

本书编者团队组合了多位长期从事计算机基础课程教学一线工作和从事"全国高等学校计算机水平考试认证"组织和研究工作的人员。在编写过程中，编者参照了教育部高等学校大学计算机课程教学指导委员会制定的《大学计算机基础课程教学基本要求》和全国高等学校计算机水平考试的最新考试大纲，并将作者长期积累的教学经验和体会融入到教材的各个部分，采用"案例 + 理论"相结合的灵活理念来设计并组织全书内容。同时，本书将学生多年来参加"全国高等学校计算机水平考试"中暴露出的薄弱环节，融入相关案例中，帮助学生做到理解概念、掌握技能与获取合格认证的有机统一。

本书的知识内容创新表现在：编写团队将原有传统"大学计算机基础"课程大纲进行优化，简化或剔除陈旧知识点，增加了"计算思维""AR、VR 等多媒体新发展""AI""大数据""个人电脑选购与维护""笔记本 VS 智能手机"等新的知识模块。

本教材内容组织的特色表现在：编写团队以广东省高等学校考试管理中心所建的"5Y"计算机课程平台上积累的现有在线课程资源为基础，将纸质教材、细分知识点的微课视频、教学课件、多层次的测试、试题库、案例库等多种形态进行组合，便于学生自定步调，进行移动化、碎片化学习，也便于教师的个性化SPOC 设计。同时，在内容细节编排上，为了提升学习效率和体验，我们将微课等资源和教材内章节内容一一对应，在书中描述知识点的相应位置设置了二维码，读者扫描二维码即可观看。

本书内容共 9 章，主要介绍了计算机基础知识、操作系统与常用软件、计算思维概述、文稿编辑软件 Word、数据统计和分析软件 Excel、演示义稿制作软件 PowerPoint、多媒体技术与应用、计算机应用技术的发展等内容。最后一章介绍了广东省高等学校考试管理中心所建的"5Y"计算机课程平台。读者可在中国铁道出版社有限公司资源网站（http://www.tdpress.com/51eds）免费下载与本书相关的教学课件、素材、测试题等资源，或与广东省高等学校考试管理中心联系并登录 http://5y.gdoa.net:8580/ 获得。

本书由郭锂、郑德庆任主编，汪莹、崔强、陈翠松、李丽萍、郭泽颖任副主编。具体编写分工如下：岭南师范学院汪莹老师编写第 1、2 章，华南师范大学郭锂编写第 3 章，广东农工商职业技术学院崔强编写第 4 章，广东机电职业技术学院陈翠松编写第 5 章，华南师范大学李丽萍编写第 6 章，华南师范大学郭泽颖编写第 7、8 章，广东省高等学校考试管理中心陈晓丽编写第 9 章。全书由郭锂统稿，郑德庆全程指导。其中，广东省高等学校考试管理中心的陈晓丽和赖建锋对本书的编写和出版提出了很多建设性的意见，并对教材内容的选取与组织提供了指导。华南师范大学的吴素惠承担了部分文献搜索和文字编排工作。另外在本书的编写过程中也参考了一些相关文献。在此对以上为本书出版提供帮助的老师表示衷心感谢！

尽管我们力求精益求精，但由于编者水平有限，书中难免存在不足之处，敬请广大读者批评指正。

编　者

2020 年 5 月

目 录

第 3 章　计算思维概述 / 65

第1章

计算机基础知识

20 世纪最先进的科学技术发明之一就是计算机。掌握计算机的基础知识和应用能力，重视计算机安全防范，能够做到高效学习和熟练办公，是当今信息社会不可或缺的能力。本章主要内容包括：认识计算机、计算机系统的组成和主要性能指标、计算机网络基础、网络安全与法规。

1.1 \\\\ 认识计算机

1.1.1 计算机的定义

计算机（Computer）俗称电脑，是现代一种用于高速计算的电子机器，它不仅可以进行数值计算和逻辑运算，还具有存储记忆功能。

计算机是能够按照程序运行的，自动、高速处理海量数据的现代化智能电子设备。它的应用领域非常广泛，主要有：科学计算、过程检测与控制、信息管理、人工智能、计算机辅助系统、计算机网络等。常见的计算机如图 1-1 所示。

计算机的定义

1.1.2 计算机的发展

计算工具的发展，经历了从简单到复杂、从低级到高级、从机械到电子的过程。人类历史上曾经出现过的计算工具包括：算筹、算盘、计算尺、手摇机械计算机、电子计算器等。其中最为著名的当属我国古人发明的算盘，如图 1-2 所示。

计算机的发展

图 1-1 常见的计算机

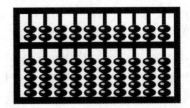

图 1-2 算盘（约公元前 500 多年前中国发明）

计算机从发明至今，历经 70 多年的发展，根据其使用电子元器件的不同，可划分为四个发展阶段，如表 1-1 所示。

表 1-1 计算机发展的四个阶段

发展阶段	时间	电子元器件	特 点
第一代	1946—1955 年	电子管	体积大、可靠性不强，程序语言以机器语言和汇编语言为主
第二代	1956—1963 年	晶体管	体积缩小、运算速度也进一步提高，出现了一些高级程序设计语言，使程序设计效率提高
第三代	1964—1970 年	中小规模集成电路	体积和重量进一步缩小，性能提高，同时出现了计算机网络和数据库
第四代	1971 年至今	大规模和超大规模集成电路	体积和重量空前缩小，性能显著提升，互联网得到了广泛的运用

1. 第一个发展阶段（第一代计算机）

1946—1956 年，是电子管计算机时代。世界上第一台电子计算机 ENIAC（埃尼阿克）诞生于 1946 年美国宾夕法尼亚大学，其中文含义是电子数字积分计算机（Electronic Numerical Integrator And Computer，ENIAC），它的主要组成部件为电子管，如图 1-3 所示。

图 1-3 世界上第一台计算机 ENIAC

ENIAC 是二战期间由美国军方委托宾夕法尼亚大学研制开发，由 17 468 个电子管、60 000 多个电阻器、10 000 多个电容器和 6 000 多个开关组成，重达 30 t，占地 170 m²，需要 150 kW 的电力才能启动，耗电 174 kW，耗资 45 万美元，每秒能运行 5 千次加法运算。这台计算机被认为是电子计算机的始祖，它开创了电子计算机的历史。

现代计算机理论最重要的奠基人是图灵和冯·诺依曼，两位科学家均做出了极其突出的贡献。

图灵，英国数学家、逻辑学家，被称为计算机科学之父，人工智能之父。他建立了图灵机的理论模型，发展了可计算理论，由此奠定了计算机逻辑运算的基础。美国计算机协会（ACM）于 1966 年设立的"图灵奖（Turing Award）"，全称"A.M. 图灵奖（A.M Turing Award）"，该奖有"计算机界的诺贝尔奖"美誉，专门奖励那些对计算机事业作出重要贡献的个人。

冯·诺依曼，美籍匈牙利数学家、计算机科学家、物理学家，被后人称为"现代计算机之父"。他的突出贡献是在 1946 年提出"存储程序控制"原理，亦称为"冯·诺依曼原理"，该原理确立了现代计算机的基本结构和工作方式。虽然计算机的制造技术从计算机出现到目前已经发生了极大的变化，但在基本的硬件结构方面，一直沿袭着冯·诺依曼的传统设计框架，即计算机硬件系统由运算器、控制器、存储器、输入设备、输出设备五大部件构成，并且使用至今。

冯·诺依曼设计的计算机工作原理是将需要执行的任务用程序设计语言写成程序，与需要处理的原始数据一起通过输入设备输入并存储在计算机的存储器中，即"程序存储"。在需要执行时，由控制器取出程序并按照程序规定的步骤或用户提出的要求，向计算机的有关部件发布命令并控制它们执行相应的操作，执行的过程不需要人工干预而是自动连续进行，即"程序控制"。

"存储程序控制"原理的基本内容如下：

- 采用"二进制"形式表示数据和指令。
- 将程序（数据和指令序列）预先存放在主存储器中（程序存储），使计算机在工作时能够自动快速地从存储器中取出指令，并加以执行（程序控制）。
- 由运算器、控制器、存储器、输入设备、输出设备五大基本部件组成计算机硬件体系结构。

计算机应用领域从最初的军事科研应用扩展到社会的各个领域，已形成了规模巨大的计算机产业，带动了全球范围的技术进步，由此引发了深刻的社会变革，计算机已遍及学校、企事业单位和商业领域，进入寻常百姓家，成为信息社会中必不可少的工具。

2. 第二个发展阶段（第二代计算机）

1956—1963 年，为晶体管计算机时代。1956 年，美国贝尔实验室成功研制出第一台使用晶体管线路的计算机，取名 TRADIC，其装有 800 个晶体管，如图 1-4 所示。晶体管的发明大大促进了计算机的发展。晶体管代替电子管使得计算机的体积变小。这个阶段的计算机的主要进步包括：速度快、寿命长、体积小、重量轻、耗电量少。在这个阶段，汇编语言使用更加普遍，并出现了一系列高级程序设计语言，使编程工作更加简化。计算机的应用领域已拓展到信息处理及其他科学领域。

3. 第三个发展阶段（第三代计算机）

1964—1970 年，是中小规模集成电路计算机时代。1964 年，美国 IBM 公司成功研制第一个采用集成电路的通用电子计算机系列 IBM 360 系统，如图 1-5 所示。

图 1-4　晶体管计算机 TRADIC

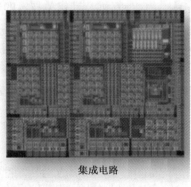

集成电路

图 1-5　集成电路计算机和集成电路板

4. 第四个发展阶段（第四代计算机）

1971 年至今，为大规模和超大规模集成电路计算机时代。1971 年世界上第一台微处理器在美国硅谷诞生，开创了微型计算机的新时代，如图 1-6 所示。

图 1-6　第四个阶段的计算机

　　这个阶段的计算机的应用领域从实现科学计算、事务管理、过程控制等功能，开始逐步走向家庭、学校、单位和公司等。

　　5. 第五代计算机——量子计算机

　　量子计算是一种依照量子力学理论进行的新型计算。量子计算机有望成为下一代计算机。目前，其在人工智能、纳米机器人等方面有广泛应用。未来还会在卫星航天器、核能控制等大型设备、中微子通信技术、量子通信技术、虚空间通信技术等信息传播领域，以及先进军事高科技武器和新医疗技术等高精尖科研领域发挥巨大的作用，如图 1-7 所示。

（a）世界上首台基于IBM云的量子计算平台　　　　　（b）5个超导量子位组成的量子处理器

图 1-7　第五代量子计算机

计算机的分类

1.1.3　计算机的分类

　　计算机及其相关技术的迅速发展带动计算机类型不断分化，形成了各种不同种类的计算机。依据计算机的应用范围、信息和数据的处理方式、规模和处理能力三个指标，可将计算机做如下分类。

　　1. 按照应用范围分类

　　按照计算机的应用范围可将计算机分为专用计算机和通用计算机两类，如图 1-8 所示。

专用计算机　　　　　　　　**通用计算机**

专为解决某一特定问题而设计制造的电子计算机，一般拥有固定的存储程序。如控制轧钢过程的轧钢控制计算机，计算导弹弹道的专用计算机等。　**VS**　指各行业、各种工作环境都能使用的计算机，其运行效率速度和经济性依据其应用对象的不同而各有差异。通用计算机适合于科学计算、数据处理、过程控制等多方面应用。

价格便宜　可靠性高　结构简单　　　　较高的运算速度　　结构复杂

解决特定问题的速度快　　　　　　较大的存储容量　　价格昂贵

图 1-8　专用计算机和通用计算机对比

2. 按照信息和数据的处理方式分类

按照计算机的信息和数据的处理方式，可将计算机分为数字计算机、模拟计算机、数模混合计算机，如图 1-9 所示。

图 1-9　数字计算机和模拟计算机

（1）数字计算机

数字计算机又称为数字式电子计算机，用不连续的数字量即 "0" 和 "1" 来表示信息，其基本运算部件是数字逻辑电路。数字式电子计算机的精度高、存储量大、通用性强，能胜任科学计算、信息处理、实时控制智能模拟等方面的工作。

（2）模拟计算机

模拟计算机又称为模拟式电子计算机，用连续变化的模拟量即电压来表示信息，其基本运算部件是由运算放大器构成的微分器、积分器、通用函数运算器等运算电路组成。模拟式电子计算机解题速度极快，但精度不高、信息不易存储、通用性差。它一般用于解微分方程或自动控制系统设计中的参数模拟。

（3）数模混合计算机

数模混合计算机又称数字模拟混合式电子计算机，是综合了数字和模拟两种计算机的长处而设计出来的。它既能处理数字量，又能处理模拟量。但是这种计算机结构复杂，设计困难。

3. 按照规模和处理能力分类

按照计算机的规模和处理能力，可将计算机分为：

（1）巨型计算机

巨型计算机（Super Computer）又称超级计算机，是计算机中功能最强、运算速度最快、存储容量最大的一类计算机，多用于国家高科技领域和尖端技术研究，是国家科技发展水平和综合国力的重要标志。巨型计算机主要用来承担重大的科学研究、国防尖端技术和国民经济领域的大型计算课题及数据处理任务，如大范围天气预报，整理卫星照片，探索原子核物理，研究洲际导弹、宇宙飞船，制订国民经济的发展计划等。图 1-10 所示是天河一号超级计算机。

图 1-10　巨型计算机

（2）大型计算机

大型计算机（Mainframe）是用来处理大容量数据的机器。它运算速度快、存储容量大、联网通信功能完善、可靠性高、安全性好，但价格比较贵，一般用于为大中型企业、事业单位（如银行、机场等）的数据提供集中的存储、管理和处理，承担企业级服务器的功能。图 1-11 所示是 IBM 大型机和联想大型机。

（a）IBM大型机　　　　　　　　　　　　　　　（b）联想大型机

图 1-11　大型计算机

（3）小型计算机

小型计算机（Minicomputer）是相对于大型计算机而言的。小型计算机的软、硬件系统规模比较小，但其价格低、可靠性高，便于维护和使用，一般为中小型企业、事业单位或某一部门所用，包括小工作站。

（4）微型计算机

微型计算机（Personal Computer）又称为微机、个人计算机、微电脑、PC 等，是第四代计算机时期开始出现的一个新机种，是由大规模集成电路组成的、体积较小的电子计算机。它是以微处理器为基础，配以内存储器及输入 / 输出（I/O）接口电路和相应的辅助电路而构成的裸机，具有体积小、灵活性大、价格便宜、使用方便的特点。

（5）嵌入式计算机

嵌入式计算机（Embedded System）即嵌入式系统，是一种以应用为中心、以微处理器为基础，软硬件可裁剪的，适应应用系统的功能，对可靠性、成本、体积、功耗等综合性能都有严格要求的专用计算机系统，如微波炉、自动售货机、空调等电器上的控制板，如图 1-12 所示。

图 1-12　嵌入式计算机

不同计算机的用途描述如表 1-2 所示。

表 1-2　不同计算机的用途描述

分类	说　明	用　途
巨型计算机 / 超级计算机	例如：神威·太湖之光；天河一号、天河二号	不仅应用于助力探月工程、载人航天等政府科研项目，还在石油勘探、汽车飞机的设计制造、基因测序等民用方面大展身手
小型机 / 工作站	配有高分辨率的大屏幕显示器及容量很大的内存储器和外存储器的高档计算机，面向专业应用领域，具备强大的数据运算与图形、图像处理能力。	工作站主要是为满足工程设计、动画制作、科学研究、软件开发、金融管理、信息服务、模拟仿真等应用需求
微型计算机	台式机、一体机、笔记本式计算机	办公、学习、休闲娱乐

1.1.4　移动设备

移动设备又称行动装置（Mobile Device）、流动装置、手持装置（Handheld Device）等，是一种口袋大小的计算设备，通常有一个小的显示屏幕，以触控方式或小型键盘进行输入。常见的移动设备有智能手机、平板电脑、可穿戴设备等，如图 1-13 所示。

移动设备

图 1-13　常见移动设备

1. 智能手机

智能手机是指像个人电脑一样，具有独立的操作系统，独立的运行空间，可以由用户自行安装软件、游戏、导航等第三方服务商提供的程序，并可以通过移动通信网络来实现无线网络接入的一种手机类型。

2. 平板电脑

平板电脑又称便携式电脑（Tablet Personal Computer）是一种小型的、方便携带的个人电脑，以触摸屏作为基本的输入设备。平板电脑作为可移动的多用途平台，为移动教学提供了多种可能性。目前智能手机大量应用于娱乐、商务、时讯服务、军事、无线遥控等领域。

3. 可穿戴设备

可穿戴设备即直接穿在身上，或是整合到用户的衣物配件上的一种便携式设备，如图 1-14 所示。

图 1-14　可穿戴设备

1.2　计算机系统

1.2.1　计算机系统

计算机系统由硬件系统和软件系统两大部分组成，如图 1-15 所示。

"硬件系统"即组成计算机的所有有形的物理装置（实体部件）的集合，没有安装任何软件的计算机称为"裸机"。"硬件系统"由主机和外部设备组成。

计算机系统

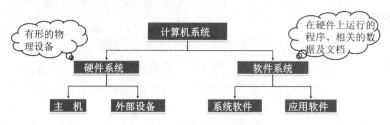

图 1-15　计算机系统的组成

"软件系统"就是在硬件上运行的程序、相关的数据及文档，负责控制计算机各部件协调工作。"软件系统"由系统软件和应用软件构成。系统软件指操作系统（Operation System，OS）。在安装有操作系统的基础上，为进一步丰富计算机的拓展应用，按需安装应用软件，即可面向用户提供服务，如图 1-16 所示。

概括而言，硬件是基础，是软件的载体，软件使硬件具有了使用价值。计算机系统组成结构具体如图 1-17 所示。

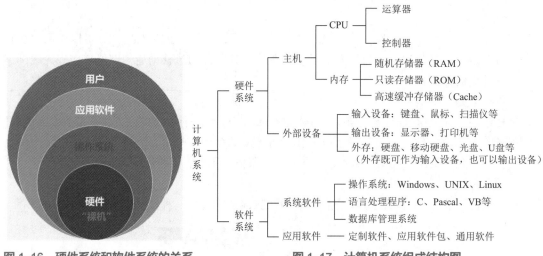

图 1-16　硬件系统和软件系统的关系　　　图 1-17　计算机系统组成结构图

1.2.2　计算机硬件系统

计算机硬件系统

计算机硬件系统是由组成计算机的各电子元器件按照一定逻辑关系连接而成，是计算机系统的物理基础。

直观地看，计算机硬件是一大堆设备，它们都是看得见摸得着的，是计算机进行工作的物质基础，也是计算机软件发挥作用、施展技能的舞台。计算机硬件的基本功能是接受计算机程序的控制来实现数据输入、运算、数据输出等一系列根本性的操作。

从冯·诺依曼体系结构的角度看，计算机硬件系统由运算器、控制器、存储器、输入设备、输出设备五大部件构成，其中控制器和运算器组成中央处理器，如图 1-18 所示。

从宏观角度来看计算机硬件系统包括主机和外部设备（简称外设）两部分，如图 1-19 所示。

1. 主机

主机包括主机箱内的主机部件及部分位于主机箱中的外设，通常有主机板、CPU、内存储器、显卡、声卡以及硬盘、光驱等，如图 1-20 所示。

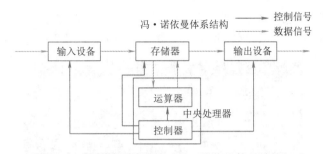

图 1-18 **计算机硬件系统**（冯·诺依曼体系结构）

图 1-19 **主机和外设**

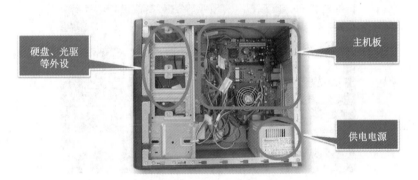

图 1-20 **主机**

（1）CPU

CPU 是中央处理器（Central Processing Unit）的英文简称，是一块超大规模的集成电路，是一台计算机的运算核心和控制核心，决定着计算机的性能，如图 1-21 所示。

它的功能主要是解释执行计算机指令以及处理数据运算。

图 1-21 **中央处理器 CPU**

CPU 相当于"神经中枢"，运行时芯片温度会显著升高，因此将 CPU 安置到主板 CPU 插座的同时，匹配有散热装置，如图 1-22 所示。图中橙色部分支架用于固定 CPU 散热风扇。

图 1-22　CPU 安装示意图

英特尔（Intel）处理器占 CPU 八成以上市场份额，除此之外还有 AMD 处理器。以 Intel 酷睿（CORE）处理器为例，最新的分别是第十代 i3、i5、i7 和 i9，尤其是装置于笔记本式计算机时，可使其又轻又薄，呈现智能性能、娱乐中心和最佳互联，如图 1-23 所示。

图 1-23　Intel 酷睿处理器

以 Intel 酷睿第十代 i7 为例，其 CPU 主频（运算速度）为 4.0 GHz，字长为 64 位。与世界上第一台计算机 ENIAC 的对比如表 1-3 所示。

表 1-3　ENIAC 和 2019 年 Intel Core 10th i7 微机对比

对比项目	ENIAC	微机（Intel Core 10th i7）
年代	1946 年	2019 年
运算速度	5 000 次加法 /s	43 亿次计算 /s
用电量	170 kW/h	≤ 300 kW/h
重量	28 t	1.3 kg（笔记本式计算机）
尺寸	占地 100 m²	13、14 或 15 英寸
内部	17 840 个电子管	超大规模集成电路
价格	48.7 万美元	约 8 000 元人民币

若计算机用于专业图像处理或特别看重游戏性能和体验，可配置图形处理器 GPU（Graphics Processing Unit，GPU），又称视觉处理器，是一种专门在个人电脑、工作站、游戏机和一些移动设备（如平板电脑、智能手机等）上做图像和图形相关运算工作的微处理器。GPU 目前尚不能完全取代 CPU。

🎯 **思考与提高——SoC和CPU的区别和联系**

谈起手机性能参数，我们常常会看到SoC这一术语，例如华为麒麟SoC还有高通骁龙SoC……什么是SoC，它和电脑CPU有什么关联吗？

SoC（System on Chip）：系统级芯片，也称片上系统，是一个有专有目标的集成电路，其中包含完整系统并嵌入软件的全部内容。其典型代表为手机芯片。

CPU=运算器+控制器，是指单一的中央处理器，它的功能主要是解释计算机指令以及处理计算机软件中的数据。现在几乎没有纯粹的CPU了，都是SoC。

计算机芯片的发展阶段可以看作是从CPU发展到SoC，目前可以理解为SoC里包含了CPU。

（2）内存储器

存储器的主要功能是存放程序和数据。使用时可以从存储器中取出信息来查看运行程序，此为存储器的"读"操作；也可以把信息写入存储器、修改原有信息、删除原有信息，此为存储器的"写"操作。存储器分为内存储器和外存储器。CPU 能够直接访问（读 / 写）的存储器称为内存储器；CPU 不能够直接访问的存储器称为外存储器。

内存储器（简称内存），通常也泛称为主存储器，是计算机中的主要部件，是与 CPU 进行沟通的桥梁，如内存条（见图 1-24）。它用于暂时存放 CPU 中的运算数据，以及与硬盘等外部存储器交换的数据。内存也可以理解为运行存储器，内存越大，可同时运行的任务越多。举例来说：计算机中有一个 MP3 文件，作为音频文档（音乐文件）始终存放于硬盘（外存储器）中，可 MP3 一旦双击播放就是由 CPU 控制其在内存上运行。

内存储器主要由以下三种存储器构成。

①随机存储器 RAM（又称主存）：由 CPU 直接写入或读出信息，具有"断电即失"的特点，即存储的信息将因断电或机器重新启动而丢失。

②只读存储器 ROM：只能读出而不能写入的存储器；存储的信息不会由于断电而丢失，例如 BIOS（基本输入 / 输出系统），它控制电脑的基本输入 / 输出系

图 1-24　内存条

统在每次重启后，都能保证正常工作，其指令集合不会随着电脑重启而丢失。

③ Cache 高速缓冲存储器：由于 CPU 的运行速度远高于内存存取速度，当 CPU 直接从内存中存取数据时要等待一定时间周期，而 Cache 的存取速度快，可以保存 CPU 刚用过或循环使用的一部分数据，如果 CPU 需要再次使用该部分数据时可从 Cache 中直接调用，这样就避免了重复存取数据，减少了 CPU 的等待时间，因而提高了系统的效率。

🎯 **思考与提高——手机内存与电脑内存的差别**

手机内存的叫法其实有些模糊，普通消费者所认为的手机内存其作用类似于电脑的硬盘，

目前容量常见的有64GB、128GB、256GB或512GB。这是一种ROM（断电后不会丢失数据），是一种与电脑固态硬盘性质一样的闪存芯片颗粒，被嵌入在手机主板。同时手机中还有运存，也叫手机RAM（断电后会丢失数据）。其实手机运存的作用类似于电脑内存条，用作数据的临时存储和中转。

电脑内存（条）DDR是一种内存储器RAM，是电脑各个数据的临时周转中心。目前大多数电脑内存条以8GB、16GB为主，可以在一个电脑中使用多个内存条，如16GB×4。而电脑中系统、程序、数据、文件是存储在外存储器硬盘HDD上，它是一种可读写的ROM，常见容量有256GB、512GB、1TB等，常见类型有机械硬盘和固态硬盘两种。

◎ **思考与提高——手机扩展卡**

手机扩展卡也叫存储卡，某些手机允许用户插存储卡来扩展手机的存储空间，可以认为它是一种ROM，是一种闪存卡。现今常见的手机扩展卡一般是64GB的MICRO SD卡。除了容量大小以外，存取速度也是其重要性能参数。

（3）主板

电脑主板（Motherboard，Mainboard，简称 Mobo），又叫主机板、系统板或母板，是计算机主机中最大的一块电路集成板。主板是计算机的主体和中控中心，它集合全部系统的功能，控制着各部件之间的指令流和数据流。电脑主板上布满了电子元件、插槽、接口等，为 CPU、内存及各种适配卡提供安装插座，为各种存储设备、打印机、扫描仪等外设提供的接口。主板上不仅有控制芯片组、CPU 插座、BIOS（基本输入输出系统，Basic Input/Output System）芯片、内存条插槽，同时集成了软驱接口、硬盘接口、并行接口、串行接口、USB 接口、AGP 总线扩展槽、PCI 局部总线扩展槽、ISA 总线扩展槽、键盘和鼠标接口（PS/2 接口）以及一些连接其他部件的接口等。主板示意图如图 1-25 所示。

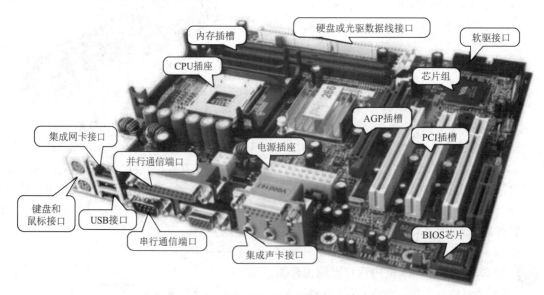

图 1-25　主板示意图

随着计算机的发展，不同型号的计算机主板结构可能略有不同。有的主板带有集成声卡，有的额外安装独立声卡。图 1-26 所示为独立声卡。

（4）总线和接口

计算机中传输信息的公共通路称为总线（BUS）。总线是一种内部结构，它是 CPU、内存、输入 / 输出设备传递信息的公用通道，主机的各个部件通过总线相连接，外部设备通过相应的接口电路再与总线相连接。按照总线上传输信息的不同，总线可以分为数据总线（Data Bus，DB）、地址总线（Address Bus，AB）和控制总线（Control Bus，CB）三种，如图 1-27 所示。

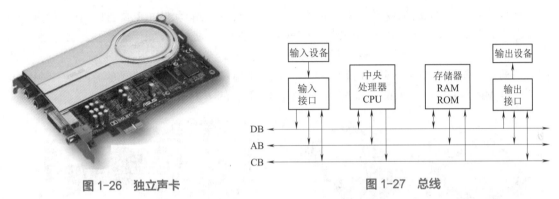

图 1-26　独立声卡　　　　　　　　　　图 1-27　总线

计算机通过接口连接外部设备并实现通信，包括 PS/2 接口、串行通信接口、并行通信接口、有线网卡接口、USB 接口和声卡接口等，如图 1-28 所示。

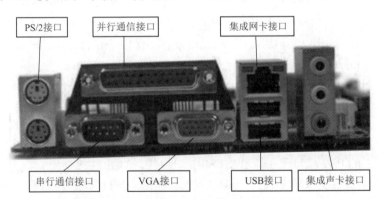

图 1-28　接口

除此之外，有些计算机还配有 HDMI 接口、SD 读卡器接口、Type-C 接口。

2. 外部设备

外部设备（外设）包括外存储器、输入设备、输出设备等。

（1）外存储器

外存储器是指除计算机内存及 CPU 缓存以外的存储器，此类存储器一般在断电后仍然能保存数据。外存储器通常容量较大，用户可用于存储大量数据资料。具体包括硬盘、光盘、U 盘、移动硬盘等，如图 1-29、图 1-30 所示。

①硬盘：是一种外存储器，硬盘空间越大，可存储的数据就越多。因为硬盘上存储的所有数据不可能全部同时运行，所以内存不需要像硬盘那么大的空间。硬盘使用过程中，往往划分为多个分区，标识为 "C:" "D:" "E:" 等，其中 C 盘是系统盘，安装有操作系统软件，其他盘为数据盘。

（a）移动硬盘

（b）光盘

图 1-29　外存储器

图 1-30　优盘

目前市面上最常见的机械硬盘 HDD 造价低、寿命长，容量常为 512GB 或 1TB；固态硬盘 SSD 噪音小效率高（即读写速度快），容量常为 128GB 或 256GB。机械硬盘 HDD 如图 1-31 所示。

②光盘：其存储介质不同于磁盘，它具备容量大、存取速度较快、不易受干扰等特点，也是移动便携外存储器，需要计算机内置或外接光盘驱动器（简称光驱），常见的有 CD（700MB）、VCD（700MB）、DVD（4.9GB）、蓝光 DVD（28GB）等，如图 1-32 所示。

图 1-31　机械硬盘 HDD

图 1-32　光盘和光盘驱动器

③U 盘：亦称优盘、闪存，体积小、容量大、价格平、读写效率高，常见的容量有 32GB、64GB、128GB 等。U 盘使用 USB 接口，个别优盘带有写保护（开启写保护时 U 盘为只可读不可写状态），如图 1-30 所示。

USB 接口：USB 接口有 USB2.0（接口为黑色或白色）、USB3.0 和 USB3.1（接口为蓝色或紫色）三个标准。

PS/2 接口：传统的用于连接键盘和鼠标的 PS/2 接口，键盘和鼠标一旦出现故障需要更换，必须关机断电，然后才能更换新的设备；再重新开机检测硬件变动并启用新的键盘和鼠标，才能正常工作。主板上的 PS/2 接口现在基本被 USB 接口取代，如图 1-28 所示。

使用 USB 接口的硬件可以"热插拔"，即电脑无须断电，硬件可以插上或拔下，电脑可以直接驱动变化了的硬件并继续工作。使用 USB 接口的 U 盘也是如此，插入后电脑自动识别外存储器并工作，结束任务时选择"弹出"指定外存，看到提示"安全地移除硬件"后可拔下 U 盘，如图 1-33 所示。

不仅 U 盘，很多外设都使用 USB 接口，包括打印机、外置光驱、扫描仪等。

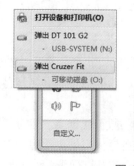

图 1-33　U 盘的弹出

④移动硬盘：分为机械移动硬盘和固态移动硬盘，容量大，价格比优盘贵许多。其中固态移动硬盘读写效率更高，往往用于大量数据资料的存储和备份。移动硬盘使用 USB 接口。图 1-34 所示为固态移动硬盘。

除上述介绍的外存储器外，还包括借助读卡器连接电脑的 SD 存储卡和手机扩展使用的 TF 存储卡（Micro SD），如图 1-35 所示。购置时不仅要选择存储卡容量，还应关注其访问速度（读速和写速），应选购 Class10 和 U1 标识的存储卡。其访问速度：U1>Class10>Class6>Class4。

图 1-34　固态移动硬盘

框表示容量，圈标识Class速度等级。
图 1-35　TF 卡（Micro SD）

（2）输入设备

输入设备用于向计算机输入数据和信息，是计算机与用户或其他设备通信的桥梁。常见的输入设备包括：鼠标、键盘、摄像头、扫描仪、绘图板、手写笔等，如图 1-36 所示。

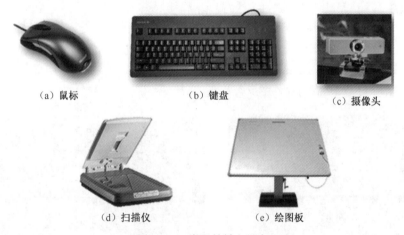
（a）鼠标　　　　（b）键盘　　　　（c）摄像头

（d）扫描仪　　　　（e）绘图板
图 1-36　常见的输入设备

（3）输出设备

输出设备是计算机硬件系统的终端设备，把各种计算结果数据或信息以数字、字符、图像、声音等形式表现出来。常见的输出设备包括：显示器、音箱 / 音响、打印机、耳机、绘图仪等，如图 1-37 所示。

（a）音响　　　（b）显示器　　　（c）打印机　　　（d）耳机
图 1-37　常见的输出设备

电脑或手机的显示器通常也被称为显示屏，又称屏幕。显示器最重要的参数是尺寸及分辨率，屏幕尺寸是依屏幕对角线计算，以英寸（Inch）作单位；分辨率以像素为单位，常表示为 1920×1080 像素或 1366×768 像素（即宽屏比例 16∶9）。目前显示器主要分为 LED 显示屏和液晶显示屏（LCD）两大类。

部分触控显示器（又称为触控屏幕，如手机显示屏）具备触摸交互的功能，既是输入设备又是输出设备。如图 1-38 所示。

图 1-38　触控屏幕

计算机软件系统

1.2.3　计算机软件系统

计算机软件是指在硬件设备上运行的各种程序、指令系统以及有关资料。所谓程序实际上是用户用于指挥计算机执行各种动作以便完成指定任务的指令的集合。计算机软件系统由操作系统、语言处理系统以及各种软件工具等各种程序组成。计算机软件系统指挥、控制计算机硬件系统来按照预定的程序运行、工作，从而达到用户预定的目标。计算机软件系统包含了系统软件和应用软件两部分。

1. 系统软件

系统软件是为计算机提供管理、控制、维护和服务等功能，充分发挥计算机效能以方便用户使用计算机的软件。系统软件位于软件系统的最底层，是用于管理计算机硬件的程序。典型的系统软件包括操作系统、语言处理程序和服务软件。如 Windows 系统、DOS 系统、UNIX 系统等操作系统（见图 1-39），显卡及其他设备的驱动程序等。

（a）DOS系统　　　　　　　　　　　　（b）Windows系统

图 1-39　常见的操作系统

操作系统是最基本、最核心的系统软件，任何其他软件都必须在操作系统的支持下才能运行。它的作用是管理计算机系统中所有的硬件和软件资源，合理组织计算机的工作；同时，它又是用户和计算机之间的接口，为用户提供一个使用的工作环境。

目前使用广泛的操作系统有 Windows 7、Windows 10、Linux 和 UNIX 等。

iOS是由苹果公司开发的移动操作系统。苹果公司最早于2007年1月9日的Macworld大会上公布这个系统，最初是设计给iPhone使用的，后来陆续套用到iPod touch、iPad以及Apple TV等产品上。iOS与苹果的Mac OS X操作系统一样，属于类UNIX的商业操作系统。

原本这个系统名为iPhone OS，因为iPad、iPhone、iPod touch都使用iPhone OS，所以2010WWDC大会上宣布改名为iOS（iOS为美国Cisco公司网络设备操作系统注册商标，苹果iOS改名已获得Cisco公司授权）。苹果手机操作系统iOS如图1-40所示。

Android是一种基于Linux的自由及开放源代码的操作系统，主要使用于移动设备，如智能手机和平板电脑，由Google公司和开放手机联盟牵头开发。安卓手机操作系统Android如图1-41所示。

图1-40　苹果手机操作系统 IOS

图1-41　安卓手机操作
系统 Android

2. 应用软件

应用软件是为解决某个应用领域中的具体任务而编制的程序，如各种科学计算程序、数据统计与处理程序、自动控制程序等。常用应用软件包括定制软件、应用程序、通用软件三种。定制软件是针对具体应用而开发的软件，它是按照用户需求而专门开发的程序，如信息管理系统、售票系统等。应用程序是经过标准化、模块化，逐步形成了解决某些典型问题的程序组合，如财务管理软件等。通用软件是针对某类信息而开发的、用于处理某类信息的程序，如Office办公软件、图像处理软件（Photoshop）、音视频播放器、杀毒软件、即时通信软件（QQ、微信）等，如图1-42所示。

（a）Office办公软件

（b）杀毒软件

图1-42　通用软件

1.2.4　计算机的主要性能指标

对于大多数普通用户而言，可以从以下几个指标来评价计算机的性能。

1. 主频（运算速度）

通常所说的计算机运算速度（平均运算速度），即 CPU 内核工作的时钟频率。是指计算机每秒所能执行的指令条数，一般用"百万条指令／秒"（Million Instruction Per Second，MIPS）为单位来描述。

计算机的主要
性能指标

微型计算机一般采用主频来描述运算速度，例如，早期的 Pentium Ⅲ 的主频为 800 MHz，Pentium Ⅳ 的主频为 1.5MHz；而现今主流的 CPU Intel Core i7 的主频为 4.0 GHz（1GHz=10^9 Hz）。

一般说来，主频越高，计算机处理数据的能力就越强，运算速度就越快。

2. 字长

计算机在同一时间内能够处理的一组二进制数称为计算机的"字"，而这组二进制数的位数就是"字长"。在其他指标相同时，字长越大意味着计算机处理数据的速度就越快。早期的微型计算机的字长一般是 8 位和 16 位，当前的主流则为 64 位。

在计算机的发展历程中，微型计算机（简称微机）的出现开辟了计算机的新纪元。微机因其体积小、结构紧凑而得名。它的一个重要特点是将中央处理器（CPU）制作在一块电路芯片上，即微处理器。20 世纪 90 年代末期，微机在性能不断提高的同时，因其价格显著降低而开始普及，逐步进入办公场所、校园和千家万户。

根据微处理器的集成规模和处理能力，形成了微型机的不同发展阶段。1971 年，美国因特尔（Intel）公司首先研制出 4004 微处理器，并由它组成了第一台微型计算机 MCS-4，由此揭开了微型计算机普及的序幕。微型计算机的微处理器大致经历了五个阶段，如图 1-43 所示。

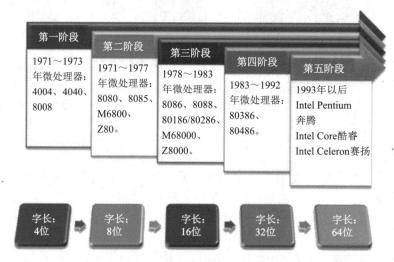

图 1-43　微处理器发展的五个阶段

3. 内存储器的容量

内存储器容量的大小反映了计算机即时存储信息的能力。内存容量越大，系统功能就越强大，能处理的数据量就越庞大。常见内存容量为 4GB、8GB 或 16GB 等。内存储器（简称内存）和硬盘比较，一般容量较小，目前市面上最常见的内存条 DDR3、DDR4 和内存条插槽（主板上）如图 1-44 和图 1-45 所示。存储器容量即指存储器中所包含的字节数，常见容量为 4GB、8GB 或 16GB。

4. 外存储器的容量

外存储器容量越大，可存储的数据就越多，可安装的应用软件就越丰富。最常见的机械硬盘 HDD 造价低寿命长，容量常为 512GB 或 1TB；固态硬盘 SSD 噪音小效率高（即读/写速度快），容量常为 128GB 或 256GB。

> ⚠ 注意：固态硬盘由固态电子存储芯片阵列而制成，其读/写速度显著优于传统的机械硬盘，相同容量的固态硬盘价格要比机械硬盘贵上许多。

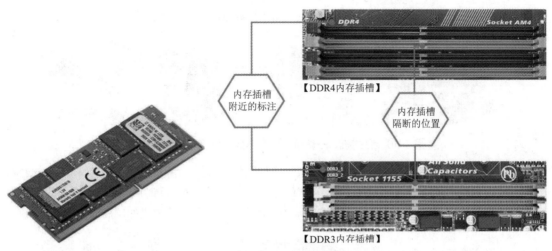

图 1-44 内存条 DDR4   图 1-45 DDR3 和 DDR4 内存插槽对比

5. I/O（输入 / 输出）速度

主机的 I/O 速度，取决于 I/O 总线的设计。这对于慢速设备（例如键盘、打印机）关系不大，但对于高速设备则影响较大。当前的微机硬盘的外部传输率已可达 100 Mbit/s 以上。

6. 显存

显卡的显存之性能由两个因素决定，一是容量，二是带宽。容量很好理解，它的大小决定了能缓存多少数据。而带宽方面，可理解为显存与核心交换数据的通道，带宽越大，数据交换越快。所以容量和带宽是衡量显存性能的关键因素。

一般来讲，专业制图、非编或对计算机游戏画面要求较高的应用环境，建议选择独立显卡以及更高的显存参数：2GB、3GB、4GB、6GB 等。例如：NVIDIA GeForce GTX 1060 显存为 6GB，而 AMD Radeon R7 430 显存为 2GB。

7. 硬盘转速

硬盘转速（Rotational Speed），是机械硬盘内电机主轴的旋转速度，也就是硬盘盘片在一分钟内所能完成的最大转数。转速的快慢是标示机械硬盘档次的重要参数之一，它是决定机械硬盘内部传输率的关键因素之一，在很大程度上直接影响到机械硬盘的存取速度，同样存储容量的情况下，转速越快越好。

1.2.5 个人计算机的硬件组成和选购

个人计算机（Personal Computer，PC）多为微型计算机（微机）。所谓微机，就是以微处理器（CPU）为核心，由超大规模集成电路实现的存储器、输入 / 输出接口及系统总线所组成的计算机。

1981 年美国 IBM 公司推出第一代微型计算机 IBM-PC 以来，微型机以其执行结果精确、处理速度快捷、性价比高、轻便小巧等特点迅速进入社会各个领域。它的技术不断更新、产品快速换代，从单纯的计算工具逐步发展成为能够处理数字、符号、文字、图形、图像、音频、视频等多种信息的强大多媒体工具。

如今的微机产品无论从运算速度、多媒体功能、软硬件支持还是易用性等方面都比早期产品有了极大飞跃。笔记本式计算机更是以无线联网、使用便捷等优势，越来越多地受到欢迎，保持着高速发展的态势。目前微机可分为台式机、一体机、便携计算机（即笔记本式计算机）和

个人计算机的硬件组成和选购

二合一电脑（即平板＋键盘）四种常见类型，如图 1-46 所示。

图 1-46　台式机、一体机、笔记本式计算机、二合一电脑

选购个人计算机时，主要考虑品牌机和兼容机两种类型。品牌机厂商往往具有雄厚的经济实力。品牌机是在对各种配件进行组合测试的基础上，优选、精选配件，在工厂流水线上组装而成的，因此稳定性非常好，并且其在售后服务上也有优势。常用品牌机的厂商如图 1-47 所示。

图 1-47　常用品牌机的厂商

兼容机是用户根据个人喜好和经验，购买各种硬件自行组装。由于硬件未经过组合测试，可能存在不兼容等问题，但其具有较好的扩展性，对于追求个性化的用户来说是不错的选择。完整的个人计算机总体来说由硬件和软件组成。硬件的基本部件包括：CPU、主板、内存、硬盘、电源、键鼠、散热器、显示器等。

①在选购个人计算机及配件时，需要遵循以下原则：按需配置，明确电脑用途；衡量装机预算；衡量整机运行速度。

②在选购个人计算机时，需要注意以下事项：选购品牌机时尽量选择名牌主流产品；配置兼容机时应考虑其换修、升级的需要，大配件尽量选择大品牌，市场好评率较高的新产品；可结合自己的购机需要，多参考大型电商平台的配机方案建议。

③选购小贴士：建议尽量购买 6 个月以内出品的 PC；主板和 CPU 保修期较长，通常为 1~3 年；电源、键盘和鼠标等保修期较短，可能为 3~6 个月；内存条建议选 DDR4；一定要有网卡和无线网卡；具备一定的外设扩展能力。

在实际应用时，个人计算机（微机）硬件必须配置相应的面板、机架、电源、主板、CPU、存储器、输入/输出设备、系统软件和可扩展安装应用软件，用于组建个人微型计算机系统。

1.3　计算机网络基础

计算机网络是利用通信线路和通信设备，把地理上分散的、具有独立功能的多个计算机系统互相连接起来，按照网络协议进行数据通信，用功能完善的网络软件实现资源共享的计算机系统的集合。

1.3.1　计算机网络的功能与分类

1. 计算机网络的功能

计算机网络不仅可以实现资源共享，还可以实现信息传递和协同工作等，

计算机网络的功能与分类

如图 1-48 所示。

2. 计算机网络的分类

（1）按网络的地理覆盖范围

由于网络地理覆盖范围和计算机之间互连距离不同，所采用的网络结构和传输技术也不同，因而可以将计算机网络分为三类：广域网（Wide Area Network，WAN）、城域网（Metropolitan Area Network，MAN）和局域网（Local Area Network，LAN），它们的特征如表 1-4 所示。

（2）按网络的所有权

图 1-48　计算机网络的功能

按网络的所有权划分可将网络分为公用网和专用网。

公用网：也叫通用网，一般由政府的电信部门组建、控制和管理，网络内的数据传输和交换设备可租用给任何个人或部门使用。部分的广域网是公用网。

专用网：通常是由某一部门、某一系统、某机关、学校、公司等组建、管理和使用的。多数局域网属于专用网。某些广域网也可用作专用网，如广电网、铁路网等。

表 1-4　按地理覆盖范围的网络分类

网络分类	缩写	分布距离	网络中的实际应用	传输速率范围
局域网	LAN	10 m	房间	4 Mbit/s~10 Gbit/s
		100 m	建筑物	
		1 km	校园	
城域网	MAN	10 km	城市	50 Kbit/s~2 Gbit/s
广域网	WAN	100~1 000 km	国家、洲	9.6 Kbit/s~2 Gbit/s

（3）计算机网络的拓扑结构

把网络中的计算机及其他设备隐去其具体的物理特性，抽象成"点"，通信线路抽象为"线"，由这些点和线组成的几何图形称为网络的拓扑结构。

按计算机网络的拓扑结构可将网络分为总线型、星状、环状、网状、树状网络。

①总线型：总线型拓扑是采用单根线路作为共用的传输介质，将网络中所有的计算机通过相应的硬件接口和电缆直接连接到这根共享的总线上，如图 1-49 所示。

②星状网：是指网络中的各节点设备通过一个网络集中设备（如集线器 HUB 或者交换机 Switch）连接在一起，各节点呈星状分布的网络连接方式，如图 1-50 所示。

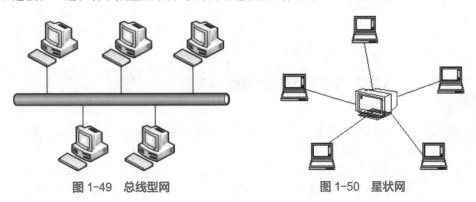

图 1-49　总线型网　　　　　　　　图 1-50　星状网

③环状网：使用公共电缆组成一个封闭的环，各节点直接连到环上，如图 1-51 所示。

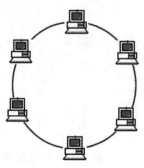

图 1-51　环状网

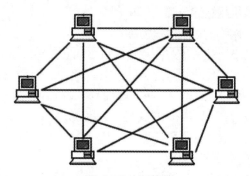

图 1-52　网状网

④网状网：各节点通过传输线互联连接起来，并且每一个节点至少与其他两个节点相连，如图 1-52 所示。

⑤树状网：树状网络可以包含分支，每个分支又可包含多个结点，如图 1-53 所示。

（4）其他分类方式

按传输介质分类：有线网、无线网。

按使用目的分类：共享资源网、数据处理网、数据传输网。

按企业和公司管理分类：内部网（Innernet）、内联网（Intranet）、外联网（Extranet）、因特网（Internet）。

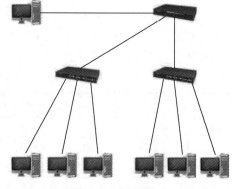

图 1-53　树状网

⊙ 思考与提高——虚拟局域网和虚拟专用网

虚拟局域网（Virtual Local Area Network，VLAN）是利用网络软件和网络交换技术将跨越不同位置的一个或多个物理网段上的相关用户组成的一个逻辑工作组，它们就好像是同一个局域网中的用户一样在完成着相关性的工作。（VLAN 是依赖网络软件建立起的逻辑网络，其用户不一定都是连在同一物理网络或网段上，而是逻辑地连接在一起的，相当部分的 VLAN 是临时性的。）

虚拟专用网（Virtual Private Network，VPN）是指依靠 Internet 服务提供商（ISP）和其他网络服务提供商（NSP）在公共网络中建立的专用的数据通信网络。（VPN 可让用户利用公共网的资源，将分散在各地的机构动态地连接起来，进行数据低成本的安全传输，这样既节省长途电话费用支出，又不再需要专用线路。）

随着 Internet 的迅速发展，大量企业内部网络与 Internet 互联，采用专用的网络加密与通信协议，即可构成企业在公共网络上的安全的虚拟专用网。

1.3.2　计算机网络的组成

计算机网络的组成

1. 硬件

计算机网络的硬件主要包括：主计算机和终端、通信控制处理机、调制解调器、集中器和通信线路等。

主计算机和终端：简称主机（Host），它负责网络中的数据处理、执行网络协议、进行网络控制和管理，是用户访问网络的设备。包括计算机、工作站和服务器等。主机和终端需要有无线网卡（又称网络适配器）或有线网卡，传输速率为 100 Mbit/s 和 1 000 Mbit/s。

通信控制处理机：简称通信控制器，它是一种在数据通信系统或计算机网络系统中执行通信控制与处理功能的专用计算机，通常由小型机或微型机担任。

调制解调器：又称 MODEM，是把数据终端（DTE）与模拟通信线路连接起来的一种接口设备。能把计算机的数字信号翻译成可沿普通电话线传送的模拟信号，而这些模拟信号又可被线路另一端的另一个调制解调器接收，并译成计算机可识别的数字信号。20世纪末，使用 MODEM 联网的传输速率为 56 Kbit/s，不仅网速慢，联网时电话线路会被占用，无法通话。MODEM接口如图 1-54 所示。

图 1-54　调制解调器的接口

集中器：在终端密集的地方，可以通过低速通信线路将多个终端设备先连接到集中器上，再通过高速主干线路与主机连接。

通信线路：是传输信息的载波媒体，计算机网络中的通信线路有有线线路（包括双绞线、同轴电缆、光纤等）和无线线路（包括微波线路和卫星线路等）。它们可以支持不同的网络类型，具有不同的传输速率和传输距离。

网络互联设备：路由器用于互联的两个网络或子网，可以是相同类型，也可以是不同类型，能在复杂的网络中自动进行路径选择，对信息进行存储与转发，具有强大的处理能力。

2. 软件

计算机网络的软件大致可分为 5 类：网络操作系统、网络协议软件、网络管理软件、网络通信软件、网络应用软件。

网络操作系统（Network Operating System，NOS）：是为计算机网络配置的操作系统，与网络的硬件结构相联系。网络操作系统除了具有常规操作系统所具有的功能外，还具有网络通信管理功能、网络范围内的资源管理功能和网络服务功能等，如 Windows 系列操作系统，Linux 和 UNIX 的系统版本。

网络协议软件：是计算机网络中通信各部分之间所必须遵守的规则的集合，它定义了各部分交换信息时的顺序、格式和词汇（如 Internet 网络中使用 TCP/IP 作为网络协议）。该协议软件规定了网络上所有的计算机通信设备之间数据传输的格式和传输方式，使得网上的计算机之间能正确可靠地进行数据传输。

网络管理软件：提供性能管理、配置管理、故障管理、计费管理、安全管理和网络运行状态监视与统计等功能（如 HP 公司的 HP Open View、IBM 公司的 NetView 等）。

网络通信软件：通过网络将各个孤立的设备进行连接，通过信息交换实现人与人、人与计算机、计算机与计算机之间通信的软件（例如，QQ、微信）。

网络应用软件：是指在网络环境下使用，直接面向用户的软件，拥有多种功能与分类，最为用户所熟悉，当前我们计算机和手机上的各种应用软件与 App 多为网络应用软件。

1.3.3　网络设备与传输介质

1. 网络设备的概念

网络设备及部件是连接到网络中的物理实体。

网络设备与传输介质

网络设备的种类繁多，且与日俱增。基本的网络设备有：计算机、集线器、交换机、网桥、路由器、网关、网络接口卡（NIC）、调制解调器等。

（1）网络设备——调制解调器

调制解调器是调制器和解调器的缩写，它能把计算机的数字信号翻译成可沿普通电话线传送的模拟信号，而这些模拟信号又可被线路另一端的另一个调制解调器接收，并译成计算机可懂的数字信号。

调制解调器根据传输信号划分，有基带调制解调器和频带（宽带）调制解调器两种；根据对数字信号的调制方式可分为幅移键控、频移键控、相移键控以及相位幅度调制的相移键控；根据同步方式划分，有同步调制解调器和异步调制解调器两种；根据与计算机连接方式的不同，可分为内置式调制解调器和外置式调制解调器。

（2）网络设备——网卡

网卡又称网络适配器（Network Adapter），它的作用是将计算机与通信设备相连接，将计算机的数字信号与通信线路能够传送的电子信号互相转换。网络通信介质串行信号接收发送译码编码控制网络设备命令并行数据状态网卡的工作示意图网卡的物理地址 MAC（Medium Access Control），即"媒体访问控制"地址，它负责标识局域网上的一台主机，使以太帧能在局域网中正确传送。每块网卡的 MAC 在全世界是独一无二的编号。网卡工作示意图如图 1-55 所示。

（3）网络设备——集线器

集线器（HUB）具有多个端口，相当于一个多口的中继器，可连接多台计算机。集线器工作在 OSI 模型的物理层，主要提供信号放大和中转的功能，不具备自动寻址能力和交换作用。它的作用是将收到的信号放大后输出，既实现了计算机之间的连接，又扩充了媒介的有效长度。集线器如图 1-56 所示。

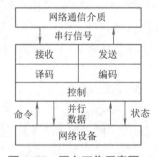

图 1-55　网卡工作示意图

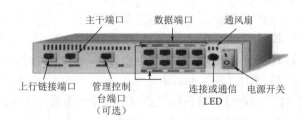

图 1-56　集线器

（4）网络设备——网桥和交换机

网桥（Bridge）是连接两个同类网络的设备，它看上去有点像中继器，也是具有单个输入端口和单个输出端口。

交换机（Switch）又称为交换式集线器，是 OSI 模型中数据链路层上的网络设备，在网络传输过程中可以对数据进行同步、放大和整形。它实质上是一个具有流量控制功能的多端口网桥，采用存储转发的机制利用内部的 MAC 地址表对数据进行控制转发。交换机及其工作原理如图 1-57 所示。

（5）网络设备——路由器

路由器是一种多端口设备，它可以连接不同传输速率并运行在不同环境下的局域网和广域网。能够连接不同类型的网络、解析网络层的信息，并且能够找出网络上一个节点到另一个节点的最优数据传输路径。路由器不需要保持两个通信网络之间的永久性连接，路由器可以根据需要建立新的连接，提供动态带宽，并拆除闲置的连接。路由器如图 1-58 所示。

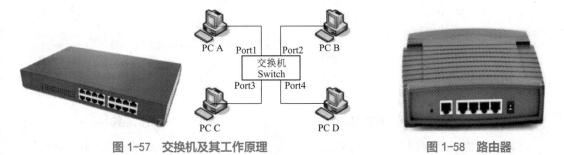

图 1-57　交换机及其工作原理　　　　　　　图 1-58　路由器

2. 网络传输介质

网络传输介质是网络中传输信息的物理通道，是不可缺少的物质基础，传输介质的性能对网络的通信、速度、距离、价格以及网络中的节点数和可靠性都有很大影响。因此，必须根据网络的具体要求，选择适当的传输介质。

常用的网络传输介质有很多种，可分为两大类：一类是有线传输介质，如双绞线／网线、同轴电缆、光纤等，如图 1-59 所示；另一类是无线传输介质，如微波和卫星信道。

图 1-59　双绞线、网线、光纤

（1）双绞线

双绞线即网线，是由四对扭在一起且相互绝缘的铜导线组成。一对双绞线形成一条通信链路，通常把 4 对双绞线组合在一起，并用塑料套装，组成双绞线电缆，称为非屏蔽双绞线（UTP）；而采用铝箔套管或铜丝编织层套装双绞线，这种双绞线称为屏蔽式双绞线（STP）。

双绞线的特点：①屏蔽式双绞线具有抗电磁干扰能力强、传输质量高等优点，但它也存在接地要求高、安装复杂、弯曲半径大、成本高的缺点。因此，屏蔽式双绞线的实际应用并不普遍。②非屏蔽式双绞线具有成本低、重量轻、易弯曲、易安装、阻燃性好、适于结构化综合布线等优点。因此，在一般的局域网建设中被普遍采用。但它也存在传输距离短、容易被窃听的缺点，所以，在保密级别要求高的场合，还需采取一些辅助屏蔽措施。

（2）同轴电缆

同轴电缆是由圆柱形金属网导体（外导体）及其所包围的单根铜芯线（内导体）组成，金属网与铜导线之间由绝缘材料隔开，金属网外也有一层绝缘保护套，如图 1-60 所示。

同轴电缆的特点：①粗缆传输距离较远，适用于比较大型的局域网，它的传输损耗小，标准距离长，可靠性高；②细缆由于功率损耗较大，一般传输距离不超过 185 m。

（3）光纤

光导纤维（Optical Fiber）简称光纤，通常由石英玻璃拉成细丝，由纤芯和包层构成双层通信圆柱体。一根或多根光纤组合在一起形成光缆。光纤的结构如图 1-61 所示。

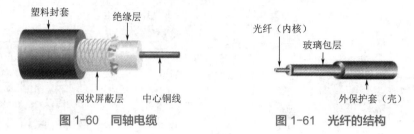

图 1-60　同轴电缆　　　　　　　图 1-61　光纤的结构

光纤有很多优点：频带宽，传输速率高，传输距离远，抗冲击和电磁干扰性能好，数据保密性好，损耗和误码率低，体积小，重量轻等。但它也存在如连接和分支困难、工艺和技术要求高、要配备光／电转换设备、单向传输等缺点。由于光纤是单向传输，要实现双向传输就需要两根光纤或一根光纤上有两个频段。

（4）微波信道

计算机网络中的无线通信主要是指微波通信，是指通过无线电波在大气层的传播而实现的通信。微波是一种频率很高的电磁波，主要使用的是 2 ~ 40 GHz 的频率范围。微波一般沿直线传输，由于地球表面为曲面，所以，微波在地面的传输距离有限，一般 40 ~ 60 km。微波通信如图 1-62 所示。

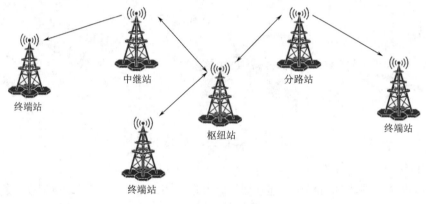

图 1-62　微波通信

微波通信的特点：具有频带宽、信道容量大、初建费用低、建设速度快、应用范围广等优点，其缺点是保密性能差、抗干扰性能差，两微波站天线间不能被建筑物遮挡。这种通信方式逐渐被很多计算机网络所采用，有时在大型互联网中与有线介质混用。

（5）卫星信道

卫星通信如图 1-63 所示，实际上是使用人造地球卫星作为中继器来转发信号的。通信卫星通常被定位在几万公里的高空，因此，卫星作为中继器可使信息的传输距离很远（几千至上万公里），卫星通信的地面站使用小口径天线终端设备（Very Small Aperture Terminal，VSAT）来发送和接收数据。

图 1-63　卫星通信

卫星通信特点：具有通信容量极大、传输距离远、可靠性高、一次性投资大、传输距离与成本无关等特点。

1.3.4 无线网络

无线网络（Wireless Network）指不需电缆即可在节点之间相互连接的计算机网络。Wi-Fi 无线路由器（热点）如图 1-64 所示。

无线网络

1. 无线网络的发展历程

①二次大战时期，美军采用无线电信号传输资料。

② 1971 年，夏威夷大学的研究员创造了第一个基于封包式技术的无线电通信网络 ALOHAnet。

③ 1990 年，IEEE 正式启用了 802.11 项目，无线网络技术逐步走向成熟，802.11 各项标准面市。

④ 2003 年之后，无线网络市场热度飙升，Wi-Fi、CDMA、3G、4G、5G、蓝牙等技术越来越受到人们的追捧。

Wi-Fi 在中文里又称作"行动热点"，是一个创建于 IEEE 802.11 标准的无线局域网技术。几乎所有智能手机、平板电脑和笔记本式计算机都支持 Wi-Fi 上网，是当今使用最广的一种无线网络传输技术。

图 1-64　Wi-Fi 无线路由器（热点）

2. 无线网络的分类

无线网络可分为无线个人网、无线城域网、移动设备网络、无线局域网。

①无线个人网（WPAN）：提供个人区域无线的连接，一般是点对点连接，具有易用、低费用、便携等特点。例如，在办公环境中使用蓝牙技术将个人便携电脑、打印机和移动电话相连接。

②无线城域网（WMAN）：主要用于主干连接和用户覆盖。

③移动设备网络（WWAN）：主要是由移动网络运营商建设和管理，用于无线信号覆盖。主要包含 2G、3G、4G、5G，卫星传输等。其网络带宽小，一般基于时长或者流量来收费。

④无线局域网（WLAN）：使用频段为 2.4GHz 和 5GHz。其特点是支持多用户，设计更加灵活。例如 Wi-Fi 以及无线校园网络就是使用 WLAN 技术。

3. 无线路由器

无线路由器是无线网络中用户接触最多的设备，它是带有无线覆盖功能的路由器，它主要应用于用户上网和无线覆盖，无线路由器是无线局域网中重要的网络连接设备。通常说的用手机或笔记本式计算机去连接 Wi-Fi，其实就是指通过无线路由器连接到无线局域网。

市场上流行的无线路由器还具有一些网络管理的功能，如 DHCP 服务、NAT 防火墙、MAC 地址过滤等功能。一般的无线路由器信号范围为半径几十米，有部分增强型无线路由器的信号范围能达到半径 300 m。

1.3.5 Internet 基础知识

Internet基础知识

1. Internet 概述

Internet（因特网）现已发展成为世界上最大的国际性计算机互联网。网络把许多计算机连接在一起，而因特网则把许多网络连接在一起，如图 1-65 所示。

因特网发展的三个阶段：第一阶段是从单个网络 ARPANET 向互联网发展的过程。1983 年 TCP/IP 协议成为 ARPANET 上的标准协议，人们把 1983 年作为因特网的诞生时间。第二阶段建成了三级结构的因特网。三级计算机网络分为主干网、地区网和校园网（或企业网）。第三阶段是逐渐形成了多层次 ISP 结构的因特网。出现了因特网服务提供商 ISP（Internet Service Provider），如图 1-66 所示。

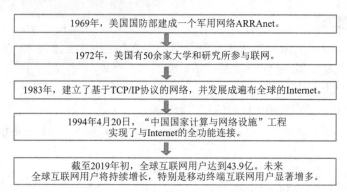

图 1-65　Internet 发展示意图

我国于 1994 年 4 月正式连入 Internet，中国的网络建设进入了大规模发展阶段，到 1996 年初，中国的 Internet 已形成了四大主流体系：中国公用计算机互联网 ChinaNET、中国教育和科研计算机网 CERNET、中国科技网 CSTNET、中国国家公用经济信息通信网 ChinaGBN（金桥网），如图 1-67 所示。

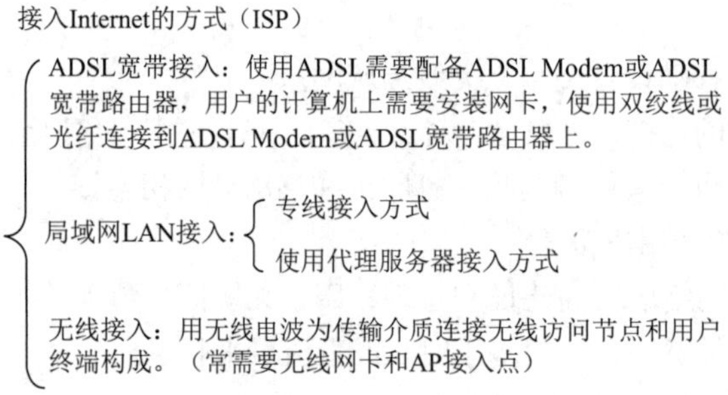

接入Internet的方式（ISP）

ADSL宽带接入：使用ADSL需要配备ADSL Modem或ADSL宽带路由器，用户的计算机上需要安装网卡，使用双绞线或光纤连接到ADSL Modem或ADSL宽带路由器上。

局域网LAN接入：{ 专线接入方式 / 使用代理服务器接入方式

无线接入：用无线电波为传输介质连接无线访问节点和用户终端构成。（常需要无线网卡和AP接入点）

图 1-66　接入 Internet 的方式 ISP

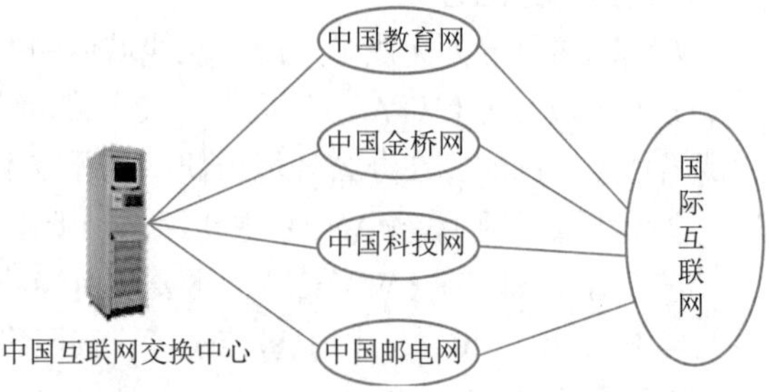

图 1-67　中国 Internet 四大主流体系与国际互联

因特网可提供的服务类型主要有：远程登录服务（Telnet）、文件传输服务（FTP）、电子邮件服务（E-Mail）、信息浏览服务（WWW）等。

2. 网络协议

网络协议（Internet Protocol）是计算机在物理网上进行通信所需要共同遵守的语言规范，即通信规则。国际标准化组织 ISO 提出的开放式系统互联 OSI（Open Systems Interconnection）参考模型，OSI 模型将网络通信分为 7 个层次，每一层使用下一层的服务，同时向上层提供服务。通过这种形式，将复杂的网络通信分解成多个简单的问题，使其易于实现，如图 1-68 所示。

应用层	应用层	Telnet	FTP	HTTP	SMTP
表示层					
会话层					
传输层	传输层	TCP		UDP	
网际层	网际层	IP ICMP ARP RARP			
数据链路层	链路层	LLC(Logical Link Access)			
物理层		MAC(Media Access Control)			
		Hardware			

图 1-68　OSI 模型

3.IP 地址

（1）IP 地址的概念

为了使众多的计算机在通信时能够相互识别，Internet 上的每一台主机都必须有一个唯一的地址，称为 IP 地址。通过 IP 地址，就可以准确地找到连接在 Internet 上的某台计算机。

（2）IP 地址的组成

主机的 IP 地址由两部分组成：一个是网络地址（网络标识），另一个是网络上主机已有的主机地址（主机标识）。

IPv4（第四版）地址由小数点分隔开的四段数字（32 位二进制数，分为 4 段，每段转换为十进制书写，数字在 0~255 之间）构成，例如，202.121.220.66 就是一个合法的 IP 地址。IPv4 地址提出并已使用多年，可如今因特网规模日趋庞大，主机数量远远超过 IPv4 地址的数量，因此又提出了 IPv6（第六版）地址（128 位二进制数，十六进制数），可接入主机数量为 2128，能够满足网络规模未来继续扩大的容量，如图 1-69 所示。某主机的 IP 地址配置情况如图 1-70 所示。

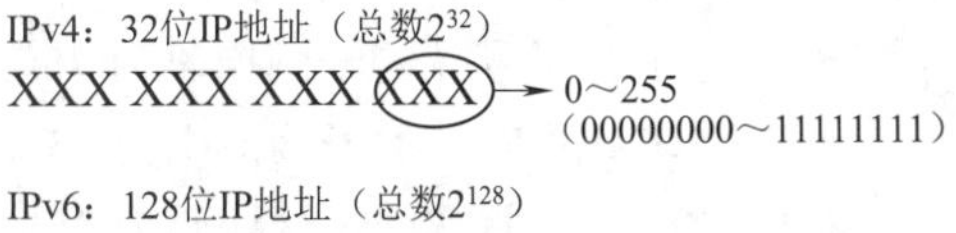

根据网络规模的大小，将网络地址按第一段数值的指定范围，分为 A 类、B 类、C 类、D 类和 E 类，如图 1-71 所示。

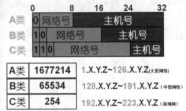

图 1-69 IP 地址

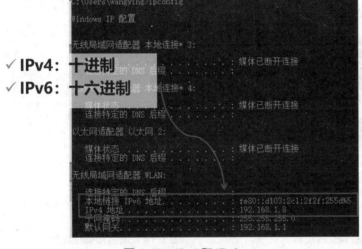

图 1-70 IPv4 和 IPv6

图 1-71 IP 地址的分类

其中 IP 地址：127.0.0.1，为本机回送地址（Loopback Address）。

在命令提示符中，ping 网关 IP 地址通则网通；ping 某 IP 地址，"请求超时"则网不通，如图 1-72 所示。

图 1-72 网通与网不通对比

指令"ping 127.0.0.1"，可用于检验本机网卡是否工作正常，如图1-73所示。例如，雷雨天气后，无法联网，可参照此法检验并排除网卡故障。

（3）子网掩码

子网掩码规定子网划分的规则，它只有一个作用，就是将某个IP地址划分成网络地址和主机地址两部分。子网掩码是一个32位的二进制地址。各类IP地址默认的子网掩码如下：

- A类IP地址默认的子网掩码为255.0.0.0；
- B类IP地址默认的子网掩码为255.255.0.0；
- C类IP地址默认的子网掩码为255.255.255.0。

4. DNS域名

引入域名服务系统DNS，用以解决IP数字地址难以记忆的困难。因特网的域名结构，采用了层次树状结构的命名方法。任何一个连接在因特网上的主机或路由器，都有一个唯一的层次结构的名字，即域名。DNS能够高效率地把域名转换成IP地址，如图1-74所示。

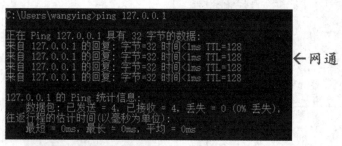

验证网络是否连通（即网卡是否正常工作）
ping 127.0.0.1
网通——本机网卡正常，无损坏
不通——本机网卡故障，需维修或更换

图1-73　ping本机地址检验网卡是否正常

Domain Name：www.lingnan.edu.cn
IP Address：202.192.128.138

图1-74　域名和网络地址

DNS采用层次结构，入网的每台主机都可以有一个域名，域名与IP地址相对应。注意：IP地址具有唯一性，但域名不具备唯一性。

域名的结构由标号序列组成，各标号之间用点隔开：

……. 三级域名 . 二级域名 . 一级域名 / 顶级域名

（1）一级域名 / 顶级域名

一级域名，又称顶级域名、地理域，表示国家或地区，如：.cn表示中国；.us表示美国；.uk表示英国等，如图1-75所示。

（2）二级 / 通用域名

二级 / 通用域名表示机构性质，如：.com（公司和企业），.net（网络服务机构），.org（非营利性组织），.edu（教育机构），.gov（政府部门）等。

例如：

http://edu.gd.gov.cn 广东省教育厅；

http://www.moe.gov.cn 中国教育部；

http://www.ccb.com 中国建设银行；

http://www.icbc.com.cn 中国工商银行；

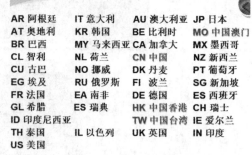

一级域名（顶级域名、地理域）

AR 阿根廷	IT 意大利	AU 澳大利亚	JP 日本
AT 奥地利	KR 韩国	BE 比利时	MO 中国澳门
BR 巴西	MY 马来西亚	CA 加拿大	MX 墨西哥
CL 智利	NL 荷兰	CN 中国	NZ 新西兰
CU 古巴	NO 挪威	DK 丹麦	PT 葡萄牙
EG 埃及	RU 俄罗斯	FI 波兰	SG 新加坡
FR 法国	EA 南非	DE 德国	ES 西班牙
GL 希腊	ES 瑞典	HK 中国香港	CH 瑞士
ID 印度尼西亚		TW 中国台湾	IE 爱尔兰
TH 泰国	IL 以色列	UK 英国	IN 印度
US 美国			

图1-75　一级域名 / 顶级域名

http://www.cnnic.net.cn 中国互联网络信息中心；

http://www.tsinghua.edu.cn 清华大学；

http://www.sysu.edu.cn 中山大学；

http://www.redcross.org.cn/ 中国红十字会，等。

> (!) 注意：域名中，英文字母大小写没有区别。

（3）三级域名

三级域名表示机构具体名称，常为英文简写或拼音简写，如：scnu（华南师范大学），lingnan（岭南师范学院）等。例如：http://www.scnu.edu.cn，http://www.lingnan.edu.cn 等。

5. 统一资源定位器 URL

定义：URL 又称统一资源定位器。

功能：URL 完整地描述 Internet 上超媒体文档的地址。简单地说，URL 就是 Web 页地址，即网址。

格式：协议名称 :// 主机名称 [: 端口地址 / 存放目录 / 文件名称]

Protocol://Host:Port/Path/file

其中，Protocol 为 Internet 协议类型，如："http://"表示超文本传输协议，访问 web 资源。"ftp://"表示文件传输协议，用于文件的上传或下载。"telnet://"表示远程登录协议，用于远程访问和远程控制。当该部分省略时，缺省值是"http://"。例如：http://mail.qq.com/

6. TCP/IP 协议

定义：传输控制协议 / 网络协议，又称网络通信协议。它是在网络使用中最基本的通信协议。TCP/IP 传输协议对互联网中各部分进行通信的标准和方法进行了规定，如图 1-76 所示。

图 1-76　TCP/IP 协议

组成：一组协议，是 Internet 协议簇，而不单是 TCP 和 IP，还包括远程登录、文件传输和电子邮件等。

作用：保证数据以数据包为单位完整的传输。

功能：IP 保证数据的传输，TCP 保证数据传输的质量。

7. 万维网

万维网（World Wide Web，WWW）是互联网所能提供的服务之一，是一个由许多互相链接的超文本组成的系统，通过互联网访问，可以让 Web 客户端（通常用浏览器）访问浏览 Web 服务器上的页面。在这个系统中，每个有用的事物，称为一样"资源"；并由一个"统一资源定位器"URL 标识；这些资源通过超文本传输协议（Hypertext Transfer Protocol）传送给用户，而用户通过点击链接来获得资源。网页制作者通过 HTML 等语言把信息组织成为图文并茂的网页文件并存放在 WWW 服务器上；上网者通过 WWW 浏览器通过 Internet 访问远端 WWW 服务器上的网页文件。

流程：① WWW 浏览器根据用户输入的 URL 连到相应的远端 WWW 服务器上。例如 URL：http://edu.sina.com.cn/focus/utop.html。②取得指定的 Web 文档，断开与远端 WWW 服务器的连接。③Web 文档通过 Internet 传递回用户机，由浏览器解读（下载至浏览器缓存）并显示。

8. 电子邮件 E-mail

电子邮件是一种用电子手段提供信息交换的通信方式，是互联网应用最广的服务。通过网络的电子邮件系统，用户可以以非常低廉的价格（不管发送到哪里，都只需负担网费）、非常快速的方式（几秒钟之内可以发送到世界上任何指定的目的地），与世界上任何一个角落的网络用户联系。电子邮件可以是文字、图像等多种形式，还可以添加附件（文档、压缩文件、音频、视频等）。同时，用户可以得到大量免费的新闻、专题邮件，并轻松实现信息搜索。电子邮件的存在极大地方便了人与人之间的沟通与交流，促进了社会的发展。

电子邮件的格式：用户名 @ 域名（即 Username@domain name），其中用户名可以是数字、字母（大小写不区分）、_（下画线）组成，E-mail 账号具有唯一性。例如：zhjncwangying@163.com；601560792@qq.com。

接收电子邮件的协议：POP3.163.com（以 163 邮箱为例）。

发送电子邮件的协议：SMTP.163.com（以 163 邮箱为例）。

提供电子邮件服务的网站有很多，例如：*@163.com；*@126.com；*@qq.com；*@139.com；*@yahoo.com；*@hotmail.com；*@sina.com；*@sohu.com；*@tom.com；*@21cn.com 等。

客户端软件（个人电脑终端安装软件，可管理多个邮箱账户，无须登录多个网站管理邮件收发）：OUTLOOK、FOXMAIL，如图 1-77 所示。

网络邮件客户端（网页版，一个邮箱账户管理其他多个邮箱）：QQmail、Gmail 等。如图 1-78 所示。

 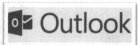 

图 1-77　电子邮件客户端软件　　　　　图 1-78　网络邮件客户端

目前随着互联网发展，人们的学习生活、购物休闲等方面都发生了一定的变化，如图 1-79 所示。

图 1-79　Internet 应用服务

休闲娱乐：网络取代了报纸、杂志等传统媒体，成为了人们获取信息的重要渠道，例如我们可以在新闻网站、App、微信公众号、微博上搜索我们想要了解的信息。

网络购物：网络购物就是通过互联网购买所需要的商品或者享受需要的服务。目前比较流行的购物网站如：淘宝、京东、阿里巴巴等。

学习方式：在网络上搜索需要的文献资料，如中国知网、百度学术等；也可以在网上直接下载电子档的图书，如微信读书、Kindle（谷歌推出的电子书阅读器）等。此外，人们还可以不再受时间、空间的限制，随便打开一个电台的软件或 App 就能翻阅各种行业的公开课。

1.4 网络安全与法规

随着计算机的广泛应用和网络的普及，网络安全问题日益凸显，人们在享受计算机和网络带来的优越性的同时，也不得不面临计算机病毒和网络黑客等犯罪分子带来的困扰，稍有不慎，就可能造成隐私泄露和数据损失。因此，注重网络安全防护和遵守网络安全法规尤为重要。

1.4.1 网络安全概述

网络安全是指在分布网络环境中，对信息载体（处理载体、存储载体、传输载体）和信息的处理、传输、存储、访问提供安全保护，以防止数据、信息内容或能力拒绝服务或被非授权使用和篡改。

网络安全概述

网络安全需要具备以下特性：

- 机密性：信息不泄露给非授权用户、实体或过程，或供其利用的特性。
- 完整性：信息在存储或传输过程中保持不被修改、不被破坏和丢失的特性。
- 可用性：可被授权实体访问并按需求使用的特性。即当需要时能否存取所需的信息。
- 可控性：对信息的传播及内容具有控制能力。
- 可审查性：出现网络安全问题时提供依据与手段。

网络安全由于不同的环境和应用而产生了不同的类型。主要有系统安全、网络安全、信息传播安全、信息内容安全四种。

1. 系统安全

运行系统安全即保证信息处理和传输系统的安全。它侧重于保证系统正常运行，避免因为系统的崩溃和损坏而对系统存储、处理和传输的消息造成破坏和损失，产生信息泄露，干扰他人或受他人干扰。

2. 网络安全

网络的安全即网络上系统信息的安全。包括用户口令鉴别，用户存取权限控制、数据存取权限、方式控制、安全审计、安全问题跟踪、计算机病毒防治，数据加密等。

3. 信息传播安全

信息传播安全即网络上信息传播安全及信息传播后果的安全。它侧重于防止和控制由非法、有害的信息进行传播所产生的后果，避免公用网络上大众自由传播的信息失控。

4. 信息内容安全

即网络上信息内容的安全。它侧重于保护信息的保密性、真实性和完整性；避免攻击者利用系统的安全漏洞进行窃听、冒充、诈骗等有损于合法用户的行为。其本质是保护用户的利益和隐私。

1.4.2 网络病毒和网络攻击

1. 计算机病毒

1983 年，美国首次确认计算机病毒，对计算机系统构成安全威胁，至今已造成巨大的经济损失。1994 年 2 月 18 日，我国正式颁布实施了《中华人民共和国计算机系统安全保护条例》，《条例》中第二十八条明确指出，计算机病毒（Computer Virus）是编制者在计算机程序中插入的破坏计算机功能或者毁坏数据，影响计算机使用，并能自我复制的一组计算机指令或者程序代码。

网络病毒和网络攻击

感染计算机病毒的症状：机器不能正常启动或反复重启；运行速度显著降低；磁盘空间迅速变小；文件内容和长度有所改变；经常出现"死机"现象；自动生成某些文件；外部设备工作异常。

计算机病毒的特点：

- 寄生性：计算机病毒寄生在某些程序当中，当执行这些程序时，病毒才起破坏作用；而在未启动这个程序之前，不易被人发觉。
- 传染性：计算机病毒不但本身具有破坏性，更有害的是具有传染性，一旦病毒被复制或产生变种，其传染速度之快令人难以预防。
- 潜伏性：有些病毒像定时炸弹一样，作者和传播者可预先设定它的发作时间。
- 隐蔽性：计算机病毒具有很强的隐蔽性，有些可以通过病毒软件检查出来，有些却不行，而它们的时隐时现和变化无常，为杀病毒处理增加了极大的难度。

2. 网络病毒

网络病毒是基于网络环境运行和传播、影响和破坏网络系统的计算机病毒，如脚本病毒、蠕虫病毒、木马等。

传播特点：感染速度快、扩散面广、传播的形式复杂多样、难于彻底清除、破坏性大。

黑客是英文单词"Hacker"的中文翻译，本意是指热衷于计算机技术，水平高超的计算机专家和程序设计人员，现因其对计算机系统、网络和软件中安全漏洞态度的不同将其分为两类人：一类黑客会找出并弥补这些漏洞；但另一类黑客则在找出安全漏洞之后，为了显示自己的本领和成就（炫技式的），对他人计算机进行非授权的篡改和恶意破坏。

（1）网络病毒——脚本病毒

脚本病毒是主要采用脚本语言设计的病毒。由于脚本语言的易用性，并且脚本在现在的应用系统中特别是 Internet 应用中占据了重要地位，脚本病毒也成为互联网病毒中最为流行的网络病毒。

特点：编写简单、破坏力大、感染力强、传播范围大、欺骗性强、病毒源码容易被获取，变种多，病毒生产非常容易。

（2）网络病毒——蠕虫病毒

蠕虫也称为"蠕虫病毒"，是一种能自行复制和经由网络扩散的程序。随着互联网的普及，蠕虫利用电子邮件系统去复制，例如把自己隐藏于附件并于短时间内将电子邮件发给多个用户。有些蠕虫（如 Code Red）更会利用软件上的漏洞去扩散和进行破坏。

特点：可能会执行垃圾代码以发动分散式阻断服务攻击，令计算机的执行效率极大程度降低，从而影响计算机的正常使用。可能会损毁或修改目标计算机的档案；亦可能只是浪费带宽。

（3）网络病毒——木马病毒

特洛伊木马（Trojan Horse），简称木马，是一种恶意程序，是一种基于远程控制的黑客工具，一旦侵入用户的计算机，就悄悄地在宿主计算机上运行，在用户毫无察觉的情况下，让攻击者获得远程访问和控制系统的权限，从而有可能盗取用户资料。它的传播伎俩通常是诱骗计算机用户把特洛伊木马植入计算机内，例如通过电子邮件上的游戏附件等。

特点：不感染其他的文件、不破坏计算机系统、不进行自我复制。

例如，可通过即时通信工具 QQ 聊天窗口发送隐蔽木马程序，用户被动接收之后，只要计算机连接电源和网络，可在用户毫不知情的情况下，黑客远程控制摄像头开启并偷拍影像，自动传回黑客，非法摄录的视频可能被用于敲诈和售卖。如图 1-80 所示。

①黑客主要通过以下手段向被攻击的计算机植入木马：黑客入侵后植入；利用系统或软件（如 IE）的漏洞植入；通过电子邮件或即时通信工具（如 QQ）植入；在网站上放一些伪装后的木马程序，宣称它是幽默的或者引发好奇的动画等名目，让毫无防备的用户下载后运行并植入。

图 1-80　木马远程控制摄像头偷拍

②在成功入侵计算机后，黑客通常会通过植入的木马做以下动作：复制各类文件或电子邮件（可能包含商业秘密、个人隐私）、删除各类文件、查看对方的计算机中的文件，就如同使用资源管理器查看一样；代理入侵，利用被入侵者的计算机来进入其他计算机或服务器进行各种黑客行为；通过监控被黑者的计算机屏幕画面、键盘操作来获取各类密码，例如进入各种邮箱密码、网络银行的密码等；远程遥控，操作对方的 Windows 系统、程序、键盘、摄像头等。

③对付木马入侵的预防方法主要是：及时给系统打补丁；不随意打开来历不明的邮件；不随意下载和运行不明软件；打开杀毒软件的即时监控功能。

（4）网络病毒——其他电脑病毒 / 恶性程序码

恶意程序通常是指带有攻击意图所编写的一段程序。这些威胁可以分成两个类别：需要宿主程序的威胁和彼此独立的威胁。前者基本上是不能独立于某个实际的应用程序、实用程序或系统程序的程序片段；后者是可以被操作系统调度和运行的自包含程序。

这些病毒也可以分为不进行自我复制的和进行自我复制的两类。

3. 网络攻击

网络攻击（Cyberattack，也译为赛博攻击）是指针对计算机信息系统、基础设施、计算机网络或个人计算机设备的，任何类型的进攻行为。

在计算机和计算机网络中，破坏、泄露、修改、使软件或服务失去功能、在没有得到授权的情况下偷取或访问任何计算机的数据，都会被视为在计算机和计算机网络中的攻击。

网络攻击的分类方法有以下两种：

（1）网络攻击分为主动攻击与被动攻击

主动攻击会导致某些数据流的篡改和虚假数据流的产生。这类攻击可分为篡改、伪造消息数据和拒绝服务。

被动攻击中攻击者不对数据信息做任何修改，通常包括窃听、流量分析、破解弱加密的数据流等攻击方式。

（2）从攻击的位置分远程攻击、本地攻击和伪远程攻击

远程攻击：指攻击者从子网以外的地方发动攻击。

本地攻击：指本单位的内部人员，通过局域网向系统发动的攻击。

伪远程攻击：指内部人员为了掩盖身份，从外部远程发起入侵。

4. 常见的网络攻击手段

（1）口令入侵

口令入侵是指使用某些合法用户的账号和口令登录到目的主机，然后再实施攻击活动。这种方法的前提是必须先得到该主机上的某个合法用户的账号，然后再进行合法用户口令的破译。

（2）WWW 欺骗

一般 Web 欺骗使用两种技术手段，即 URL 地址重写技术和相关信息掩盖技术。通过诱使用户访问篡改过的网页，使用户毫不防备地进入攻击者的服务器，用户的所有信息便处于攻击者的监视之中。

（3）电子邮件

攻击者能使用一些邮件炸弹软件或 CGI 程序向目的邮箱发送大量内容重复、无用的垃圾邮件，从而使目的邮箱被撑爆而无法使用。当垃圾邮件的发送流量特别大时，更有可能造成邮件系统对于正常的工作反应缓慢，甚至瘫痪。

（4）网络监听

网络监听是一种监视网络状态、数据流程以及网络上信息传输的管理工具，它可以将网络界面设定成监听模式，并且可以截获网络上所传输的信息。也就是说，当黑客登录网络主机并取得超级用户权限后，使用网络监听便可以有效地截获网络上的数据。

（5）节点攻击

攻击者在突破一台主机后，往往以此主机作为根据地，攻击其他主机。他们能使用网络监听方法，尝试攻破同一网络内的其他主机；也能通过 IP 欺骗和主机信任关系，攻击其他主机。

（6）拒绝服务

拒绝服务英文名称是 Denial of Service，简称 DoS，因此这种攻击行为被称为 DoS 攻击，其目的是使计算机或网络无法提供正常的服务。最常见的 DoS 攻击有计算机网络带宽攻击和连通性攻击。

5. 网络病毒的防范

作为个人用户在防范网络病毒时需要注意以下几点：①不要随便打开可疑的邮件附件；②注意文件扩展名；③不要轻易运行可执行程序；④不要盲目转发信件；⑤禁止 Windows Scripting Host；⑥注意共享权限；⑦从正规网站下载软件；⑧多做自动病毒扫描检查。

网络安全防护

1.4.3 网络安全防护

1. 相关概念

网络安全防护是一种网络安全技术，指致力于解决诸如如何有效进行介入控制，以及如何保证数据传输的安全性的技术手段等问题，主要包括物理安全分析技术、网络结构安全分析技术、系统安全分析技术、管理安全分析技术及其他的安全服务和安全机制策略。

2. 常见的网络安全防护措施

①防火墙：通过有机结合各类用于安全管理与筛选的软件和硬件设备，帮助计算机网络于其内、外网之间构建一道相对隔绝的保护屏障，以保护用户资料与信息安全性的一种技术，主要在于及时发现并处理计算机网络运行时可能存在的安全风险、数据传输等问题，如图 1-81 所示。

②入侵检测系统：一种对网络传输进行即时监视，在发现可疑传输时发出警报或者采取主动反应措施的网络安全设备，如图 1-82 所示。

③漏洞扫描：是指基于漏洞数据库，通过扫描等手段对指定的远程或者本地计算机系统的安全脆弱性进行检测，发现可利用漏洞的一种安全检测行为。所谓的系统或软件的"漏洞"，指的是在程序设计问题或考虑不够周到的地方存在的漏洞，造成黑客可以利用这些漏洞进行入侵、攻击或其他黑客任务，操作系统、浏览器、应用程序都有可能存在漏洞，如图 1-83 所示。

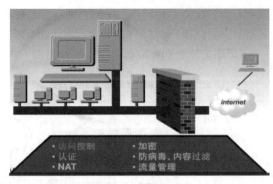

图 1-81　防火墙

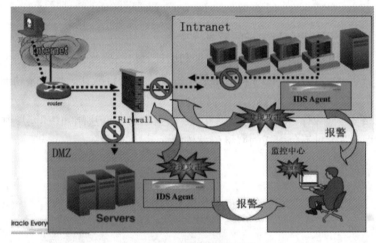

图 1-82　入侵检测系统

图 1-83　漏洞扫描

用户应及时升级系统，即及时给系统打补丁。补丁是漏洞的修补程序，一般由系统厂商及时修补该系统并发布补丁包。及时打补丁不但可以预防黑客入侵，还可以阻止病毒入侵。

④系统加固：安全加固服务是指根据专业安全评估结果，制定相应的系统加固方案，针对不同目标系统，通过打补丁、修改安全配置、增加安全机制等方法，合理进行安全性加强。其主要目的是：消除与降低安全隐患，尽可能避免安全风险的发生。

1.4.5　网络安全法

1.《中华人民共和国网络安全法》

《中华人民共和国网络安全法》是为了保障网络安全，维护网络空间主权和

网络安全法

国家安全、社会公共利益，保护公民、法人和其他组织的合法权益，促进经济社会信息化健康发展而制定的法律，共有七章 79 条，自 2017 年 6 月 1 日起施行。

《中华人民共和国网络安全法》在内容上有六大亮点，如图 1-84 所示。

明确了网络空间主权的原则

明确了网络产品和服务提供者的安全义务

明确了网络运营者的安全义务

进一步完善了个人信息保护规则

建立了关键信息基础设施安全保护制度

建立了关键信息基础设施重要数据跨境传输的规则

图 1-84　《中华人民共和国网络安全法》六大亮点

2. 计算机犯罪

计算机犯罪是指利用计算机所实施的犯罪行为。

例如最近比较流行的"网络钓鱼"就是一种利用计算机与网络来实施的犯罪行为。

一般来说，犯罪分子使用互联网来实施犯罪手段，如进行欺诈、偷盗、勒索、恐吓、造假和非法侵占。

如何增强网络安全意识？需要注意以下几点：加强网络安全法制知识学习；加强自身信息的保护；不盲目跟风，不参与不负责任的网络信息传播。

第2章

操作系统与常用软件

操作系统（Operating System，OS）是计算机软件系统的核心控制软件，也是最基本的系统软件，它可以看成是计算机硬件和应用软件的接口。

学习计算机首先要学习操作系统的使用，微软公司出品的 Windows 10 是目前使用很广泛的一种操作系统，它不但功能强大，而且界面美观、操作简便。本章主要学习并掌握计算机操作系统的基础操作和常用软件。

2.1 操作系统的概念、功能及分类

2.1.1 操作系统的概念

所谓操作系统，就是指控制和管理整个计算机系统的硬件和软件资源，合理地组织调度计算机的工作和资源分配，并提供给用户和其他软件，方便接口和环境的软件和程序的集合。操作系统能够最大限度地提高资源利用率，为用户提供全方位的使用功能和方便友好的使用环境。

操作系统的概念

2.1.2 操作系统的基本功能

操作系统负责控制和管理计算机的全部资源。按照资源的类型，操作系统分为五大功能模块。

操作系统的功能

1. CPU 管理

为了让 CPU 充分发挥作用，将 CPU 按一定策略轮流为某些程序或某些外设服务。其主要任务就是对 CPU 资源进行分配，并对其运行状态进行有效的控制和管理。

2. 存储管理

存储管理的主要任务是为程序运行提供良好的存储环境，也方便用户使用存储器，提高各类存储器的利用率。存储管理具有存储分配、内存保护、内存回收、地址映射和内存扩充等功能。

3. 输入 / 输出设备管理

输入 / 输出（Input /Output，简称 I/O），指一切操作、程序或设备与计算机之间发生的数据传输过程。输入 / 输出设备管理的基本任务是按照程序的需要或用户的要求，根据特定的算法来分配、管理及回收各类输入 / 输出设备，以保证系统有条不紊地工作。

4. 作业管理

作业指用户在一次运算过程中要求计算机系统所做工作的集合。作业管理包括作业调度和作业控制。良好的作业管理能够有效地提高系统运行的效率。

5. 文件管理

计算机中的信息是以文件形式存放在外存中的。文件管理的主要任务是对用户文件和系统文件进行管理，以方便用户使用，并保证文件的安全可靠性。文件管理的常规操作包括：新建或打开、重命名、复制或移动、删除或还原、压缩和解压、修改属性设置等。

操作系统的分类

2.1.3　操作系统的分类

随着计算机技术的迅速发展和计算机在各行各业的广泛应用，人们对操作系统的功能、应用环境和使用方式等提出了不同的要求，从而逐渐形成了不同类型的操作系统。根据操作系统的使用环境和提供的功能不同，可将操作系统分为以下几种类型。

1. 批处理系统

批处理系统（Batch Processing Operating System）分为单道批处理系统和多道批处理系统。

单道批处理系统采用脱机输入 / 输出技术，将一批作业按序输入到外存中，主机在监督程序控制下，将作业逐个读入内存，对作业进程自动地一个接一个地进行处理。

多道批处理系统是指在计算机内存中同时存放几道相互独立的程序，分时共用一台计算机，即多道程序轮流地使用部件，交替执行。

多道批处理系统能极大地提高计算机系统的工作效率：多道作业并行工作，减少了处理器的空闲时间；作业调度可以合理选择装入内存中的作业，充分利用计算机系统的资源；作业执行过程中不再访问低速设备，而是直接访问高速的磁盘设备，缩短了执行时间；作业被成批输入，减少了从操作到作业的交接时间。

2. 分时系统

分时系统（Time Sharing Operating System）是指在一台主机上连接多个终端，多个用户共用一台主机，即多用户系统。分时系统把 CPU 及计算机其他资源在时间上分割成一个个"时间片"，分给不同的用户轮流使用。由于时间片很短，CPU 在用户之间转换得非常快，用户会觉得计算机只在为自己服务。

分时系统的基本特征包括：

①多路性：多个用户能同时或基本上同时使用计算机系统。

②独立性：用户可以彼此独立操作，互不干扰。

③交互性：用户能与系统进行人机对话。

④及时性：用户的请求会在很短时间内得到系统响应。

3. 实时系统

实时系统（Real Time Operating System）以加快响应时间为目标，对随机发生的外部事件做出及时的响应和处理。实时系统首要考虑的是实时性，然后才是效率。

实时系统的基本特征包括：

①及时性：指对外部事件的响应要十分及时、迅速，要求计算机在最短的时间内启动相关数据的处理。

②高可靠性：实时系统用于现场控制处理，任何差错都可能带来巨大损失，因此，对可靠性要求相当高。

③有限的交互能力：实时系统一般为专用系统，用于实时控制台和实时处理。与分时系统相比，其交互能力比较简单。

4. 网络操作系统

网络操作系统（Network Operating System，NOS）是为网络用户提供所需各种服务的软件和有关规程的集合。目的是让网络上各计算机能方便、有效地相互通信和资源共享。

网络操作系统应具有的功能有：

①高效、可靠的网络通信。

②对网络中共享资源的有效管理。

③提供电子邮件、文件传输、远程登录等服务。

④网络安全管理：提供交互操作能力。

5. 分布式操作系统

分布式操作系统（Distributed Software Systems）是为分布式计算系统配置的操作系统，其中的大量计算机通过网络被连接在一起，可以获得极高的运算能力及广泛的数据共享。分布式操作系统是网络操作系统的更高形式，它保持了网络操作系统的全部功能，而且还具有透明性、可靠性和高性能等。

网络操作系统和分布式操作系统虽然都用于管理分布在不同地理位置的计算机，但最大的差别是：网络操作系统知道确切的网址，而分布式系统则不知道计算机的确切地址；分布式操作系统负责整个的资源分配，能很好地隐藏系统内部的实现细节，如对象的物理位置等。这些都是对用户透明的。

6. 个人计算机操作系统

个人计算机操作系统是一种人机交互的多用户多任务操作系统，用户管控计算机的全部资源，且允许切换用户。Windows 10 就属于这类操作系统。

随着技术的发展，这类操作系统所提供的用户接口越来越方便，功能越来越强大，目前也包含了网络操作系统的功能。几种典型的个人计算机操作系统的简要描述如表 2-1 所示。

表 2-1　几种操作系统

操作系统	简　　述
DOS MS-DOS/PC-DOS	MS-DOS 是早期 8bit、16bit 计算机主流操作系统； 单用户、单任务且为字符界面的操作系统
Windows	多用户、多任务且为图形界面的操作系统； 典型产品如 Windows 95、98、2000、XP、7、10
UNIX	多用户、多任务（批处理）的分时操作系统； 适用于中、小型计算机和高档微机
Linux	功能强大、安全可靠、免费使用且源代码开放的操作系统； 是 Windows 系统之外的一个非常有前途和潜力的操作系统

2.1.4　Windows OS 的发展

微软（Microsoft）公司于 1985 年推出第一版操作系统 Windows 1.0。五年后发布的 Windows 3.0 开始有了图文结合的用户界面，随着版本的不断升级，应用拓展和个性化服务日益丰富，尤其是 Windows 多语版的发布，使其风靡全球。

Windows 操作系统从最早的 Windows 1.0 到如今的 Windows 10，蓬勃发展历时 30 余年，如图 2-1 所示。

Windows OS
的发展

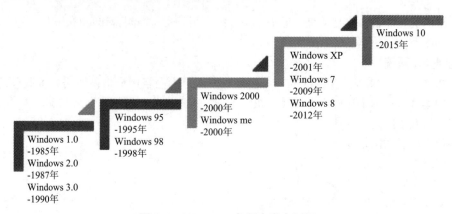

图 2-1　Windows 各版本发布时间

2.2 　Windows 10 基本操作

2.2.1　Windows 10 基础知识

Windows 10基础知识

1. Windows 10 的版本

Windows 10 是一款跨平台的操作系统，主要有七大版本，其功能特色如表 2–2 所示。

表 2-2　Windows 10 七大版本的功能特色

版本	功 能 特 色
Windows 10 家庭版	全新的"开始"菜单、Edge 浏览器、Windows Hello 生物特征认证登录以及虚拟助手小娜。 系统自动安装任何安全补丁。 "Cortana"功能，支持平板全屏化。 Windows 7 家庭版的用户免费升级至 Windows 10 家庭版
Windows 10 专业版	用户可以获得加入域、群策略管理、BitLocker（全碟加密）、企业模式 IE 浏览器、Assigned Access 8.1、远程桌面、Hyper–V 客户端（虚拟化）、加入 Azure 活动目录、浏览 Windows10 商业应用商店、企业数据保护等。 Windows 7 专业版的用户免费升级至 Windows 10 专业版
企业版	可连接 Direct Access、AppLocker、点对点连接与其他 PC 共享下载与更新的 Branch Cache 以及基于组策略控制的开始屏幕。Granular UX Control 可以让 IT 管理人员通过设备管理策略对具体 Windows 设备的用户体验进行定制及锁定，以便更好地执行特定任务。 至于 Credential Guard（凭据保护）以及 Device Guard（设备保护）则是用来保护 Windows 登录凭据以及对某台特定 PC 可以运行的应用程序进行限制。 而 Long Term Servicing Branch 选项则是让 PC 只接收安全更新而忽略其他，适用于需要长时间稳定工作且不希望受到新增功能影响的 PC。 用户无法免费升级至 Windows10 企业版，这一版本需要批量许可授权
教育版	专为大型学术机构设计的版本，具备企业版中的安全、管理及连接功能。 教育版更新选项与企业版略有差异，其余功能基本一样
移动版	适配 Windows Phone 和小屏幕平板电脑。 为用户提供了全新的 Edge 浏览器以及针对触控操作优化的 Office。 搭载移动版的智能手机或平板电脑可以连接显示器，向用户呈现 Continuum 界面，通用应用也可以在上面运行
移动企业版	针对大规模企业用户推出的移动版，采用了批量授权许可模式
物联网版	免费版；可运行通用应用；将用在行业定制设备上，例如手持式快递包裹扫描仪

2. Windows 10 的安装

（1）升级安装

Windows 7 家庭版的用户免费升级至 Windows 10 家庭版；Windows 7 专业版的用户免费升级至 Windows 10 专业版。

（2）全新安装

在浏览器访问如下 URL 地址购买并下载电子版 Windows 10 家庭版，进行全新安装。

https://www.microsoftstore.com.cn/windows/windows-10-home/p/js0005-00000

3. 运行并认识 Windows

掌握如何开 / 关机，掌握键盘和鼠标的基本操作，掌握图标、菜单、窗口和对话框等 Windows 基本元素的使用操作是高效使用计算机的前提。下面从基本操作开始介绍。

Windows 10 的启动和退出，即计算机的开机和关机，如图 2-2 所示。

键盘的布局如图 2-3 所示。鼠标的基本操作如图 2-4 所示。

启动 Windows 10 后，屏幕上出现一个空心的箭头 ，称为鼠标指针。

鼠标指针跟随鼠标的移动而移动，其形状随着操作位置和要进行的操作而改变。指针形状不同，含义也不同，常见鼠标指针的形状及其含义如表 2-3 所示。

键盘和鼠标的基本操作

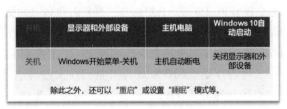

图 2-2　开机和关机

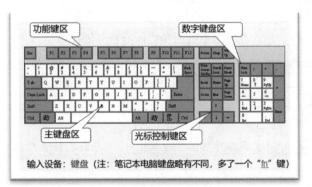

图 2-3　键盘

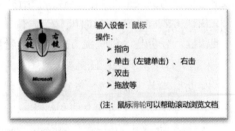

图 2-4　鼠标

表 2-3　鼠标指针形状及含义

指针形状	含　义
↖	标准状态，表示鼠标已经准备就绪，可单击选定或运行。
✛	按下鼠标后拖动可移动窗口或对话框
↔ ↕ ↘	指向窗口的边框或四个角，按下鼠标后拖动可调节窗口大小
I	定位并插入鼠标的光标，方便文本的插入编辑；选择文本
👆	表示此处有超链接，单击可跳转到其他资源
⌛	系统正忙，用户需等待

桌面、"开始"
屏幕和任务栏　　　创建快捷
　　　　　　　　　方式

4. 桌面、"开始"屏幕和任务栏

（1）桌面

桌面图标包括系统图标（如计算机和回收站）、应用程序图标（如应用程序或快捷方式）、文件或文件夹图标，如图 2-5 所示。

Windows 10 默认桌面中没有"计算机"（或"此电脑"）图标。用户可右击桌面，在弹出的快捷菜单中选择"个性化"→"主题"→"桌面图标设置"，在弹出的对话框中单击选中"计算机"复选框，单击"确定"按钮即可将"计算机"（或"此电脑"）图标显示在桌面上。

"回收站"是 Windows 为有效地管理已删除文件而准备的应用程序，位于硬盘的各个独立分区中。用户可以删除那些不再使用的旧文件、临时文件和备份文件，以释放磁盘空间。

Windows 将已经删除的所有文件或文件夹放入"回收站"文件夹中。但是，放入"回收站"中的文件或文件夹并没有真正被彻底删除，需要时可将回收站中的文件或文件夹"还原"，便可以按原路径将其恢复。计算机仅仅是暂时将删除的文件或文件夹保存在"回收站"中。在"回收站"中的文件或文件夹无法打开和运行。如果用户确定要彻底删除某些文件或文件夹，可以在"回收站"窗口中使用删除命令，或者选择"清空回收站"命令，将其彻底删除，以释放磁盘空间。

应用程序是安装在系统盘 C 盘程序文件夹内的应用软件，是可执行文件。桌面上往往会放置应用程序的快捷方式图标，主要因为以下几点：

①快捷方式可指向应用程序、本地或网络资源，双击执行效果一致。

②快捷方式比应用程序更节约桌面存储空间。

③如果快捷方式被错误删除，不等于卸载应用软件，不会对应用程序的执行造成影响。

④快捷方式是一个指向链接，没有扩展名。

快捷方式除了放在桌面可双击运行外，还可以拖放并锁定在任务栏上，单击它就可以运行，方便快捷。任务栏上的快捷方式图标不受窗口遮挡。

（2）"开始"屏幕和任务栏

桌面底端从左侧开始，依次为"开始"屏幕按钮（键盘【Windows】键⊞）、Cortana、任务视图、任务栏和通知栏，如图 2-6 所示。

桌面常见图标：
➤系统图标：计算机、回收站等
➤应用程序图标：应用程序或快捷方式
➤文件或文件夹图标：

图 2-5　桌面图标

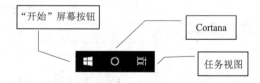

"开始"屏幕按钮

Cortana

任务视图

图 2-6　"开始"屏幕按钮、Cortana、任务视图

Windows 10 的"开始"屏幕取代了 Windows 7 的"开始"菜单。"开始"屏幕中包含程序列表和磁贴等。这个用户操作界面能够更好地兼容平板电脑和 Windows Phone，实现便捷触控。可通过右击把常用的应用软件如"微信"固定到"开始"屏幕。"开始"屏幕中就会出现色块式磁贴。磁贴可通过拖放进行分类调整管理，如图 2-7 所示。

Cortana（中文名为微软小娜）是微软发布的全球第一款个人智能助理，能够实现人机智能交互，不是简单地基于存储式的问答，而是对话。它能够了解用户的喜好和习惯，帮助用户进行日程安排、问题回答等。它会记录用户的行为和使用习惯，利用云计算、搜索引擎和"非结构化数据"分析，读取和"学习"包括手机中的文本文件、电子邮件、图片、视频等数据，来理解用户的语义和语境，从而实现人机交互。例如：手机中记录的日程显示将要参加会议，那么不需任何操作，Cortana 在时间到了之后就会自动将手机调至会议状态。用户可以启用 Cortana 在线语音识别并进行交互。其界面如图 2-8 所示。

图 2-7　固定微信到"开始"屏幕

图 2-8　Cortana 的界面

Cortana（小娜）涵盖的功能以及相应描述如表 2-4 所示。

表 2-4　Cortana 涵盖的功能描述

功能	描述
聊天功能	讲一个笑话、成语接龙、讲一个故事、唱一首歌、模仿宋小宝
通讯功能	给妈妈打电话、给爸爸发短信
提醒功能	提醒我 12:00 去舅舅家，将下午 12:00 的日程更改到 18:00
娱乐功能	播放音乐、今日热映、《红楼梦》、名人微博
交通功能	我在哪里、怎么去广场、附近餐馆、今日限行尾号
查询功能	今日天气、澳航航班会晚点吗、使用英语翻译我的名字、世界上陆地面积最大的国家、今年春节放假安排、今日资讯、双色球、大乐透
召唤小冰	召唤小冰、聊天
必应美图	通过必应搜索美图

任务栏上可以锁定常用应用程序的快捷方式，可以排列多个活动（当前）任务窗口，方便进行任务管理和切换。任务栏右侧的通知栏包括时间和日期、音量控制、网络状态、输入法、USB 外存（移动存储器）、安全防护软件和其他系统通知等，如图 2-9 所示。

图 2-9　任务栏右侧的通知栏

5. 窗口、菜单、对话框

（1）窗口

计算机窗口由标题栏、文件菜单、选项卡和功能区、地址栏、搜索框、左窗格（导航窗格）、编辑区、预览窗格、状态栏等构成，如图 2-10 所示。

针对窗口的操作主要包括：最大化 / 最小化 / 还原 / 关闭窗口、调整窗口大小、

窗口、菜单、对话框

移动窗口（移动标题栏位置）、排列窗口（层叠、堆叠显示、并排显示，见图 2-11）、切换窗口等。

（2）菜单

下面以记事本程序为例，认识一下菜单及其组成。记事本的菜单栏如图 2-12 所示。

图 2-10　"计算机"窗口界面

图 2-11　排列窗口

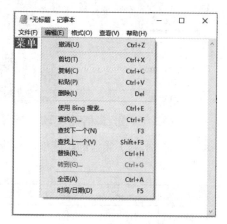

图 2-12　记事本的菜单栏

每个菜单项由"文字（字母）"组成，例如"编辑 (E)"，单击它可以打开"编辑"菜单列表，也可以按【Alt+E】组合键打开"编辑"菜单列表。菜单列表上的标识和说明如表 2-5 所示。

（3）对话框

当菜单栏和下一级菜单仍然无法组织管理全部菜单选项时，就有了对话框。对话框用来进行人机交互设置，和窗口有些相似。用户可以从对话框中阅读信息、选择选项、输入信息等。

以计算机的"文件夹选项"对话框为例，它由多个选项卡（标签卡）构成，如图 2-13 所示。

表 2-5　下拉菜单上的标识和说明

标识	描述	说　明
——	灰色横线条	可将菜单列表中的诸多菜单选项进行分组
＞　▶	指向	该菜单选项还有下一级菜单
•	圆点	分组中只能单选的菜单选项
✓	打勾	分组中可以复选的菜单选项
…	三点省略号	单击该菜单选项将打开一个对话框

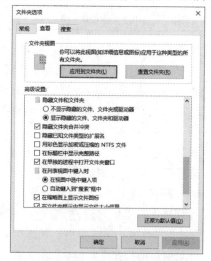

图 2-13　"文件夹选项"对话框

对话框的大小不可调整，用于询问用户要如何设置选项，设置完成后选择命令按钮"确定"、"取消"或"应用"可完成相应操作。对话框中的组成元素可能包括文本框、列表框、单选按钮、复选框、数字微调框、命令按钮等。

2.2.2　管理用户账户

管理用户账户

Windows 10 支持多用户操作环境，当多人使用一台计算机时，可以为每一个人分别创建一个用户账户。不同的用户拥有自己的账号和密码登录系统，也可以有不同的管理权限，桌面、收藏夹等可实现个性化设置管理，互不影响。

1. 查看管理员账户信息

打开"开始"屏幕，选择左侧的"设置"（齿轮状图标，Windows 10 以前的版本称其为控制面板）选项，如图 2-14 所示。打开"Windows 设置"窗口，如图 2-15 所示，单击"账户"选项，进入"账户信息"窗口，显示出当前激活的 Windows 10 系统的管理员账户信息，如图 2-16 所示。

图 2-14　"开始"→"设置"　　　　图 2-15　"Windows 设置"窗口

2. 添加新用户账户

以 Windows 10 家庭版为例，添加新账户的操作步骤如下：

①在"开始"屏幕中输入并打开"运行"：在 Cortana 里搜"运行"；或按组合键【Windows＋R】。

②在"运行"中输入"control userpasswords 2"，按【Enter】键，可以看到"用户账户"已存在的用户。

③单击"添加"选项，选择"不使用 Microsoft 账户登录"→"下一步"→"本地账户"→添加用户账号信息、密码和提示→添加用户成功→"完成"。

④重启电脑，用新账户登录 Windows 10。

3. 删除账户

用户可以删除本地用户账户，但是不建议删除 Microsoft 账户。

4. 设置账户属性

用户可以在相应的属性对话框中设置本地账户的属性，其中标准用户（User 组）和管理员（Administrator 组）的访问权限不同，如图 2-17 所示。

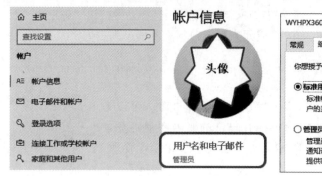

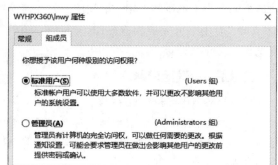

图 2-16　账户信息（管理员）　　　　　　　　图 2-17　账户属性

2.2.3　设置个性化桌面

设置个性化桌面的操作方法为：右击桌面空白处，在快捷菜单中选择"个性化"选项，打开个性化设置界面。在这里可以设置桌面背景，包括三个选项：图片、纯色或幻灯片放映。选择"图片"或"纯色"作为桌面，都是静态背景；而"幻灯片放映"是动态背景，需要额外设置幻灯片图片的播放频率、播放顺序等信息；选择契合度可选：填充、适应、拉伸、平铺、居中或跨区，如图 2-18 所示。

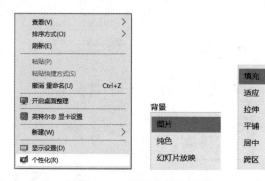

图 2-18　设置个性化桌面

2.2.4　系统字体的安装与卸载

为了得到更丰富的文档排版效果，若想在计算机中安装一些特殊的字体，如草书、毛体、广告字体、艺术字体等，需要用户自行安装。具体操作步骤如下：

①从网上下载字体库，文件格式为 *.ttf（建议下载免费可商用的字体），如图 2-19 所示。

②选中需要安装的字体，双击直接运行，或右击弹出快捷菜单，选择"安装"或"为所有用户安装"选项，如图 2-20 所示。

图 2-19　TTF 字体文件　　　图 2-20　选择"安装"或"为所有用户安装"选项

③弹出"正在安装字体"对话框，完成操作。

2.2.5 管理文件和文件夹

文件和文件夹的管理是 Windows 10 操作系统中的基本操作，也是进行其他应用程序操作的基础。计算机（或文件资源管理器）是对文件和文件夹进行管理的工具。打开"计算机"窗口的方法有：在桌面双击"计算机"图标（见图 2-21）；或右击"开始"按钮，在弹出的快捷菜单中选择"文件资源管理器"选项，如图 2-21 所示；或按【Windows+E】组合键。

文件是存放在存储介质上的数据，以一定方式组织起来的信息的集合。文档、照片、音频、视频、程序等都是以文件的形式存放的。每个文件都有一个文件名；数目庞大的文件需要分类组织管理，用来辅助组织管理众多文件的文件夹为此而存在。

在 Windows 中，文件和文件夹是以"树"形目录结构进行存储的，其中硬盘的各个分区可以看作是树的根，又称为根目录，如图 2-22 所示。

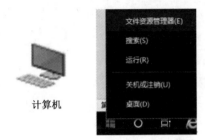

图 2-21　计算机和文件资源管理器　　　　图 2-22　树形目录结构

在计算机中，"目录"等同于"路径""文件夹"，详细的"本机地址"（内部存储地址、绝对地址、绝对路径），方便用户在管理文件或文件夹时快速地进行定位管理。例如：C:\kaoshi\xls，通过此地址可以在 C 盘 kaoshi 文件夹内找到并打开 xls 文件夹，注意分隔符是反斜线（反斜杠）"\"，如图 2-23 所示。

1. 文件命名规则

文件名由主文件名和扩展名组成。主文件名是文件的主要标记，扩展名用于表示文件的类型。其中文件扩展名，也常常被称为文件后缀名，它表示文件的具体类型。确定了文件的类型，操作系统就能判断用什么程序可以处理这个文件。

图 2-23　本机地址

命名文件名要遵守以下规则：

①文件名最多可达 255 个字符。

②文件名中不能包含的字符：？、*、"、<、>、|、:、\、/。

③可以使用多分隔符（小数点 .），最后一个分隔符后才是文件的扩展名。

④系统保留用户指定文件名的大、小写格式，但在文件的使用上大小写没有区别。

⑤文件名中可以使用汉字，但扩展名则不建议使用汉字。

文件、文件夹的操作

常见文件扩展名及其表示的文件类型如表 2-6 所示。

计算机（或文件资源管理器）是对文件和文件夹进行管理的工具，主要包括以下操作：新建或打开、重命名、复制或移动、删除或还原、压缩和解压、修改属性设置等。用户进行文件管理之前，先要掌握如何快速选择编辑对象，常规操作如表 2-7 所示。

表 2-6　文件扩展名及其表示的文件类型

文件类型	说　明
程序文件	文件可以直接运行，例如：可执行文件（.exe）、系统命令文件（.com）、批处理文件（.bat）
支持文件	在系统中起辅助作用，不能直接运行，例如：动态链接文件（.dll）、系统文件（.sys）、配置文件（.ini 或 .cfg）、设备驱动文件（.drv）、帮助文件（.hlp）等
文档文件	可编辑的文件，例如：Word 文档（.doc 或 .docx）、文本文件（.txt）、Excel 电子表格（.xls 或 .xlsx）、PPT 演示文稿（.ppt 或 .pptx）等
多媒体文件	含音频或视频等多媒体信息，例如：音乐 / 音频文件（.mp3、.m4a、.wav、.mid）、视频文件（.mp4、.mpg、.avi、.rm、.wma、.ast）等，还有 Flash 动画文件（.swf）
图像文件	可由图像处理程序编辑，例如：.bmp、.jpg、.png 和 .gif 等
网页文件	例如：静态网页（.htm 或 .html）、动态网页（.asp、jsp、pbp）等
压缩文件	例如：.rar、.zip 等
源程序文件	例如：C/C++ 源程序（.c、.cpp）、Java 源程序（.java）、汇编语言源程序（.asm）等
其他文件	其他一些不常用的文件类型，例如：字体文件（.ttf）等

表 2-7　选择编辑对象

操　作	实现的选择目的
单击	选择单个操作对象
【Ctrl】+ 单击	选择多个不连续的操作对象
【Shift】+ 单击	选择多个连续的操作对象
反向选择	反向选择
全部选择	全选，或按组合键【Ctrl+A】
全部取消	取消选择，也可以单击空白位置

2. 新建和打开

（1）新建文件和文件夹

在目标位置，用户可通过右击弹出快捷菜单的方式新建文件和文件夹。

> ！注意：①在同一存储位置，文件和文件不能同名，文件夹和文件夹不能同名。②文件夹没有扩展名，如果文件夹名中出现"."，则"."是文件夹名的一部分。

（2）打开文件和文件夹

打开文件和文件夹的方法有：

①双击文件和文件夹的图标可直接打开。

②右击文件或文件夹的图标，弹出快捷菜单，选择"打开"或"打开方式"选项。

复制和移动

3. 复制和移动

复制或移动文件（文件夹）是最常用的操作。复制的过程是：先复制，再粘贴；移动的过程是：先剪切，再粘贴。

三种常见的复制和移动操作方法是：

①右击法：右击相应文件（或文件夹）的图标，在快捷菜单中选择"复制"、"剪切"或"粘贴"命令。

②快捷组合键：按【Ctrl+C】组合键进行复制→按【Ctrl+V】组合键进行粘贴；按【Ctrl+X】组合键进行剪切→按【Ctrl+V】组合键进行粘贴。

③拖放法：【Ctrl】+ 按鼠标左键拖放 = 复制；【Shift】+ 按鼠标左键拖放 = 移动。

在复制和粘贴操作的实施过程中，有剪贴板的存在。剪贴板是位于内存中的一部分临时存储区域，其中的内容断电即失，如图 2-24 所示。

剪贴板设置

（1）利用剪贴板传递信息的方法

操作步骤如下：

① 选择要传送的源信息。

② 右击，在弹出的快捷菜单中选择"复制"或"剪切"命令。

③ 将鼠标定位到目标位置需要插入信息的位置。

④ 右击，在弹出的快捷菜单中选择"粘贴"命令，将剪贴板的信息复制到当前光标位置。

（2）剪贴板的特点：

①剪贴板是内存的一部分，断电即失；

②剪贴板多次使用，存储的是最后一次复制/剪切的内容，

③剪贴板复制的内容可以粘贴多次、剪切的内容可以粘贴1次；

图 2-24 剪贴板

4. 删除和还原

在计算机中对文件或文件夹进行删除或还原操作时，需先了解回收站的概念，主要包含三个特点：①回收站是硬盘删除数据的临时存储区域。②回收站内的资料不可以打开，但可以删除或清空。③回收站内的资料可以还原到原位置，再双击打开。

（注：在 U 盘中删除的数据，不会被放入回收站，是彻底删除，无法还原。）

删除和还原

5. 文件 / 文件夹属性

对文件 / 文件夹属性的设置的操作方法为：右击文件 / 文件夹图标，在弹出的快捷菜单中选择"属性"选项，在弹出的属性对话框中，对其属性进行设置，包含"只读""隐藏"等，单击对话框中的"高级"按钮，打开"高级属性"对话框，可以设置其"只读"、"隐藏"、"存档"、"压缩"和"加密"等属性，如图 2-25 所示。

文件/文件夹属性

- 只读：可以打开，无法修改。
- 隐藏：隐藏后可以恢复显示。
- 存档：可以存档文件。
- 压缩：压缩内容以便节省磁盘空间。
- 加密：加密内容以保护数据。

图 2-25 文件属性和高级属性

6. 通配符和搜索（查找）

在计算机中搜索（查找）文件时，可以用通配符"*"和"?"代替文件/文件夹名称中的一部分。其中，"*"代表任意多个任意字符，可以是零个或多个未知字符；"?"代表一个任意字符。

例如："*.exe"表示主文件为任意字符、扩展名为 exe 格式的一组文件。

除了利用通配符快速进行搜索之外，还可以按类型、大小、修改日期或其他属性进行搜索，如图 2-26 所示。

图 2-26 搜索工具

2.2.6 硬盘和磁盘管理

硬盘

磁盘管理

计算机的外存储器储存有大量的文件和程序。计算机硬盘的类型和容量，以及存储器之间读/写速度的对比，如图 2-27 所示。

关于硬盘的各个分区，可以用盘符和卷标表示其具体的分类和意义，例如：系统盘（存放操作系统和应用软件，通常为 C:）和数据盘（存放各种多媒体资料，如 D:、E:、F: 等）；保护盘（存放操作系统和应用软件，如 C:）和开放盘（存放各种多媒体资料，如 D:）。比如计算机机房、网吧等的公共计算机，往往会借助于软件或硬件（还原卡）等方式，将系统盘（C:）保护起来，无论用户如何进行个性化设置，每次重启计算机都能还原系统盘（C:），并恢复至上次正常工作的状态；这也就意味着，保存在桌面（位置在 C 盘）的文档在重启计算机后将会丢失；而保存在其他开放盘（分区）的资料，计算机重启后不会丢失。相对而言，个人计算机（PC）的各个硬盘分区是开放盘。

Windows 10 进行磁盘管理，主要是针对硬盘做如下管理操作，包括：创建并格式化硬盘分区、碎片整理和优化驱动器、磁盘清理。

1. 创建并格式化硬盘分区

打开"开始"屏幕，输入"格式化"，如图 2-28 所示，选择"创建并格式化硬盘分区"，打开"磁盘管理"窗口，如图 2-29 所示。

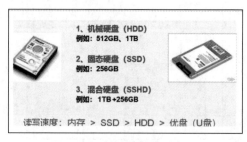

图 2-27 各种硬盘的对比

图 2-28 创建并格式化硬盘分区

如果是新购置的计算机，可能只有操作系统 C 盘一个分区，要想将硬盘划分多个分区，可以通过右击 C 盘并选择"压缩卷"得到，如图 2-29 所示。其他分区可按顺序编码盘符，得到 D 盘、E 盘等。

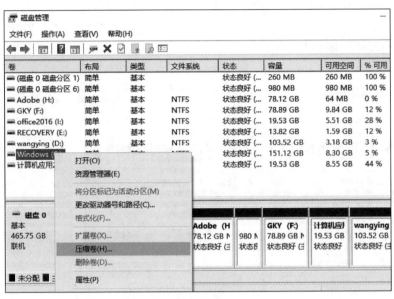

图 2-29 "磁盘管理"窗口

新的硬盘分区以及新购置的优盘和移动硬盘等，在使用前应进行格式化操作。操作方法是：右击相应图标，在弹出的快捷菜单中选择"格式化"选项，如图 2-30 所示。所谓"格式化"，是指对磁盘或磁盘中的分区（Partition）进行初始化的一种操作，这种操作通常会导致现有的磁盘或分区中所有的文件被清除。当 C 盘感染病毒无法有效清除时，也可以格式化系统盘（C 盘），再重新安装操作系统。

2. 碎片整理和优化驱动器

硬盘驱动器（如机械硬盘 HDD）在使用过程中被持续不断地反复读 / 写，可能会产生一定的"碎片"，长时间不进行"碎片整理"，可能导致有效存储空间减少，使计算机整体性能和运行速度下降，因此定期进行"碎片整理和优化驱动器"是很有必要的。另外，固态硬盘 SSD 因制造工艺和存储工作原理不同，不会产生碎片，无须碎片整理。

碎片整理的操作方法是：打开"开始"屏幕，输入"碎片"，打开"碎片整理和优化驱动器"，如图 2-31 所示，双击打开"优化驱动器"对话框，如图 2-32 所示，可以先"分析"磁盘各分区的"碎片"状态，再对驱动器进行优化。

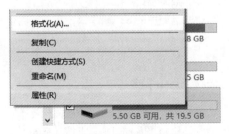

图 2-30 选择"格式化"选项

图 2-31 碎片整理和优化驱动器

3. 磁盘清理

磁盘清理的目的是清理图形系统创建的垃圾文件，释放磁盘空间，从而缩短应用程序的加载时间，改善响应性能。打开"开始"屏幕，输入"磁盘"，打开"磁盘清理"，如图 2-33 所示，双击打开对话框，选择要清理的驱动器，单击"确定"按钮完成清理。

建议扫描并执行磁盘清理时，不要选中回收站；如若选中回收站，那么被删除的临时存储于回收站的文件和文件夹将无法还原。

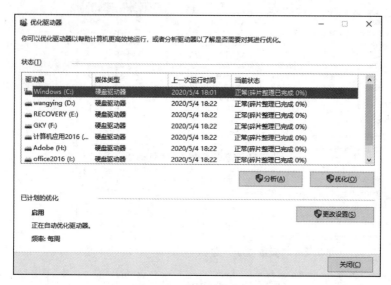

图 2-32 分析并优化驱动器

图 2-33 磁盘清理

2.2.7 屏幕截图

1. 按拷屏键【PrintScreen】截图

按拷屏键【PrintScreen】，如图 2-34 所示，可以全屏截图；按【Alt + PrintScreen】组合键，可以对活动窗口进行截图；截图存储在剪贴板中，可以粘贴到目标位置。有些笔记本式计算机的键盘上将【PrintScreen】键缩略为【PrtSc】。

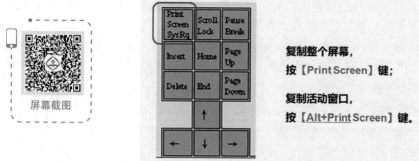

图 2-34 【PrintScreen】键

2. "截图工具"或"截图和草图"

选择"开始"屏幕中的"截图工具"，或"截图和草图"选项，或按【Windows + Shift + S】组合键，可以实现自定义截图，如图 2-35~ 图 2-37 所示。

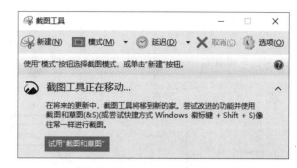

图 2-36 截图工具

截图工具

截图和草图

图 2-35 截图工具、截图和草图

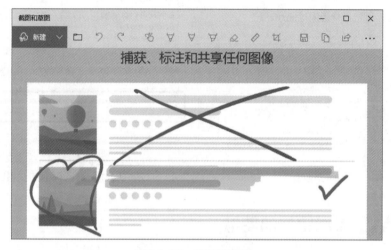

图 2-37 截图和草图

2.2.8 操作系统的更新、重置和还原

1. Windows 更新设置

定期检测 Windows 最新的更新，包括新功能和重要的安全改进。下载并安装 Windows 更新，就是常说的打补丁，如图 2-38 所示。

2. 重置此电脑

操作系统的更新、重置和还原

如果计算机无法正常运行，重置（即全新安装）Windows 可能会解决问题。重置时，可以选择保留或删除个人文件，然后重新安装 Windows，如图 2-39 所示。重置此电脑，意味着操作系统全新安装，后续扩展的一系列应用软件也必须重新安装。全新安装的系统建议做好备份，方便以后出现故障时用于系统还原。

3. 系统还原

右击桌面的"计算机"图标，在弹出的快捷菜单中选择"属性"，打开"系统"窗口，选择"系统保护"，打开"系统属性"对话框中的"系统保护"选项卡，在这里可以创建还原点，或进行系统还原，如图 2-40 和图 2-41 所示。

还原不是全新安装，只是将系统恢复至某个还原点。它适用于计算机突然运行异常，或某应用软件安装使用异常的情况下，将计算机系统恢复至之前运行正常的最近时刻或指定时间点。

图 2-38 Windows 更新设置

图 2-39 重置此电脑和备份设置

图 2-40 选择"系统保护"

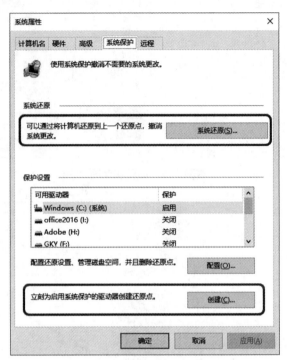

图 2-41 "系统属性"对话框中的"系统保护"选项卡

2.3 常用软件的使用

软件的安装与卸载

2.3.1 软件的安装与卸载

1. 安装应用软件或 App

在为计算机安装了 Windows 10 操作系统之后，为了丰富拓展计算机的应用功能，可安装应用软件。

安装方法如下：

①在计算机中安装：在软件官网中下载安装程序，并双击打开程序进行安装。安装文件格式常为可执行文件（.exe）或微软格式安装包（.msi）。

②在智能手机（移动设备）中安装：在应用市场或应用商店中下载 App 并安装，其文件格式常为 .apk（安卓平台）和 .ipa（IOS 平台）。

2. 卸载应用软件或移除 App

操作方法为：

①在计算机中的操作：选择"开始"→"设置"→"应用"，如图 2-42 所示，可在应用软件列表中单击选中要卸载的软件，出现"修改"和"卸载"按钮，单击相应按钮进行操作。

②在智能手机（移动设备）中的操作：长按 App 图标，在出现的菜单中选择"卸载"选项，或拖动 App 将其移除至回收站。

图 2-42 应用

3. 设置默认应用程序

当 Windows 10 系统中安装有多个同类型的应用软件时，需设置默认应用程序，如图 2-43 所示。

例如：能打开网页链接（含 E-mail 邮箱）的浏览器有很多种，如图 2-44 所示，用户可以设置指定打开网页链接的浏览器为 QQ 浏览器。

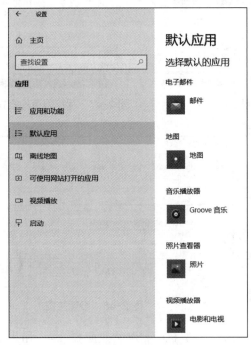

图 2-43　默认应用

图 2-44　网络浏览器

当安装有多个文档编辑器、图像处理软件、音 / 视频播放器时，都可指定打开某些格式文件的软件为默认应用程序。

2.3.2　网络浏览器

Windows 10 系统自带网络浏览器 Microsoft Edge 和 Internet Explorer 11（简称 IE11），如图 2-45 所示。Edge 是 Windows 新推出的网络浏览器，兼容各种各样的智能终端设备，安卓手机（Android）、苹果手机（IOS）、苹果电脑（MAC OS）都可以使用；IE11 是第一个通过 GPU 呈现文本的浏览器，具有领先的 JavaScript 性能，速度更快、响应程度更高。

网络浏览器

Microsoft Edge　　Internet Explorer

图 2-45　Microsoft Edge 和 IE 浏览器

除此之外，可以下载安装 Google Chrome 浏览器、UC 浏览器、搜狗浏览器、QQ 浏览器、猎豹浏览器、Firefox 浏览器、百度浏览器、傲游浏览器等。

其中 Google Chrome 浏览器支持 Webkit，除了简单高效的用户界面，还兼具稳定、速度和安全性，是程序员最为推崇的网络浏览器；2020 年 Chrome 浏览器将不再支持 Flash 插件。

以 IE11 浏览器为例，介绍网络浏览器的使用，如图 2-46 所示。

①保存网页：可将网页保存为多种格式，如图 2-47 所示。

②设置主页：可在"Internet 选项"对话框中设置经常访问的 URL 为主页，如图 2-48 所示。

③收藏夹：可将常常访问的多个 URL 链接收藏到收藏夹内，方便下一次浏览。收藏夹可以进行添加、整理、删除、导入、导出、同步等操作。

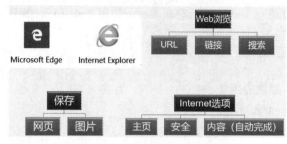

图 2-46　网络浏览器的使用 　　　　图 2-47　保存网页的格式列表

④刷新：单击菜单栏的"刷新"按钮或按【F5】键可刷新当前网页。

⑤历史记录和临时文件：网络浏览器的地址栏中访问获得所有地址都是历史记录；所有打开的网页内容都是下载到缓存的临时文件，这有助于网页的快速再访问，只需要重新下载网页有更新的内容，而无须重新下载整个网页。

使用公共计算机时，关闭浏览器时建议删除历史记录和临时文件。

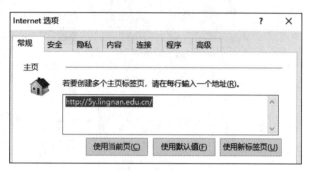

图 2-48　设置主页

⑥内容：Cookie、表单信息和密码。使用个人计算机时，网站数据 Cookie、用户填写的表单信息和密码等，保存下来可自动完成，提高后续访问的速度；但使用公共计算机时，以上信息建议不要保存。

2.3.3　压缩软件

压缩软件

以 WinRAR 为例，让用户根据需要将压缩后的文件保存为 .zip 或 .rar 格式文件。WinRAR 界面友好，使用方便，在压缩率和速度方面都有很好的表现。其图标如图 2-49 所示。

压缩文件或文件夹的优势有：

①节省磁盘空间。

WinRAR

②把许多零散的文件集中到一起。

③压缩文件可加密码。

图 2-49　WinRAR

④传输方便：通过 FTP 或邮箱发送时。

下面通过"右击"弹出快捷菜单的方式来熟悉压缩和解压的具体操作。请尝试完成以下例题的操作。

例　将"C:\winks\software"内的所有文件压缩为：SW.rar，存放于"C:\winks\files\compress"文件夹。

例　将"C:\winks"内的 music 文件夹和 picture 文件夹，并列压缩为 :newmedia.rar，存放于"C:\winks\new"文件夹。

例　将"C:\winks\files\compress"内的压缩文件 PPT.rar 解压到"C:\winks\files\："文件夹。

除 WinRAR 外，还有 Bandizip、7-zip 两款压缩软件用户评分也很高。

2.3.4　办公软件

最著名的办公系列应用软件，当属美国 Microsoft 公司出品的 MS Office 和我国金山公司出品的 WPS Office，如图 2-50 所示。

本书后续章节将重点学习 MS Office 2016 版中的三个办公组件：Word、Excel、PowerPoint，如图 2-51 所示。

办公软件

组件名称	简　述
Word	创建和编辑信件、报告、网页或电子邮件中的文本和图形
Excel	创建和管理工作表中的数据列表，执行数据统计和分析
PowerPoint	创建和编辑用于幻灯片播映、会议和网页的演示文稿

图 2-50　MS Office 与 WPS Office

图 2-51　Office 2016 的三个办公组件

2.3.5　杀毒软件

养成良好的计算机使用习惯，做好网络安全防护非常重要。为计算机安装安全防护软件，要开启安全检测并定期检查更新软件和病毒库。常见的杀毒软件如图 2-52 所示。

图 2-53　常见的杀毒软件

杀毒软件

以我国腾讯公司出品的电脑管家为例，涵盖全面体检、病毒查杀、垃圾清理、电脑加速、工具箱和软件管理六个模块。使用计算机时应注意：经常进行闪电杀毒或全盘杀毒；移动存储器必须杀毒再打开；定期检查更新杀毒软件等。

2.3.6　即时通信软件

即时通信（Instant Messaging）软件是通过即时通信技术来实现在线聊天、交流的软件。常用的有：QQ、微信、MSN、Skype、飞信、阿里旺旺等，如图 2-53 所示。

即时通信IM软件

图 2-53　即时通信 IM 软件

腾讯公司出品的 QQ 和微信拥有庞大的用户群体，支持多终端登录。其中 QQ 功能非常丰富，包括两人/多人通话、群组通话、屏幕分享、文件漫游、多端互传、在线预览、兴趣社区、附近热点、精彩图集等。

MSN Messenger 于 2014 年正式退出中国市场，Skype 取而代之。其中 Skype 不仅可以实现 Skype 好友、群组免费畅聊，还可以低廉的费率拨打全球的手机和座机。

美国的 Whatsapp 和韩国的 Line 也是即时通信软件的代表，用户群体遍布全球。

除上述列举的 IM 软件外，还有阿里钉钉、企业微信、腾讯 TIM 等软件，不仅具备即时通信功能，还具备网上办公和团队协作功能，如表 2-8 所示。

表 2-8　钉钉、企业微信、TIM 及功能特色

软件	功能特色
钉钉	可以实现智能办公，支持群聊沟通、视频会议等。钉钉教育用户达 3 亿以上
企业微信	以公司/单位为中心，服务企业用户，连接微信客户朋友圈，沟通便捷，支持办公流程、直播、小程序、企业支付
TIM	音同 Team，专注团队沟通协作，消息可云端同步，支持云文件、在线文档、邮件收发、日程等办公功能

2.3.7　上传下载软件

上传下载软件

上传和下载主要用于客户端主机和远程网络服务器之间的文件传输。有些 FTP 服务器支持匿名访问，有些则需要用户名和密码登录才能访问。

上传：客户端→服务器

下载：服务器→客户端

直接在计算机的地址栏，输入"FTP://"开头的 URL 地址，访问远程服务器，通过复制和粘贴等方式进行文件的上传或下载。可以利用 CuteFTP、迅雷 X 软件进行文件的上传或下载，如图 2-54 和图 2-55 所示。

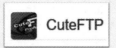

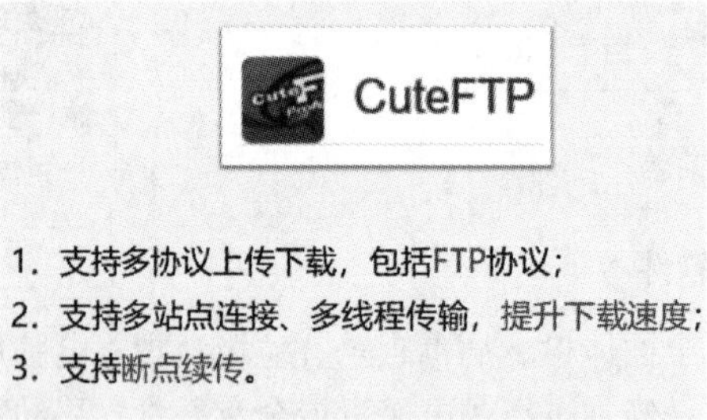

1. 支持多协议上传下载，包括FTP协议；
2. 支持多站点连接、多线程传输，提升下载速度；
3. 支持断点续传。

1. 快速申请磁盘空间；
2. 支持P2SP和IPv6，下载速度更快。

图 2-54　CuteFTP 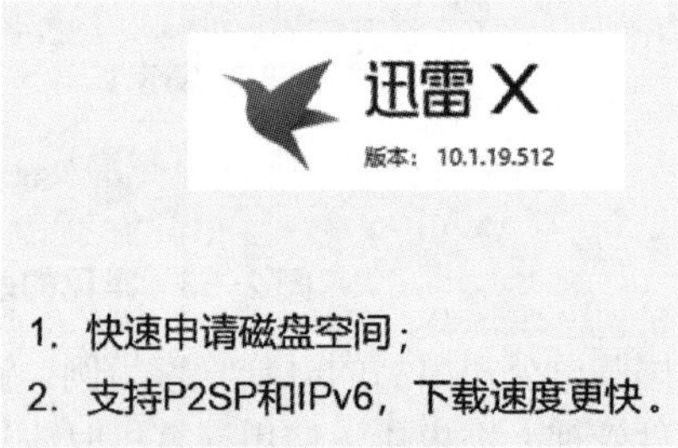　　　　　　图 2-55　迅雷 X

2.3.8　信息搜索

信息搜索

计算机的应用在中国越来越普遍，改革开放以后，中国计算机用户的数量不断攀升，应用水平不断提高，特别是互联网、即时通信、网络新闻、在线教育、医疗、网络购物和网络支付、网络视频、数字政府和在线政务等领域的应用，均取得了不错的成绩。

1996 年至 2020 年，计算机用户数量从原来的 630 万增长至 6 710 万台，联网计算机台数由原来的 2.9 万台上升至 5 940 万台。互联网用户已经达到 3.16 亿，无线互联网有 6.7 亿移动用户，其中手机上网用户达 1.17 亿，为全球第一位。

2020 年 4 月，中国互联网络信息中心（China Internet Network Information Center，CNNIC）发布了第 45 次《中国互联网络发展状况统计报告》统计数据，如表 2-9 所示。

表 2-9 中国互联网发展状况统计数据

项 目	数 量	项 目	总 数
IPv6	50 877 块 /32	域名	5 094 万
网民分类	数值	网民分类	数值
网民	9.04 亿	手机网民	8.97 亿
网络购物用户	7.10 亿	网络视频用户	8.50 亿
在线教育用户	4.23 亿	政务服务用户	6.94 亿

1. 搜索引擎和信息搜索

互联网基础应用类应用主要包括即时通信、搜索引擎和网络新闻。其中搜索引擎指根据一定的策略运用特定的计算机程序从互联网上采集信息，在对信息进行组织和处理后，为用户提供检索服务，将检索的相关信息展示给用户的系统。常见的中文搜索引擎如图 2-56 所示。

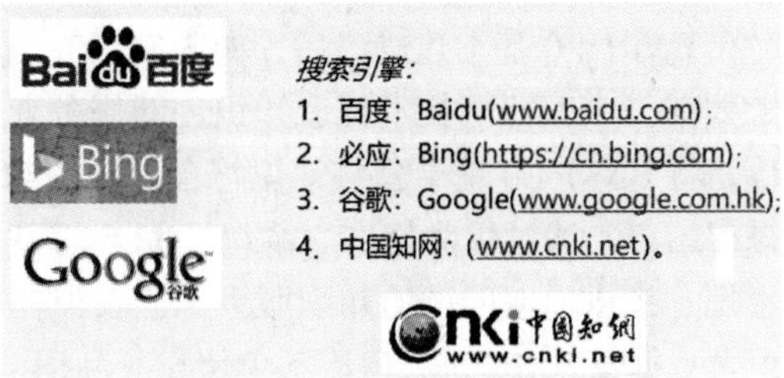

以百度为例，为提高搜索效率，常用的搜索语法如下，也可进入高级搜索，如图 2-57所示。

① 空格——多个关键词间隔；例：2019 年CCT 考试报名。

搜索引擎:
1. 百度: Baidu(www.baidu.com);
2. 必应: Bing(https://cn.bing.com);
3. 谷歌: Google(www.google.com.hk);
4. 中国知网: (www.cnki.net)。

图 2-56 常见中文搜索引擎

② 减号——去除关键词；例：* 试题 – 答案。

③ 双引号和书名号——精确关键词；例："网络学习云平台"；《手机》。

④ filetype: ——指定文件格式，doc、txt、xls、ppt 等，例：CCT 二级模拟题 filetype:doc。

⑤ inurl: ——限定 URL 链接，例：Photoshop inurl:software。

⑥ Site: ——限定网站，例：新闻 site:lingnan.edu.cn。

⑦ Intitle:——限定标题，例：五一放假 intitle: 广东省教育厅。

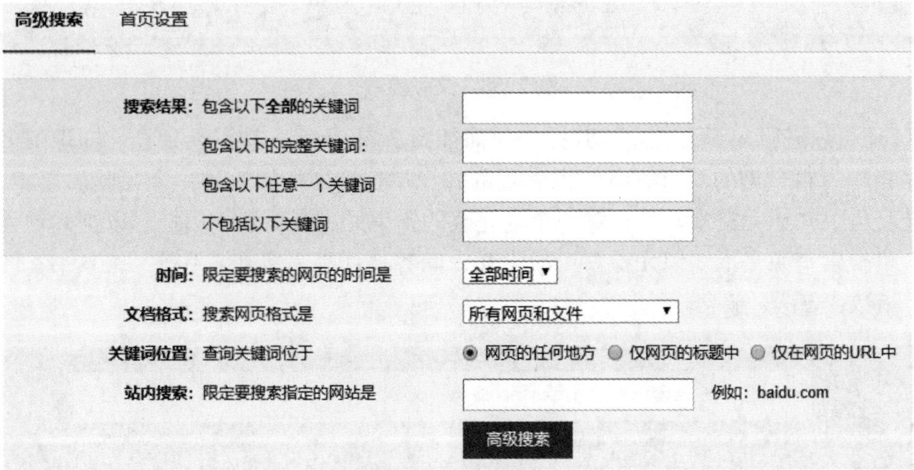

高级搜索　首页设置

搜索结果: 包含以下**全部**的关键词	
包含以下的**完整**关键词:	
包含以下**任意**一个关键词	
不包括以下关键词	
时间: 限定要搜索的网页的时间是	全部时间 ▼
文档格式: 搜索网页格式是	所有网页和文件 ▼
关键词位置: 查询关键词位于	● 网页的任何地方 ○ 仅网页的标题中 ○ 仅在网页的URL中
站内搜索: 限定要搜索指定的网站是	例如: baidu.com

高级搜索

图 2-57 高级搜索

中国知网CNKI

2. 中国知网 CNKI

中国知识基础设施工程（China National Knowledge Infrastructure，CNKI）于 1999 年 3 月开始建设《中国知识资源总库》，以全面打通知识生产、传播、扩散与利用各环节信息通道，打造支持全国各行业知识创新、学习和应用的交流合作平台为总目标。中国知网网址：http://www.cnki.net/。

它包括 CNKI 1.0 和 CNKI 2.0 两期工程。

（1）CNKI 1.0

CNKI 1.0 是在建成《中国知识资源总库》基础工程后，从文献信息服务转向知识服务的一个重要转型。CNKI 1.0 目标是面向特定行业领域知识需求进行系统化和定制化知识组织，构建基于内容内在关联的"知网节"，并进行基于知识发现的知识元及其关联关系挖掘，代表了中国知网服务知识创新与知识学习、支持科学决策的产业战略发展方向。

（2）CNKI 2.0

在 CNKI 1.0 基本建成以后，中国知网充分总结近五年行业知识服务的经验教训，以全面应用大数据与人工智能技术打造知识创新服务业为新起点，CNKI 工程跨入了 2.0 时代。CNKI 2.0 目标是将 CNKI 1.0 基于公共知识整合提供的知识服务，深化到与各行业机构知识创新的过程与结果相结合，通过更为精准、系统、完备的显性管理，以及嵌入工作与学习具体过程的隐性知识管理，提供面向问题的知识服务和激发群体智慧的协同研究平台。其重要标志是建成"世界知识大数据（WKBD）"、建成各单位充分利用"世界知识大数据"进行内外脑协同创新、协同学习的知识基础设施（NKI）、启动"百行知识创新服务工程"、全方位服务中国世界一流科技期刊建设及共建"双一流数字图书馆"。

在 CNKI 进行文献检索时，可根据需要按不同分类输入检索词，并勾选跨库或单库进行检索，如图 2-58 所示。高级检索的文献分类目录可选。

图 2-58 文献检索

CNKI 还可以进行知识元检索，其操作界面如图 2-59 所示。知识元是显性知识的最小可控单位，是指不可再分割的具有完备知识表达的知识单位，即能够表达一个完整的事实、原理、方法、技巧等。知识元检索，就是对一个个完整的知识元进行检索，用户可以把知识元看作一篇文章。可检索资源是指知识元检索可检索知识问答、百科、辞典、手册、工具书、图片、统计数据、指数、方法、概念。

图 2-59 知识元检索

CNKI 还可以进行引文检索，其操作界面如图 2-60 所示。

图 2-60　引文检索

中国引文数据库网址：http://ref.cnki.net/ref，界面如图 2-61 所示。引文检索的价值和意义包括作者引证报告、文献导出和来源文献检索。

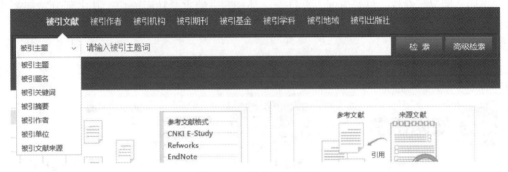

图 2-61　引文检索界面

除以上检索服务以外，中国知网还提供了其他软件产品服务，包括"学术不端文献检测系统"和"知网研学"等，如图 2-62 所示。

学术不端文献检测系统 5.3 支持多种语言和图文检测。

学术不端文献检测系统支持多种语言、图文和抄袭检测，由 "CNKI 科研诚信管理系统研究中心"针对高等院校开发的 "学位论文学术不断行为检测系统（TMLC2）"，网址为 https://check.cnki.net/tmlc/，已在全国高校开放授权使用，如图 2-63 所示。

图 2-62　中国知网其他软件产品

"写论文，上知网研学。"知网研学的网址为 https://x.cnki.net/，如图 2-64 所示。知网研学平台是在提供传统文献服务的基础上，以云服务的模式，提供集文献检索、阅读学习、笔记、摘录、笔记汇编、论文写作、学习资料管理等功能为一体的个人学习平台。平台提供网页端、桌面端（原 E-Study，Windows 和 MAC)、移动端（iOS 和安卓）、微信小程序，多端数据云同步，满足学习者在不同场景下的学习需求，支撑深度研究学习。

图 2-63　学位论文学术不端行为检测系统（TMLC2）

知网研学可以实现的主要功能包括：在线阅读，无须下载；实时工具书检索；笔记便捷管理，在线汇编整理；官网投稿渠道，模块整理；购物车式文摘，便捷引用；多终端同步，省心安全。

知乎

3. 知乎

"有问题，上知乎。"知乎，是可信赖的网络问答社区，是认真、专业、友善的知识分享社区，以让每个人高效获得可信赖的解答为使命。如图 2-65 所示。

知乎，无论是满足好奇或者解答疑惑，用户都有机会找到可信赖的回答，还可以与来自天南地北的知友，分享知识、经验、见解。准确地讲，知乎更像一个论坛：连接各行各业的用户，用户围绕着某一感兴趣的话题进行相关的讨论，同时可以关注兴趣一致的人。对于概念性的解释，网络百科几乎涵盖了所有的疑问；但是对于发散思维的整合，却是知乎的一大特色。

新入知乎的创作者可以在知乎小管家的指引下，遵守知乎的社区基本原则并茁壮成长。Live 讲座、书店、圆桌、专栏、付费咨询、百科等，都是知乎的重要功能模块，其中部分功能需要更高等级的创作者才可组织创办，如图 2-66 所示。

图 2-64　知网研学

图 2-65　知乎

图 2-66　知乎功能模块

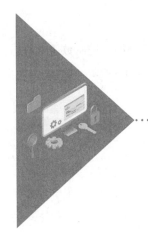

第3章

计算思维概述

从人类认识世界和改造世界的思维方式出发，科学思维主要分为理论思维、实验思维和计算思维三大类，分别对应理论科学、实验科学和计算科学。这三大科学被称为推动人类文明进步和科技发展的三大支柱。现在，几乎所有领域的重大成就，无不得益于计算科学的支持，计算思维已经成为现代人必须掌握的基本思维模式。计算思维在求解问题方面已体现出巨大的优越性，深刻地改变着人们的生活、学习与工作。

本章首先介绍计算机的 0 和 1 与逻辑，包括数制及数制间的转换、信息的存储单位以及字符编码，然后介绍计算思维的基本内容，讲解计算思维的定义、特征与应用，最后介绍计算思维的方法，包括计算机的问题求解过程、计算思维的逻辑基础、算法设计以及计算思维典型案例。

3.1 计算机的 0 和 1

计算机实现对数据的处理都是以特定的数据符号来表示、使用和存储的。现在，这些直接与电路表示、电路传输和存储介质有关的数据符号均采用二进制。数制、数据表示和数据编码就是解决二进制与数据符号之间的关系，实现数据的存储和操作。为了更好地使用计算机，理解计算思维，必须学习计算机的数制和信息编码，了解计算机中的信息是如何进行表示的。

3.1.1 0 和 1 与逻辑

1. 二进制数的产生

人们在生产实践和日常生活中，创造了各种表示数的方法，这种数的表示系统称为数制。例如，最常用的十进制数，逢十进一；一周有七天，逢七进一。计算机中是使用二进制进行数据处理的，而不是使用人们习惯的十进制数，主要是由于二进制数只有两个数码（即 0 和 1）的特点所决定的，它是现代计算机工作的重要理论基础。

现代二进制记数系统由戈特弗里德·莱布尼茨于 1679 年设计，他认为易经中的卦象与二进制算术密不可分。莱布尼兹解读了易经中的卦象，并认为这是其作为二进制算术的证据。

二进制数较为简单，只有两个符号 0、1，对应着自然界截然相反的两种状态：真、假，黑、白，正、负，高、低，通、断，……。最重要的是二进制运算系统在电子器件（如数字电路、触发器、运算器等）中容易实现。数字电子电路中，逻辑门直接应用了二进制，因此现代计算机和依赖计算机的设备里都用到了二进制。每个数字称为一个位元（二进制位）或比特（Bit，Binary digit

的缩写）。

2. 二进制数的表示法

二进制数与十进制一样，采用位置计数法，其位权是以 2 为底的幂。例如二进制数 110.11，逢 2 进 1，其权的大小顺序为 2^2、2^1、2^0、2^{-1}、2^{-2}。对于有 n 位整数、m 位小数的二进制数用加权系数展开式表示，可写为：

$$(a_{n-1}a_{n-2}\cdots a_1a_0a_{-1}\cdots a_{-m})_2$$
$$=a_{n-1}\times 2^{n-1}+a_{n-2}\times 2^{n-2}+\cdots+a_1\times 2^1+a_0\times 2^0+a_{-1}\times 2^{-1}+a_{-2}\times 2^{-2}+\cdots+a_{-m}\times 2^{-m}$$

二进制数一般可用右侧的式子来表达：$(a_{n-1}a_{n-2}\cdots a_1a_0a_{-1}\cdots a_{-m})_2$。

3. 二进制数的运算

（1）二进制的算术运算

数值的算术运算包括加、减、乘、除四则运算。

加法：00+00=00，00+01 = 01，01+00 = 01，01+01 = 10

减法：0-0=0，1-0 = 1，1-1 = 0，10-1 = 01

乘法：$0\times 0 = 0$，$0\times 1 = 0$，$1\times 0 = 0$，$1\times 1 = 1$

除法：$0\div 1 = 0$，$1\div 1 = 1$

（2）二进制的幂运算

2^0=1=01

2^1=2=10

2^2=4=100

2^3=8=1000

2^4=16=10000

2^5=32=100000

2^6=64=1000000

2^7=128=10000000

可以发现，2 多少次方，换成二进制后，1 后面就有多少 0。

（3）二进制数的逻辑运算

计算机能够进行逻辑判断的基础是二进制数具有逻辑运算的功能。二进制数中的 0 和 1 在二进制数的逻辑运算逻辑上可以表示"真（True）"与"假（False）"。二进制数的逻辑运算包括逻辑与、逻辑或、逻辑异或和逻辑非运算等。习惯上，1 表示"真（T）"，0 表示"假（F）"。在电路中，1 为"开"，0 为"关"。

逻辑与运算（AND）：0 ∧ 0=0；0 ∧ 1=0；1 ∧ 0=0；1 ∧ 1=1。

逻辑或运算（OR）：0 ∨ 0=0；0 ∨ 1=1；1 ∨ 0=1；1 ∨ 1=1。

逻辑异或运算（XOR）：0 ⊕ 0=0；0 ⊕ 1=1；1 ⊕ 0=1；1 ⊕ 1=0。

逻辑非运算（NOT）：1=0；0=1。

4. 八进制和十六进制

数据在计算机中的表示，最终以二进制的形式存在，但有时候二进制数太长了，比如 int 类型数据需要占用 4 个字节，32 位。比如 100，用 int 类型的二进制数表达将是：

0000	0000	0000	0000	0110	0100

所以有时候在计算和表达的时候，会用八进制数或十六进制数来代替二进制数。八进制数

一次可以表示 3 位二进制数，16 进制数一次可以表示 4 位二进制数。

3.1.2　数制间的转换

1. 十进制和二进制的转换

表 3-1 列出了十进制数和二进制数的对应关系。

表 3-1　十进制和二进制数的表示

十进制	0	1	2	3	4	5	6	7	8	9	10
二进制	0	1	10	11	100	101	110	111	1000	1001	1010

（1）十进制数转换成二进制

第一种方法：把一个十进制数，用 2 的次方来表示出来，进而相加或相减。

例 将十进制数 120 转换成二进制数。

$(120)_{10}=2^7-2^3=(10000000)_2-(1000)_2=(01111000)_2$

$(120)_{10}=2^6+2^5+2^4+2^3=(1000000)_2+(100000)_2+(10000)_2+(1000)_2=(1111000)_2$

第二种方法：除 2 取余，逆序排列。

例 将十进制数 89 转换成二进制数。

$89 \div 2 \cdots\cdots 1$

$44 \div 2 \cdots\cdots 0$

$22 \div 2 \cdots\cdots 0$

$11 \div 2 \cdots\cdots 1$

$5 \div 2 \cdots\cdots 1$

$2 \div 2 \cdots\cdots 0$

1

即 $(89)_{10}=(1011001)_2$

（2）二进制数转换成十进制数

方法：将一个二进制数按位权展开成一个多项式，然后按十进制的运算规则求和，即可得到二进制数值的十进制数。

例 $(10110100)_2=1*2^7 + 0*2^6 + 1*2^5 + 1*2^4 + 0*2^3 + 1*2^2 + 0*2^1 + 0*2^0$

$=128 + 32 + 16 + 4$

$=(180)_{10}$

2. 八进制数和二进制数的转换

（1）八进制数转换成二进制数

方法：按照顺序，每 1 位八进制数改写成等值的 3 位二进制数，次序不变。

例 $(17.36)_8= (001\ 111\ .011\ 110)_2 =(1111.01111)_2$

1	7	.	3	6
001	111	.	011	110

!注意：整串数字最前面的0和最后面的0可以舍弃

（2）二进制数转换成八进制数

方法：从小数点向两边的方向，将二进制每三个分为一组，不够三个的一组就往前补0，把每三个转换成一个八进制数（0~7）即可。

例 $(111101100011)_2=(111\ 101\ 100\ 011)_2=(75.43)_8$

111	101	100	011
7	5	4	3

3. 十六进制数和二进制数的转换

（1）十六进制数转换成二进制数

方法：按照顺序，每1位十六进制数改写成等值的4位二进制数，次序不变。

例 将 $(61.E)_{16}$ 转换成二进制数。

6　　1　　.　　E

0110　0001　.　1110

即：$(61.E)_{16}=(1100001.111)_2$

（2）二进制数转换成十六进制数

方法：二进制数转换成十六进制数时，只要从小数点位置开始，向左或向右每四位二进制划分为一组（不足四位的组可补0），然后写出每一组二进制数所对应的十六进制数即可。

例 将二进制数 1100001.111 转换成十六进制数。

0110　0001　.　1110

6　　1　　.　　E

即：$(1100001.111)_2 = (61.E)_{16}$

4. 十六进制数和八进制数的转换

方法：将十六进制数转换为二进制数，将二进制数转换为八进制数。

例 将十六进制数 79.AF 转换成八进制数。

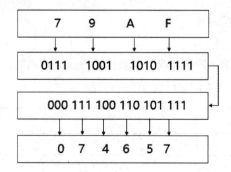

即：$(79.AF)_{16} =(74.657)_8$

3.1.3 信息存储单位

在学习信息的存储单位之前，要先了解信息的两种存储方式，即磁盘存储和内存存储。磁盘存储是指不需要持续供电的永久存储；内存存储则需要持续供电才可以保持信息。

计算机中常采用二进制数来存储数据信息，常用的数据单位是位（bit）和节（Byte）。

存储容量单位还有千字节（KB）、兆字节（MB）、吉字节（GB），它们之间的换算关系如下（其中 $1024=2^{10}$）：

1GB=1024MB

1MB=1024KB

1KB=1024B

1B（Byte）=8bit（Binary digit）

> 思考与提高——一些有关存储空间的小知识
>
> 人们过去使用的32位计算机是指计算机的处理器单次可以处理32位（bit）也就是4个字节的数据，而64位计算机是指其处理器单次可以处理64位也就是8个字节。一个英文字母（不分大小写）占一个字节的计算机存储空间；一个中文汉字占两个字节的计算机存储空间空间；符号、英文标点占一个字节计算机存储空间；中文标点占两个字节计算机存储空间。

3.1.4 字符编码

字符编码是指规定用怎样的二进制码来表示字母、数字以及一些专用符号。字符编码包括英文编码、中文编码、Unicode 编码等。

1. 英文编码

字符编码的方式有很多，现今国际上最通用的单字节编码系统是美国信息交换标准代码（American Standard Code for Information Interchange，ASCII）。ASCII 码已被国际化标准组织（ISO）认定为国际标准，并在世界范围内通用。它定义了 128 个字符，其中通用控制符 34 个，阿拉伯数字 10 个，大、小写英文字母 52 个，各种标点符号和运算符号 32 个，具体如表 3-2 和表 3-3 所示。

表 3-2　ASCII 码表 I

ASCII 值	控制字符	ASCII 值	控制字符	ASCII 值	控制字符	ASCII 值	控制字符
0	NUT	32	SP	64	@	96	`
1	SOH	33	!	65	A	97	a
2	STX	34	"	66	B	98	b
3	ETX	35	#	67	C	99	c
4	EOT	36	$	68	D	100	d
5	ENQ	37	%	69	E	101	e
6	ACK	38	&	70	F	102	f
7	BEL	39	'	71	G	103	g
8	BS	40	(	72	H	104	h

ASCII 值	控制字符	ASCII 值	控制字符	ASCII 值	控制字符	ASCII 值	控制字符
9	HT	41	)	73	I	105	i
10	LF	42	*	74	J	106	j
11	VT	43	+	75	K	107	k
12	FF	44	,	76	L	108	l
13	CR	45	–	77	M	109	m
14	SO	46	.	78	N	110	n
15	SI	47	/	79	O	111	o
16	DLE	48	0	80	P	112	p
17	DCI	49	1	81	Q	113	q
18	DC2	50	2	82	R	114	r
19	DC3	51	3	83	X	115	s
20	DC4	52	4	84	T	116	t
21	NAK	53	5	85	U	117	u
22	SYN	54	6	86	V	118	v
23	TB	55	7	87	W	119	w
24	CAN	56	8	88	X	120	x
25	EM	57	9	89	Y	121	y
26	SUB	58	:	90	Z	122	z
27	ESC	59	;	91	[	123	{
28	FS	60	<	92	\	124	|
29	GS	61	=	93	]	125	}
30	RS	62	>	94	^	126	~
31	US	63	?	95	—	127	DEL

表 3-3　ASCII 码表 II

NUL		VT	垂直制表	SYN	空转同步
SOH	标题开始	FF	走纸控制	ETB	信息组传送结束
STX	正文开始	CR	回车	CAN	作废
ETX	正文结束	SO	移位输出	EM	纸尽
EOY	传输结束	SI	移位输入	SUB	换置
ENQ	询问字符	DLE	空格	ESC	换码
ACK	承认	DC1	设备控制 1	FS	文字分隔符
BEL	报警	DC2	设备控制 2	GS	组分隔符
BS	退一格	DC3	设备控制 3	RS	记录分隔符
HT	横向列表	DC4	设备控制 4	US	单元分隔符
LF	换行	NAK	否定	DEL	删除

ASCII 码用 7 位二进制数表示一个字符。由于 2^7=128，所以共有 128 种不同的组合，可以表示 128 个不同的字符。通过查 ASCII 码表可得到每一个字符的 ASCII 码值，例如，大写字母 A 的 ASCII 码值为 10000001，转换成十进制为 65。在计算机内，每个字符的 ASCII 码用 1 个字节（8 位）来存放，字节的最高位为校验位，通常用"0"填充，后 7 位为编码值。例如，大写字母 A 在计算机内存储时的代码（机内码）为 01000001。

2. 中文编码

ASCII 码只对英文字母、数字和标点符号进行编码。为了在计算机内表示汉字，用计算机处理汉字，同样也需要对汉字进行编码。这些编码主要包括汉字输入码、汉字内码、汉字信息交换码、汉字字形码、汉字地址码等。

（1）汉字输入码

由于汉字主要是经标准键盘输入计算机的，所以汉字输入码是由键盘上的字符或数字组合而成的。汉字输入法编码主要包括音码、形码、音形码、无理码，以及手写、语音录入等方法。常用的汉字输入软件有搜狗拼音输入法、谷歌拼音输入法、QQ 拼音输入法、搜狗五笔输入法、QQ 五笔输入法、极点五笔输入法、百度语音输入法、讯飞语音输入法、百度手写输入法等。

（2）汉字内码

汉字内码是为在计算机内部对汉字进行存储、处理而设置的汉字编码，它应能满足在计算机内部存储处理和传输的要求。当一个汉字输入计算机后就转换成内码，然后才能在机器内传输和处理。汉字内码的形式也是多种多样的。对应于国标码，一个汉字的内码也用两个字节存储，并把每个字节的最高二进制位置"1"作为汉字内码的标识，以免与单字节的 ASCII 码混淆，产生歧义。也就是说，国标码的两个字节每个字节最高位置"1"，即转换成内码。

（3）汉字信息交换码

汉字信息交换码是用于汉字信息处理系统之间或汉字信息处理系统与通信系统之间进行信息交换的汉字代码，简称交换码，又称国标码。它是为了使系统、设备之间信息交换时能够采用统一的形式而制定的。

我国 1981 年颁布了国家标准——信息交换用汉字编码字符集（基本集），代号为 GB 2312—1980，即国标码。国标码规定了进行一般汉字信息处理时所用的 7 445 个字符编码，其中 682 个非汉字图形符号（如序号、数字、罗马数字、英文字母、日文假名、俄文字母、汉语注音等）和 6 763 个汉字的代码。汉字代码中又有一级常用字 3 755 个，二级次常用字 3 008 个。一级常用汉字按汉语拼音字母顺序排列，二级次常用字按偏旁部首排列，部首依笔画多少排序。

由于一个字节只能表示 2^8（256）种编码，显然用一个字节不可能表示汉字的国标码，所以一个国标码必须用两个字节来表示。

3. Unicode 编码

扩展的 ASCII 码所提供的 256 个字符，用来表示世界各地的文字编码还显得不够，还需要表示更多的字符和意义，因此又出现了 Unicode 编码。

Unicode 是一种 16 位的编码，能够表示 65 000 多个字符或符号。世界上的各种语言一般所使用的字母或符号都在 3 400 个左右，所以 Unicode 编码可以用于任何一种语言。Unicode 编码与现在流行的 ASCII 码完全兼容，二者的前 256 个符号是一样的。

3.2 \\\\ 计算思维

随着信息化的全面深入，计算思维已经成为人们认识和解决问题的重要基本能力之一。在当今信息化社会，一个人若不具备计算思维的能力，在激烈竞争的环境中将处于劣势，因此计算思维已经不仅是计算机专业人员应该具备的能力，也是所有受教育者应该具备的能力，它蕴含着一整套解决一般问题的方法与技术。

3.2.1 计算思维的定义与特征

1. 计算思维的定义

计算思维的概念由美国卡内基·梅隆大学计算机科学系主任周以真教授于 2006 年提出。她认为，计算思维是运用计算机科学的基础概念进行问题求解、系统设计以及人类行为理解等涵盖计算机科学之广度的一系列思维活动。也就是说，计算思维是基于计算的思想和方法，它不属于理论分析和段，也不属于实验操作和观察手段。

2. 计算思维的特征

（1）概念化，不是程序化

计算机科学不是计算机编程。像计算机科学家那样去思维意味着远不止能为计算机编程，还要求能够在抽象的多个层次上思维。

（2）根本的，不是刻板的技能

根本技能是每一个人为了在现代社会中发挥职能所必须掌握的。刻板技能意味着机械的重复。具有讽刺意味的是，当计算机像人类一样思考之后，其思维就变成机械的了。

（3）是人的，不是计算机的思维方式

计算思维是人类求解问题的一条途径，但决非要使人类像计算机那样思考。计算机枯燥且沉闷，人类聪颖且富有想象力。人类赋予计算机激情，并配置了计算设备，我们能用自己的智慧去解决那些在计算时代之前不敢尝试的问题，实现"只有想不到，没有做不到"的境界。

（4）数学和工程思维的互补与融合

计算机科学在本质上源自数学思维，因为像所有的科学一样，其形式化基础建筑于数学之上。计算机科学又从本质上源自工程思维，因为我们建造的是能够与实际世界互动的系统，基本计算设备的限制迫使计算机学家必须计算性地思考，不能只是数学性地思考。构建虚拟世界的自由使我们能够设计超越物理世界的各种系统。

（5）是思想，不是人造物

不只是我们生产的软件、硬件等人造物将以物理形式到处呈现并时时刻刻触及我们的生活，更重要的是还将有我们用以接近和求解问题、管理日常生活、与他人交流和互动的计算概念，而且，面向所有的人，所有地方。当计算思维真正融入人类活动的整体以致不再表现为一种显式之哲学的时候，它就将成为一种现实。

3.2.2 计算、计算机与计算思维

周以真教授认为，计算思维是研究计算的。因此要理解计算思维，首先要理解计算。因为计算思维本质上还是研究计算的，研究在解决问题过程中，哪些是可以被计算的，以及如何去设计这些算法，如何用计算机去完成这些计算。

1. 计算

计算就是基于规则的、符号集的变换过程，即从一个按照规则组织的符号集合开始，再按

照既定的规则一步步地改变这些符号集合，经过有限步骤之后得到一个确定的结果。

广义的计算就是执行信息变换，即对信息进行加工和处理。许多自然的、人工的和社会的系统中的过程变化，自然而然是计算的，如财务系统、搜索引擎等。

2. 计算机

计算机是现代一种用于高速计算的电子计算机器，可以进行数值计算，或逻辑计算，还具有存储记忆功能，是能够按照程序运行，自动、高速地处理海量数据的现代化智能电子设备。

3. 计算思维

计算思维作为抽象的思维能力，不能被直接观察到。计算思维能力融合在解决问题的过程中，其具体的表现形式有如下两种：

①计算思维是运用或模拟计算机科学与技术（信息科学与技术）的基本概念、设计原理，模仿计算机专家（科学家、工程师）处理问题的思维方式，在计算系统中将实际问题转化（抽象）为计算机能够处理的形式（模型），进行问题求解的思维活动。图 3-1 所示为计算思维在计算系统中的抽象过程。

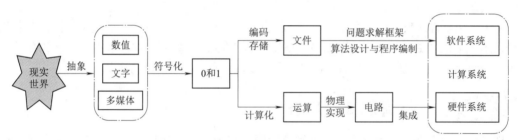

图 3-1　计算思维在计算系统中的抽象过程

②计算思维是问题求解的过程：这一认识是对计算思维被人所掌握之后，在行动或思维过程中表现出的形式化的描述，这一过程不仅能够体现在编程过程中，还能体现在更广泛的情境中。图 3-2 所示为计算机进行问题求解的计算思维过程。

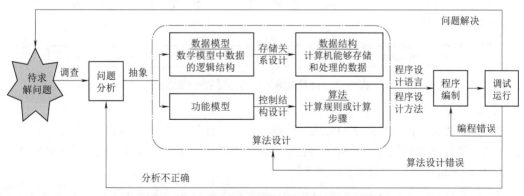

图 3-2　计算机进行问题求解的计算思维过程

3.2.3　计算思维的应用领域

计算思维是每个人都应具备的基本技能，同时也是创新人才的基本要求和专业素质，代表着一种普遍的认识和一类普适性的技能。计算思维已经渗透到各个学科、各个领域，并在潜移默化地影响和推动着各领域的发展，成为一种发展趋势。

1. 工程领域

在电子、土木、机械等工程领域，计算高阶项可以提高精度，进而降低重量、减少浪费并节省制造成本。波音 777 飞机完全采用计算机模拟测试，没有经过风洞测试。

2. 社会科学

在社会科学中，像 Myspace 和 YouTube 网站，以及微信平台等的发展壮大的原因之一就是因为它们应用网络提供了社交平台，记录人们的社交信息，了解社会趋势和问题。统计机器学习被用于推荐和声誉排名系统，例如 Netflix 和联名信用卡等。

3. 法学

斯坦福大学的 CL 方法应用了人工智能、时序逻辑、状态机、进程代数、Petri 网等方面的知识。欺诈调查方面的 POIROT 项目为欧洲的法律系统建立了一个详细的本体论结构等。

4. 医疗

利用机器人手术、机器人医生能更好地治疗自闭症；电子病历系统需要隐私保护技术；可视化技术使虚拟结肠镜检查成为可能等。

5. 娱乐

梦工厂用惠普的数据中心进行电影"怪物史莱克"和"马达加斯加"的渲染工作；卢卡斯电影公司用一个包含 200 个节点的数据中心制作电影"加勒比海盗"。在艺术中，戏剧、音乐、摄影等各方面都有计算机的合成作品，很多都可以以假乱真，甚至比真的还动人。

3.3 计算思维的方法

现实生活中会遇到各种问题，人们解决问题会有相应的步骤与过程。计算机解决问题有其自身的方法与过程。学习计算机解决问题的思想，就要了解计算机求解问题的过程，理解计算机程序的组成并利用计算机程序解决问题，这是学习计算机编程的基本方法与途径。

3.3.1 借助计算机的问题求解过程

利用计算机求解一个问题时，与一般问题的求解有着相似的过程。图 3-3 表示了通过计算机编写程序解决问题的一般过程。

图 3-3 计算机编程求解问题的一般过程

1. 分析问题

通过分析题意，搞清楚问题的含义，明确问题的目标是什么，要求解的结果是什么，问题的已知条件和已知数据是什么，从而建立起逻辑模型，将一个看似很困难、很复杂的问题转化为基本逻辑（例如顺序、选择和循环等）。

例如，要找到两个城市之间的最近路线，从逻辑上应该如何推理和计算？首先应利用图的方式将城市和交通路线表示出来，再从所有的路线中选择最近的。问题可以简单地分为数值型问题和非数值型问题。非数值型问题可以通过模拟为数值型问题来进行求解。人们已经将问题求解进行分类，且设计了比较成熟的解决方案，人们可以有针对性地处理不同类型的问题。

2. 建立模型

建立模型（简称建模）是计算机解题中的难点，也是计算机解题成败的关键。对于数值型问题，可以先建立数学模型，直接通过数学模型来描述问题。对于非数值型问题，可以先建立一个过程或者仿真模型，通过过程模型来描述问题，再设计算法解决。

例如：图 3-4 所示是哥尼斯堡七桥问题，数学家欧拉把实际生活中的哥尼斯堡七桥的问题抽象成了简单的数学模型图案。

3. 设计数据结构

数据结构是计算机存储、组织数据的方式。精心选择的数据结构可以带来更高的运行或者存储效率。

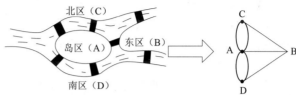

图 3-4　哥尼斯堡七桥问题

数组（Array）是相同类型的变量的序列集合，也是最常用的数据结构。数组具有以下特点：

①数组元素的个数是有限的，各元素的数据类型相同。

②数组元素之间在逻辑和物理存储上都具有顺序性，并用下标表达这种顺序关系。 例如定义整型数组 a[20]，它由数组元素 a[0]、a[1]、a[2]、…、a[20] 组成。

③一个数组的所有元素在内存中是连续存储的。

④可以使用下标变量随机访问数组中的任一元素，例如对其赋值或引用。

例如：某班有 30 名学生，已将他们的数学考试成绩存放在整形数组 a 中，并且他们的学号正好对应着数组的下标值。要求找出成绩大于等于 90 的学生。如果找到则输出相应学生的学号；如果找不到则输出信息 "未找到"。

此例是一个顺序查找的问题，特点是将数据元素从头到尾逐一地与关键字进行比较，一直到查找成功或失败为止。实现顺序查找可用枚举法。枚举结束条件有两种，一是找出所有与关键字相等的元素才结束，二是只要找出第一个与关键字相等的元素就结束。图 3-5 所示是该问题的解决流程 。

4. 设计算法

有了数学模型或者公式，需要将数学的思维方式转化为离散计算的模式。算法是求解问题的方法和步骤，通过设计算法，根据给定的输入得到期望的输出。

对于数值型的问题，一般采用离散数值分析的方法进行处理。在数值分析中有许多经典算法，当然也可以根据问题的实际情况自己设计解决方案。对于非数值型问题，可以通过数据结构或算法分析进行仿真。也可以选择一些成熟和典型的算法进行处理，例如穷举法、递推法、递归法分治法、回溯法等。

算法确定后，可进一步形式化为伪代码或者流程图。算法可以理解为由基本运算及规定的运算顺序所构成的完整解题步骤，或者按照要求设计好的有限步骤的确切的计算序列。

例如：警察抓了 A、B、C、D 四名盗窃嫌疑犯，其中只有一人是小偷。在审问中，A 说 "我不是小偷"，B 说 "C 是小偷"，C 说 "小偷肯定是 D"，D 说 "C 在冤枉人"。他们中只有一人说的是假话。问谁是小偷？

设变量 x 为小偷，将其值从 "A" 到 "D" 逐个列举一遍来判断。判断条件为：4 人中有 1 人说假话，即 3 人说真话。可以将他们说的话表达为以下关系式：

A 说：$x \neq$ 'A'

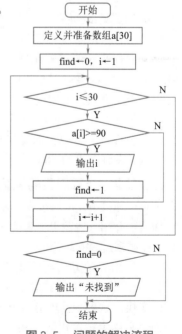

图 3-5　问题的解决流程

B 说：x ='C'

C 说：x ='D'

D 说：$x \neq$ 'D'

用变量 t 来统计关系式成立的个数，当 t=3 时，当前 x 的值就是小偷。图 3-6 所示是该问题的算法流程。

5. 编写程序

算法设计完成后，需要采取一种程序设计语言编写程序实现所设计算法的功能，从而达到使用计算机解决实际问题的目的。程序就是按照算法，用指定的计算机语言编写的一组用于解决问题的指令的集合。程序编写过程也就是我们通常所说的"编程"，它是根据需要解决的问题的特点，选用程序设计语言（如 C，C++，JAVA，Python，VB）来表达算法，采取一定的程序控制结构以实现问题的自动求解。

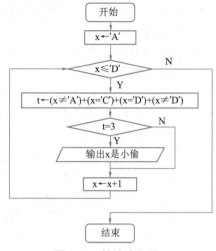

图 3-6 算法流程图

例如：下列是输入三个数，输出其中最大值的 C 语言程序代码。

```
#include <stdio.h>
main()
{
    int x,y,z,max;
    scanf("%d,%d,%d",&x,&y,&z);    //键盘输入三个数字
    if(x>y)
        max=x;
    else
        max=y;
    if(z>max)
        max=z;                     //比较三个数大小
    printf("最大值为:%d\n",max);    //输出其中最大值
}
```

6. 调试测试程序

编写程序的过程中需要不断地上机调试程序。证明和验证程序的正确性是一个极为困难的问题，比较实用的方法就是对于程序进行测试，看看运行结果是否符合预先的期望，如果不符合，要进行判断，找出问题出现的地方，对算法或程序进行修正，直到得到正确的结果。图 3-7 所示为 C++ 编程的一个例子在计算机的调试运行界面。

3.3.2 计算思维的逻辑基础

在计算机中，逻辑运算是计算思维的逻辑基础。下面简单介绍一些逻辑运算的相关知识。

1. 逻辑运算的起源

布尔用数学方法研究逻辑问题，成功地建立了逻辑演算。他用等式表示判断，把推理看作等式的变换。这种变换的有效性不依赖于人们对符号的解释，只依赖于符号的组合规律。这一逻辑理论常称为布尔代数。20 世纪 30 年代，逻辑代数在电路系统上获得应用，随着电子技术与

图 3-7 C++ 程序上机调试界面图

计算机的发展，出现了各种复杂的大系统，它们的变换规律也遵守布尔所揭示的规律。

2. 逻辑运算的相关概念

逻辑运算：在逻辑代数中，有与、或、非三种基本逻辑运算。

逻辑常量与变量：逻辑常量只有两个，即 0 和 1，用来表示两个对立的逻辑状态。逻辑变量与普通代数一样，也可以用字母、符号、数字及其组合来表示。

逻辑函数：由逻辑变量、常量通过运算符连接起来的代数式，也可用表格和图形的形式表示。

3. 逻辑运算的表示方法

逻辑运算的基本运算符有：非（¬）、与（∧）、或（∨）、异或（⊕）、蕴涵（→）。表 3-4 中列出了逻辑运算的运算规律。

表 3-4　逻辑运算的运算规律

操作数 1	操作数 2	运　算　符				
P	Q	¬P	P ∧ Q	P ∨ Q	P ⊕ Q	P → Q
T	T	F	T	T	F	T
T	F	F	F	T	T	F
F	T	T	F	T	T	T
F	F	T	F	F	F	T

4. 逻辑运算的性质

逻辑运算的性质包括互补律、交换律、结合律、分配律、吸收律。

互补律：$A \wedge (¬A)=0$，$A \vee (¬A)=1$。

交换律：$A \wedge B=B \wedge A$，$A \vee B=B \vee A$。

结合律：$(A \wedge B) \wedge C=A \wedge (B \wedge C)$，$(A \vee B) \vee C=A \vee (B \vee C)$。

分配律：$A \wedge (B \vee C)=(A \wedge B) \vee (A \wedge C)$，$A \vee (B \wedge C)=(A \vee B) \wedge (A \vee C)$。

吸收律：$A \vee (A \wedge B)=A$，$A \wedge (A \vee B)=A$。

5. 逻辑推理

逻辑推理是指由一个或几个已知的判断推导出另外一个新的判断的思维形式。一切推理都必须由前提和结论两部分组成。一般来说，作为推理依据的已知判断称为前提，所推导出的新的判断则称为结论。逻辑推理中包括三种基本的推理方式：演绎、归纳、溯因。

①演绎：使用规则和前提来推导出结论。

例如：若下雨，则草地会变湿。今天下雨了，所以今天草地是湿的。

②归纳：借由大量的前提和结论所组成的例子来学习规则。

例如：每次下雨，草地都是湿的。因此若明天下雨，草地就会变湿。

③溯因：借由结论和规则来支援前提以解释结论。

例如：若下雨，草地会变湿。因为草地是湿的，所以曾下过雨。

3.3.3　计算思维的算法设计

算法（Algorithm）是指解题方案的准确而完整的描述，是一系列解决问题的清晰指令，算法代表着用系统的方法描述解决问题的策略机制。

算法具有五个基本性质：输入性、有穷性、确定性、可行性、输出性。也就是说，对一定规范的输入，在执行有限的有确切意义的步骤之后，在有限时间内获得所要求的输出。

1. 算法的基本运算和操作

通常，计算机可以执行的基本操作是以指令的形式描述的。一个计算机系统能执行的所有指令的集称为该计算机系统的指令系统。计算机程序就是按解题要求从计算机指令系统中选择合适的指令所组成的指令序列。在一般的计算机系统中，算法的基本运算和操作有如下四类：

①算术运算：加、减、乘、除等运算。

②逻辑运算：或、且、非等运算。

③关系运算：大于、小于、等于、不等于等运算。

④数据传输：输入、输出、赋值等运算。

在设计算法的一开始，通常并不直接用计算机程序来描述算法，而是用别的描述工具（如流程图、专门的算法描述语言，甚至用自然语言）来描述算法。但不管用哪种工具来描述算法，算法的设计一般都应从上述 4 种基本运算和操作考虑，按解题要求从中选择合适的操作组成解题的操作序列。算法的主要特征着重于算法的动态执行，它区别于传统的着重于静态描述或按演绎方式求解问题的过程。传统的演绎数学是以公理系统为基础的，问题的求解过程是通过有限次推演来完成的，每次推演都将对问题做进一步的描述，如此不断推演，直到直接将解描述出来为止。而计算机算法则是使用一些最基本的操作，通过对已知条件一步一步地加工和变换，从而实现解题目标。这两种方法的解题思路是不同的。

2. 算法的基本控制结构

算法的功能不仅取决于所选用的操作，还与各操作之间的顺序有关。在算法中，各操作之间的执行顺序又称算法的控制结构。算法的控制结构给出了算法的基本框架，它不仅决定了算法中各操作的执行顺序，也直接反映了算法的设计是否符合结构化原则。

一般的算法控制结构有三种：顺序结构、选择结构和循环结构。

（1）顺序结构

顺序结构是算法中最简单的一种结构。使用顺序结构的算法，使求解问题的过程按照顺序由上至下执行。顺序结构的特点是每条语句都执行，而且只执行一次。事实上，无论哪一类程序，它的主结构都是顺序结构的，从一个入口开始，到一个出口结束。

例如：已知圆的半径，求圆的周长和面积。图 3-8 所示为该问题求解的顺序结构流程图。

（2）选择结构

选择结构又称条件结构、分支结构或判断结构，在程序执行过程中，可能会出现对某门功课的成绩的判断，大于或等于 60 分为"及格"，否则为"不及格"，这时就必须采用选择结构实现。选择结构的特点是程序中不是每条语句都被执行，根据条件选择语句的执行。

例如：从键盘输入一个整数，判断其是否是偶数，若是，则输出"Yes"，否则输出"NO"。图 3-9 所示为该问题的选择结构流程图。

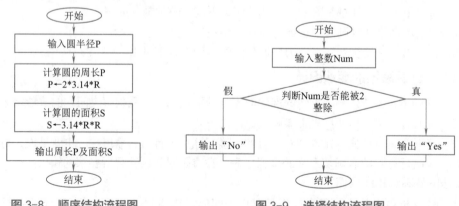

图 3-8　顺序结构流程图　　　　　　图 3-9　选择结构流程图

（3）循环结构

在程序中有许多重复的工作，因此没有必要重复编写相同的一组命令。此时，可以通过编写循环结构，让计算机重复执行这一组命令。循环结构的特点是程序中循环体内的语句能重复执行多次，直到条件为假结束。

例如：计算 s=1+2+3+…+100。图 3-10 所示为该问题的循环结构流程图。

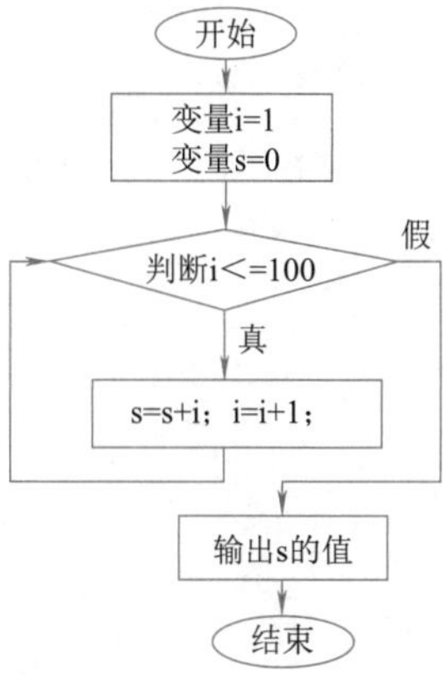

3.算法的四种表示方法

算法表示（描述）是把大脑中求解问题的方法和思路用一种规范的、可读性强的、容易转换成程序的形式（语言）描述出来。算法的四种表示方法分别为自然语言、计算机语言、图形化工具、伪代码。

（1）自然语言

自然语言是人们日常使用的语言，是人类交流信息的工具，因此最常用的表达问题的方法也是自然语言。例如：输入一个大于 1 的正整数，求出该数的所有因数并输出。

解决该问题的算法用自然语言描述如下：

第一步：输入一个大于 1 的正整数 n；

第二步：依次以 1、2、3、4…n-1、n 为除数去除 n；

第三步：依次检查余数是否为 0，若为 0，则是 n 的因数；否则不是 n 的因数；

第四步：输出 n 的所有因数。

图 3-10　循环结构流程图

（2）计算机语言

例如：求三个数的平均值。该问题的 C 语言描述算法如下所示。

```
#include <stdio.h>
main()
{
    int a=0,b=0,c=0,average=0;
    scanf("%d %d %d", &a, &b, &c);      //键盘输入三个数字
    average=(a+b+c)/3;                   //求平均数
    printf("平均值为:%d\n", average);    //输出平均数
    return 0;
}
```

（3）图形化工具

算法的图形化表示方法包括流程图、N-S图两种。流程图是使用最早的算法和程序描述工具，具有符号简单、表现直观、灵活、不依赖于任何具体的计算机和计算机程序设计语言等特点。N-S图是完全去掉流程线，全部算法写在一个矩形框内，在框内还可以包含其他框的流程图形式。

例如：计算 10！。图 3-11 和图 3-12 分别为解决该问题的算法的流程图和 N-S 图。

（4）伪代码

伪代码是一种介于自然语言和程序设计语

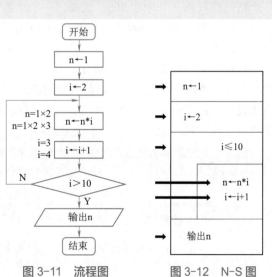

图 3-11　流程图　　　图 3-12　N-S 图

言之间的类计算机语言。

使用伪代码，可以将程序设计语言中与算法关联度小的部分省略（如变量的定义等），而更关注于算法本身的描述。相比于程序设计语言（C++、VB、Java 等），它更类似于自然语言，可以将整个算法运行过程的结构用接近自然语言的形式描述出来。

例如：求最大公约数，下面是解决该问题算法的伪代码描述。

```
Begin
    Input m,n          //输入m和n
    使m>n
    r←0                //变量赋初值
    r←m/n              //取余数
    while(r>0)
    {
        m ← n
        n ← r
        r ← m/n        //再取余数
    }
    Output n           //输出最大公约数
End
```

4.算法设计的基本方法

针对一个给定的实际问题，要找出确实行之有效的算法，就需要掌握算法设计的策略和基本方法。算法设计是一个难度较大的工作，初学者在短时间内很难掌握。但所幸的是，前人通过长期的实践和研究，已经总结出了一些算法设计基本策略和方法，例如枚举法、递归法、二分法、排序法、贪心法和动态规划法等。下面简单介绍几种典型算法。

（1）枚举法

枚举法是按某种顺序对所有可能的值进行逐个验证，从中找出符合条件的解。此方法常需要多重循环，简单易行，尤其是对一时想不出更好的算法来解决问题的时候。枚举法只能解决变量个数非常有限的情形，如果变量个数较多，容易出现指数爆炸现象。

枚举法最常见的应用就是密码破译。简单来说就是一个一个地试，即将密码进行逐个推算直到找出真正的密码为止。利用这种方法可以运用计算机来进行逐个推算，也就是说破解任何一个密码都只是一个时间问题。比如，一个 4 位并且全部由数字组成的密码共有 10 000 种组合，也就是说最多要尝试 9 999 次才能找到真正的密码。

（2）迭代法

迭代法利用计算机运算速度快、适合做重复性操作的特点，让计算机对一组指令进行重复执行，在每次执行这组指令时，都从变量的原值推出它的一个新值。迭代法主要思想是：从某个点出发，通过某种方式求出下个点，此点应该离要求解的点更近一步，当两者之差近到可以接受的精度范围时，就认为找到了问题的解。

例如：下列是采用迭代法计算阶乘 $1 \times 2 \times 3 \times \cdots \times n$ 的代码片段。

```
long jc(int n)          /*声明函数jc，接收n的值，函数内容位于花括号{}内*/
{
    int result=1;       /*定义初始计算结果为1*/
    while(n>1)           /*当n>1时循环执行花括号{}中的语句*/1/*每次乘以n*/
    {
        result=result*n;        /*每次乘以n*/
        n=n-1;                  /*每次迭代n自减1*/
```

```
    }
    return result;                /*将最终计算结果result返回函数jc*/
}
```

（3）递归法

递归法是描述算法的一种强有力的方法，其思想是：将 $N=n$ 时不能得出问题的解，设法递归转化为求 $N=n-1$，$n-2$，…的问题，一直到 $N=0$ 或 1 的初始情况。

用递归法写出的程序简单易读，但与递推法编写的程序相比，往往效率不高，因为每一次的递归函数调用都需要压栈退栈。同时，递归次数不能无限制，因为每一次的递归都要占用内存，而计算机内存有限。此方法的关键是找出递归关系和初始值。

下列是采用递归法计算阶乘 $1\times2\times3\times\cdots\times n$ 的代码片段。

```
long jc(int n)              /*声明函数jc，接收n的值，函数内容位于花括号{}内*/
{
    if(n<=0)               /*当n<=0时返回1*/
    {  return 1;  }        /*当n>0时返回n*(n-1)*/
    else
    {  return n*jc(n-1);  }        /*此处递归调用函数*/
}
```

（4）排序法

在计算机科学中，排序是经常使用的一种经典的非数值运算算法。所谓排序（Sort）就是把一组无序的数据按照特定的顺序（如升序或降序）重新排列为有序序列的过程。常见的排序算法有插入排序、交换排序、冒泡排序和选择排序等。下面简单介绍冒泡排序法。

冒泡排序法的基本思想是：比较相邻的元素，如果反序则交换。通过第一趟排序能找出最大的元素，并使最大的元素移至最后一位，然后通过第二次排序使次大的元素移至倒数第二位，以此类推，直至所有元素有序。冒泡排序法的代码如下：

```
#include <stdio.h>
int main(void)
{
    int a[]={900, 2, 3, -58, 34, 76, 32, 43, 56, -70, 35, -234, 532, 543, 2500};
    int n;                     //存放数组a中元素的个数
    int i;                     //比较的轮数
    int j;                     //每轮比较的次数
    int buf;                   //交换数据时用于存放中间数据
    n=sizeof(a)/sizeof(a[0]);
                    /*a[0]是int型，占4字节，所以总的字节数除以4等于元素的个数*/
    for(i=0; i<n-1; ++i)       //比较n-1轮
    {
        for(j=0; j<n-1-i; ++j) //每轮比较n-1-i次
        {
            if(a[j]<a[j+1])
            {
                buf=a[j];
                a[j]=a[j+1];
                a[j+1]=buf;
            }
        }
    }
    for(i=0; i<n; ++i)
```

```
    {  printf("%d\x20", a[i]);  }
    printf("\n");
    return 0;
}
```

5. 算法的分析与评价

要解决一个问题，总是要付出一定代价的，如人力、物力、财力、时间等，人们也往往通过对这些付出的评估去衡量与评价这个解决问题的方法是否可行、合理、高效。

对于计算机算法而言，通过编制计算机程序去解决问题所需要消耗的主要资源有：编写程序和维护程序的复杂度、程序运行的时间、程序运行所占用的内存空间等。

例如：求当 $x=5$ 时多项式 $f(x)=x^5+x^4+x^3+x^2+x+1$ 的值。

算法一：把 5 代入多项式 $f(x)$，计算各项的值，然后把它们加起来，这时，一共做了 $1+2+3+4=10$ 次乘法运算，5 次加法运算。

算法二：把一个 n 次多项式 $f(x)=a_nx^n+a_{n-1}x^{n-1}+\cdots+a_1x+a_0$ 改写成如下形式：

$$f(x)=a_nx^n+a_{n-1}x^{n-1}+\cdots+a_1x+a_0$$
$$=\left(a_nx^{n-1}+a_{n-1}x^{n-2}+\cdots+a_1\right)x+a_0$$
$$=\left(\left(a_nx^{n-2}+a_{n-1}x^{n-3}+\cdots+a_2\right)x+a_1\right)x+a_0$$
$$=\cdots$$
$$=\left(\cdots\left(\left(a_nx+a_{n-1}\right)x+a_{n-2}\right)x+\cdots+a_1\right)x+a_0。$$

求多项式的值时，首先计算最内层括号内一次多项式的值，即 $v_1=a_nx+a_{n-1}$，然后由内向外逐层计算一次多项式的值，即

$$v_2=v_1x+a_{n-2}, \quad v_3=v_2x+a_{n-3}, \quad \cdots, \quad v_n=v_{n-1}x+a_0$$

这样，求 n 次多项式 $f(x)$ 的值就转化为求 n 个一次多项式的值。

上述方法也称为秦九韶算法，是由我国南宋时期的数学家秦九韶（约 1202—1261 年）在他的著作《数书九章》中提出的。相比第一种算法，秦九韶算法能使计算机更快地得到结果，因而能够提高运算效率。直到今天，这种算法仍是多项式求值比较先进的算法。

计算机的一个很重要的特点就是运算速度快，但即便如此，算法好坏的一个重要标志仍然是运算的次数。如果一个算法从理论上需要超出计算机允许范围内的运算次数，那么这样的算法就只能是一个理论的算法。

🎯 **思考与提高——从著名的"百鸡百钱问题"来看不同的枚举法算法设计及算法效率分析。**

公元前5世纪，我国古代数学家张丘建在他的《算经》中提出了著名的百鸡百钱问题："鸡翁一，值钱五；鸡母一，值钱三；鸡雏三，值钱一；百钱买百鸡，鸡翁，母，雏各几何？"

【问题分析】根据问题中的约束条件将可能的情况一一列举，但如果情况很多，排除一些明显的不合理的情况，尽可能减少问题可能解的列举数目，然后找出满足问题条件的解。

完成百鸡百钱问题可以选择两种不同的方法实现。其一是常规算法（懒惰枚举）的实现，其二是改进算法（非懒惰枚举）的实现，以实验方法证明对于同一问题可以有不同的枚举范围、不同的枚举对象，解决问题的效益差别会很大。

算法设计一（懒惰枚举法）：有三种不同的鸡，可以设鸡翁为 x 只，鸡母为 y 只，鸡雏为 z 只。由题意可知一共要用100钱买一百只鸡。如果100钱全部买鸡翁最多可以买100/5=20只，

显然x的取值范围是1~20之间；如果全部买鸡母最多可以买100/3=33只，显然y的取值范围在1~33之间；如果全部买鸡雏最多可以买100*3=300只，可是题目规定是买100只，所以z的取值范围是1~100。那么约束条件为：x+y+z=100且5*x+3*y+z/3=100。图3-13为百鸡百钱问题的懒惰枚举法流程。

算法设计二（非懒惰枚举法）：假设鸡翁和鸡母的个数为x和y，那么鸡翁和鸡母的数量就是确定的，鸡雏的数量是100-x-y，此时无须进行枚举，约束条只有一个：5*x+3*y+z/3=100。图3-14为百鸡百钱问题的非懒惰枚举法流程图。

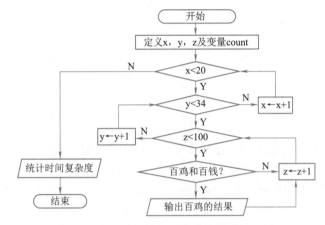

图 3-13 百鸡百钱问题懒惰枚举法流程图

图 3-14 百鸡百钱问题非懒惰枚举法流程图

【算法分析】懒惰枚举法需要尝试20*34*100=68 000次，算法的效率显然很低。非懒惰枚举法只须尝试20*33=660次。实现时约束条件又限定z能被3整除时，才会判断"5*x+3*y+z/3=100"。这样省去了z不整除3时的算术计算和条件判断，进一步提高了算法的效率。

由上述实例可以看出，穷举法（枚举法）是一种使用非常普遍的思维方法。然而对于同一个问题，可以选择不同的枚举范围、不同的枚举对象，这样解决问题的效率差别可能会很大。所以选择合适的方法会让解决问题的效率大大提高。

3.3.4　计算机思维训练的典型案例

1. 汉诺塔求解——递归思想

相传，在古印度圣庙中，有一种被称为汉诺塔（Hanoi）的游戏。该游戏是在一块铜板装置上，有三根杆（编号 A、B、C），在 A 杆自下而上、由大到小按顺序放置 64 个金盘，如图 3-15 所示。游戏目标：把 A 杆上的金盘全部移到 C 杆上，并仍保持原有顺序叠好。操作规则：每次只能移动一个盘子，并且在移动过程中三根杆上都始终保持大盘在下，小盘在上，操作过程中盘子可以置于 A、B、C 任一杆上。

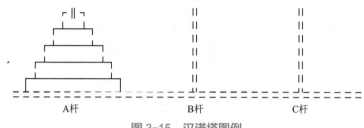

图 3-15　汉诺塔图例

计算机科学中的递归算法是把问题转化为规模缩小了的同类问题的子问题的求解。递归策略只需少量的程序就可以描述出解题过程所需要的多次重重计算，大大地减少了程序的代码量。汉诺塔问题是个典型的递归求解问题。根据递归方法，可以将 64 个金片搬移转化为求解 63 个金片搬移，如果 63 个金片搬移能被解决，则可以先将前 63 个金片移动到第二根宝石针上，再将最后一个金片移动到第三根宝石针上，最后再一次将前 63 个金片从第二根宝石针上移动到第三根宝石针上。依此类推，63 个金片的汉诺塔问题可转化为 62 个金片搬移，62 个金片搬移可转化为 61 个金片的汉诺塔问题，直到转换到只剩下 1 个金片，此时可直接求解。

解决方法如下：

当 $n=1$ 时为 1 个圆盘，将编号为 1 的圆盘从 A 柱子移到 C 柱子上即可。

当 $n>1$ 时为 n 个圆盘，需要利用 B 柱子作为辅助，设法将 $n-1$ 个较小的盘子按规则移到 B 柱子上，然后将编号为 n 的盘子从 A 柱子移到 C 柱子上，最后将 $n-1$ 个较小的盘子移到 C 柱子上。

有 $n=3$ 个盘子时，通过递归共需要 7 次完成 3 个圆盘从 A 柱子移动至 C 柱子。按照这样的计算过程，64 个盘子，移动次数是 $f(n)$，显然 $f(1)=1$，$f(2)=3$，$f(3)=7$，且 $f(k+1)=2 \times f(k)+1$，这就是递归函数，自己调用自己。此后不难证明 $f(n)=2n-1$，时间复杂度是 O(2)。

当 $n=64$ 时，$f(64)=26^4-1=18\,446\,744\,073\,709\,551\,615$（次）

假如每秒移动一次，共需要多长时间呢？一年平均为 365 天，有 31 536 000 s，则

$$18\,446\,744\,073\,709\,551\,615/31\,536\,000=584\,942\,417\,355 \text{ 年}$$

这表明，完成这些金片的移动需要 5 849 亿年以上，而地球存在至今不过 45 亿年，太阳系的预期寿命据说也就是数百亿年。因此，这个实例的求解计算在理论上是可行的，但是由于时间复杂度问题，实际求解 64 个盘片的汉诺塔问题则并不一定可行。

第4章

文稿编辑软件 Word

随着办公自动化的普及，它不仅实现了办公事务的自动化处理，而且极大地提高了个人或者群体办公事务的工作效率，为企业或部门机关的管理与决策提供科学的依据。Office 办公软件是综合进行文字处理、表格制作、幻灯片制作、图形图像处理、简单的数据库处理等方面工作的软件，一直以来都是办公自动化的首选软件。

Word 2016 是 Office 2016 办公软件中的一个组件，是一款功能强大的文字处理软件。它可以实现中英文文字的录入、编辑、排版和灵活的图文混排，还可以制作各种表格，也可以方便导入工作图表、图片、视频等，还可以直接打开编辑 PDF 文件，保存成 PDF 文件，是办公软件中文档资料处理的首选软件。

本章将介绍 Word 2016 的界面、文稿输入、文档格式化、图文混排、查阅审批、长文档编辑等内容，为学生日后学习、生活、工作中进行文档处理打下扎实基础。

项目1 \\\\ Word 基本操作

项目目标：

通过本项目的学习和实施，需要掌握下列知识和技能：

• 了解 Word 工作环境，如窗口、功能区、选项卡、菜单等。

• 掌握 Word 的基本文稿输入操作方法。

• 掌握 Word 各种文档编辑和处理的方法。

项目介绍：

Word 能制作出很精美的文档，能满足很多应用办公场情的需要。但小明最近遇到麻烦，他制作出来的 Word 文档经常被批评不够专业，例如格式设置、项目编号设置、全文替换等。本项目将带领小明学习如何操作 Word 文档、如何输入文稿、如何进行文档编辑和处理。本项目需要以下 3 个任务来完成学习。

• 任务1　Word 2016 基础。

• 任务2　Word 文稿输入。

• 任务3　文档编辑。

任务1　Word 2016 基础

1.Word 2016 的窗口组成

Word 2016的
窗口组成

启动 Word 2016 后，显示如图 4-1 所示窗口。Word 2016 的窗口主要由以下几部分组成：快速访问工具栏、标题栏、窗口控制按钮、"文件"菜单、选项卡、标尺、滚动条、文档编辑区、状态栏等。

快速访问工具栏：Word 2016 文档窗口中用于放置命令按钮、使用户快速启动经常使用的命令，例如"保存""撤销""重复""查找"等命令。

标题栏：显示当前打开的 Word 2016 文档的文件名和模式。

"文件"按钮：Word 2016 中的"文件"按钮方便原来的旧版本用户快速适应 Word 2016。"文件"按钮位于 Word 2016 窗口的左上角。单击"文件"按钮可以打开"文件"窗口。"文件"窗口中包含"信息""最近""新建""打印""共享""打开""关闭""保存"等常用命令，如图 4-2 所示。

功能区：实现 Word 2016 中主要的文本编辑、多媒体素材插入、图片处理、页面设置、邮件合并和文档审阅等功能。Word 2016 功能区中有"开始""插入""设计""布局""引用""邮件""审阅""视图"等 9 个选项卡，用户根据需求可以添加更多的选项卡，每个选项卡根据功能的不同又分为若干个组。

工作区：是 Word 2016 为用户提供文档编辑的区域。在工作区中闪烁"I"光标的地方称为插入点，表示当前输入字符的位置，鼠标在这个区域呈现"I"形状。

视图切换按钮：位于状态栏的右侧，用于切换文档的视图模式。可供我们使用的视图模式有阅读视图、页面视图、Web 板式视图等。

滚动条：Word 2016 提供了垂直滚动条和水平滚动条。垂直滚动条位于工作区的右侧，水平滚动条位于工作区的下方。当文档内容的高度或宽度超过工作区的高度或宽度时，使用垂直滚动条或水平滚动条可以显示更多的文档内容。

显示比例：用来设置工作区文档内容的显示比例。

状态栏：位于 Word 2016 窗口的最下方，显示当前文档的页数、字数、语言等状态信息。

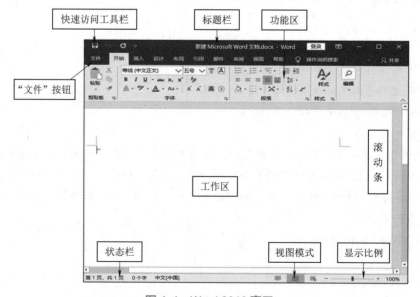

图 4-1　Word 2016 窗口

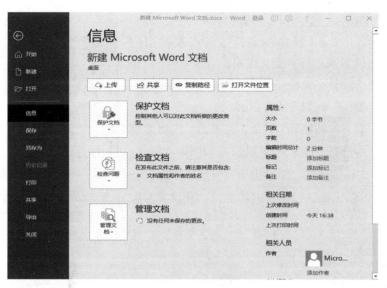

图 4-2　"文件"窗口

2.Word 2016"选项"设置

　　"文件"按钮的下拉菜单的最后一项是"选项"设置，单击可打开"Word 选项"对话框，有"常规""显示""校对""保存""版式""高级""快速访问工具栏""自定义功能区"等选项卡，如图 4-3 所示，可以根据需求进行对应的选项设置。

Word 2016
"选项"设置

图 4-3　"Word 选项"对话框

3.Word 2016 自定义 "功能区" 设置

Word 2016自定义功能区设置

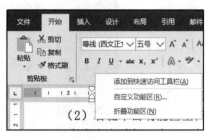

Word 2016 的功能区可以根据用户的需求进行自定义设置，方法有：

①选择 "文件" → "选项" → "自定义功能区"，如图 4-3 所示。

②右击功能区空白处，在弹出的快捷菜单中选择 "自定义功能区"，如图 4-4 所示。

③在打开的 "Word 选项" 对话框的 "自定义功能区"

图 4-4　自定义功能区快捷菜单

选项卡中可以创建自己需要的功能区，并设置对应的组和命令选项，如图 4-5、图 4-6 所示。

图 4-5　新建自定义功能区

图 4-6　创建成功的自定义功能区

4. 文件保存与安全设置

（1）文件保存

文件保存与安全设置

Word 是一个很好的文字处理编辑软件，经常用来处理格式文件。在编辑文档过程中要养成良好的使用习惯，为了避免意外造成的损失，不仅要在完成任务时保存文件，还要在操作过程中经常保存文件，养成随时保存文件的好习惯。对当前文件进行保存的方式有以下几种：

①单击快速访问工具栏中的 "保存" 按钮■。

②选择 "文件" → "保存" 命令。

③按【Ctrl+S】组合键。

如果想对当前文件指定新的存放位置、新的文件名或者新的文件类型可以采用 "另存为" 方式。操作方法为：选择 "文件" → "另存为" 命令，如图 4-7 所示，在 "另存为" 选项卡中选择一个保存位置，弹出 "另存为" 对话框，选择保存位置，输入保存文件名，单击 "保存" 按钮完成操作。

Word 的版本有很多，如 2007、2010 等，低版本的文档可以在高版本的软件中打开，而很多高版本的文档在低版本的软件中可能打不开。因此在保存 Word 文件时，可降低保存版本。如在"另存为"对话框的"保存类型"下拉列表框中可以选择"Word 97-2003 文档"，如图 4-8 所示。

图 4-7 "另存为"选项卡

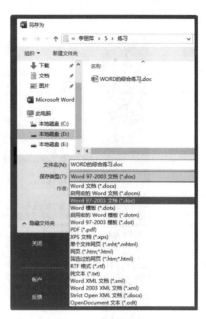

图 4-8 更改类型

（2）安全设置

为了防止 Word 文档被他人查阅者修改，有时候需要设置密码来对 Word 文档进行保护，可以通过给文档加密，限制其他用户访问文档。Word 文档的安全设置主要有三种方法：设置密码，内容加密和格式加密。

①设置密码。操作方法为：选择"文件"→"另存为"命令，选择保存位置后。在弹出的"另存为"对话框的"工具"下拉列表中选择"常规选项"，如图 4-9 所示。在弹出的"常规选项"对话框中设置打开文件时的密码，以及修改文件时的密码即可，如图 4-10 所示。

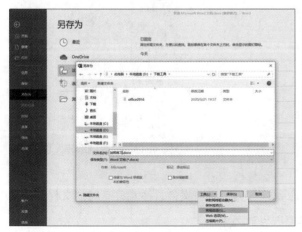

图 4-9 "工具"下拉菜单

图 4-10 "常规选项"对话框

②内容加密。操作方法为：选择"文件"→"信息"→"保护文档"→"用密码进行加密"命令，如图 4-11 所示。在弹出的"加密文档"对话框中设置内容加密即可，如图 4-12 所示。密码需要输入两次进行确认，即可对文档进行保护。当用户访问该文档时，需要输入设置的密码才可打开，如果用户忘记了设置的密码，将无法访问该文档。

图 4-11　"信息"选项卡

③格式加密。操作方法为：选择"文件"→"信息"→"保护文档"→"限制编辑"命令，打开"限制编辑"面板。可以看到 Word 提供的三种保护方式："格式和设置限制"、"编辑限制"和"启动强制保护"，在此处设置对应的限制内容即可，如图 4-13 所示。

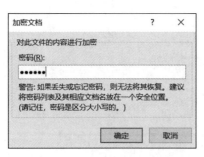

图 4-12　"加密文档"对话框

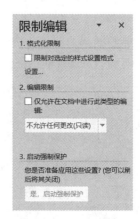

图 4-13　"限制编辑"窗格

（3）关闭文件

操作方法为：选择"文件"→"关闭"命令，可关闭当前文件。注意，有时"文件"菜单没显示"关闭"按钮，可将 Word 窗口最大化后即可显示。

单击 Word 窗口右上角的"关闭"按钮，可关闭当前文件。

任务 2　Word 文稿输入

1.使用模板或样式建立文档格式

使用模板或样式
建立文档格式

启动 Word 后，Word 会自动创建一个空白文档"新建 Microsoft Word 文档"，也可以在存放文档的文件夹空白处右击，在弹出的快捷菜单中选择"新建"→"Microsoft Word 文档"选项，即可新建空白文档。空白文档就如一张白纸一样，可以随意在里面进行输入和编辑。

除了空白文档外，还可以利用模板建立所需文档。模版，顾名思义，就像做东西的模具。在日常处理的各种文档资料中，有很多文档具有相同或相似的格式和版面。使用模板建立文档，将大大提高整个文档的编辑效率。Word 2016 中内置了多种文档模板，如报告求职信模板、书法模板等。另外，Office 网站还提供了证书、奖状、名片、简历等特定功能联机模板。借助这些模板，用户可以创建比较专业的 Word 文档。

操作方法为：选择"文件"→"新建"，在"新建"选项卡中选择"本机上的模板"或"搜索联机模板"等，即可利用模板建立适合自己使用文档格式，如图 4-14 所示。

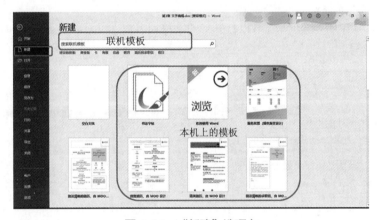

图 4-14　"新建"选项卡

2.插入文件中的文字

插入文件中的
文字

文本包括英文字母、汉字、数字和符号等内容，在文档窗口的文本编辑区中有个闪烁的竖线，称为"插入点"。在插入点处确认好输入法即可输入对应的文本内容。

如果要输入中文，可以选择熟悉的中文输入法，如全拼、智能拼音、五笔字型等，输入法的选择有两种方法：单击任务栏的输入法按钮，在打开的输入法菜单中选择一种；按【Ctrl+Shift】组合键选择输入法，按【Ctrl+Space】组合键切换中文和英文输入法。

在编辑文件时，如果需要将另外一篇文件的所有文字都插入到当前文件中，除了采用打开源文件对内容进行复制、粘贴外，还可以直接采用插入文件的形式完成该操作。操作方法为：选择"插入"选项卡→"文本"组→"对象"命令下拉列表的"文件中的文字"选项，如图 4-15 所示。

图 4-15　插入文件中的文字

输入特殊符号

3. 输入特殊符号

要在文档中输入一些键盘上没有的特殊字符或图形，如希腊字母、数字序号、图形符号等特殊符号，可以采用软键盘的方式进行插入，也可以利用 Word 提供的特殊符号来完成输入操作。

输入特殊符号的方法是：选择"插入"选项卡→"符号"组→"符号"命令，弹出"符号"对话框，如图 4-16 所示。在默认的"符号"选项卡的"字体"下拉列表中选择需要的字体，在"子集"下拉列表中选择需要的子集，单击列表框中需要插入的符号，即可在插入光标处插入相应的符号。

单击选择"特殊字符"选项卡，可以打开特殊字符列表框，如图 4-17 所示，单击相应的字符，即可插入相应的符号。

图 4-16　"符号"选项卡

图 4-17　"特殊字符"选项卡

输入项目符号
和编号

4. 输入项目符号和编号

项目符号和编号是放在文本（如列表中的项目）前以添加强调效果的点或其他符号，起到强调作用。合理使用项目符号和编号，可以使文档的层次结构更清晰、更有条理，提高文档编辑速度。

Word 提供了项目符号及自动编号的功能，可以为文本段落添加项目符号或编号，也可以在键入时自动创建项目符号和编号列表。

例如，为文档应用多级列表编号，效果如图 4-18 所示。选中所有文字，选择"开始"选项卡→"段落"组→"多级列表"命令，在打开的多级列表中寻找合适的选项，如图 4-19 所示。本任务并非默认的多级列表，单击"定义新的多级列表"按钮，在打开的"定义新多级列表"

对话框中设置 1 级列表为"第 3 章", 2 级列表为"3.1", 3 级列表为"3.1.1", 如图 4-20 所示。设置好后单击"确定"按钮, 即可为文档应用多级列表, 再通过选择"开始"选项卡→"段落"组→"增加缩进量"命令设置正确的列表级别, 完成多级列表的设置。

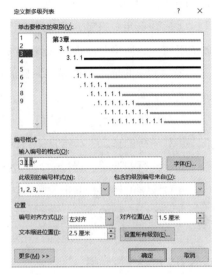

图 4-18　多级列表编号效果图　图 4-19　"多级列表"下拉列表　图 4-20　"定义多级列表"对话框

任务 3　文档编辑

1. 编辑对象的选定

在对文档进行编辑之前, 首先要对文本进行选定。选定文本是各种编辑工作的基础, 而定位是选定文本的必要步骤。

（1）定位

用鼠标进行定位时, 可采取以下方法: 单击并移动文档窗口右侧和下方的垂直或水平滚动条, 可快速地纵向或横向滚动文本; 单击右侧"滚动条"中的"▲"或"▼"按钮, 可向上或向下滚动一行。

进行快速定位的操作方法为: 选择"开始"选项卡→"编辑"组→"查找"→"转到"命令, 打开"查找与替换"对话框的"定位"选项卡, 如图 4-21 所示。在选项卡中, 可按页、行、节、书签等在文档中进行快速定位。

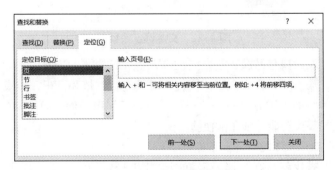

图 4-21　"定位"选项卡

（2）选定

找到选取目标后，接下来可以用键盘或鼠标对文本进行选取。在文档的编辑操作中需要选定了相应的文本之后，才能有效地对其进行删除、复制、移动等操作。当文本被选定后呈反白显示，Word 提供多种选定文本的方法。使用鼠标选定有以下几种方法。

①拖动选定：把插入点光标"I"移至要选定部分的开始，并按鼠标左键一直拖动到选定部分的末端，然后松开鼠标的左键。该方法可以选择任何长度的文本块，甚至整个文档。

②对字词的选定：把插入光标放在某个汉字（或英文单词）上，快速双击鼠标左键，则该字词被选定。

③对句子的选定：按住【Ctrl】键并单击句子中的任何位置。

④对一行的选定：单击这一行的选定栏（该行的左边界）。

⑤对多行的选定：选择一行，然后在选定栏中向上或向下拖动。

⑥对段落的选定：双击段落左边的选定栏，或三击段落中的任何位置。

⑦对整个文档的选定：将光标移到选定栏，鼠标变成一个向右指的箭头，然后三击鼠标。

⑧对任意部分的快速选定：用鼠标单击要选定的文本的开始位置，按住【Shift】键，然后单击要选定的文本的结束位置。

⑨对矩形文本块的选定：把插入光标置于要选定文本的左上角，然后按住【Alt】键和鼠标左键，拖动到文本块的右下角，即可选定一块矩形的文本。

文本选定效果如图 4-22 所示。

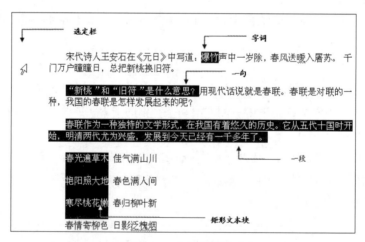

图 4-22　文本选定效果

2. 查找与替换

输入好一篇文档后，往往要对其进行校核和订正，如果文档的错误较多，用传统的手工方法一一检查和纠正，不但麻烦而且效率又低。但利用 Word 的查找替换功能，则非常便捷。

（1）查找

查找就是在文档一定范围中找出指定的字符串。操作方法为：选择"开

查找与替换

始"选项卡→"编辑"组→"查找"命令，调出查找"导航"，如图 4-23 所示。在文本框中输入查找关键字，按【Enter】键即可对全文进行查找。也可以选择"开始"选项卡→"编辑"组→"查找"→"高级查找"命令，调出"查找和替换"对话框，如图 4-24 所示，即可对查找的内容进行进一步的设置，如按格式、特殊符号，还允许设置区分大小写等设置。单击"搜索"列表框的下拉按钮，在打开的下拉列表中可以选择"向上""向下""全部"选项，从查找的开始点确定不同的查找方向。单击"查找下一处"按钮，当找到后，查找暂停，找到的内容以黄色突出显示。如要继续查找，则继续单击"查找下一处"按钮。

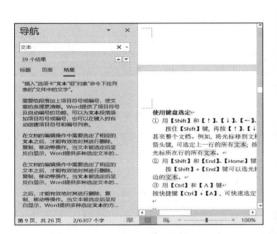

图 4-23　查找"导航"

图 4-24　"查找和替换"对话框

（2）替换

替换就是在文档一定范围中用指定的新字符串替换原有的旧字符串。操作方法为：选择"开始"选项卡→"编辑"组→"替换"命令，调出"替换"对话框，设置好查找和替换的内容后，单击"替换"按钮，即可将当前找到的文字进行替换。如果单击"全部替换"按钮，则自动将所指定范围内的所有匹配文字均替换，不再询问是否替换。

例如，将"小蝌蚪找妈妈"文档中所有的错别字"蚪蚪"更改为红色字体的"蝌蚪"。操作方法为：选择"开始"选项卡→"编辑"组→"替换"命令，调出"替换"对话框，在"查找内容"文本框中输入"蚪蚪"，在"替换为"文本框中输入"蝌蚪"。输入点停留在"替换为"文本框，然后单击"格式"按钮（如果没有出现，可单击左下角的"更多"按钮，展开更多选项）。在弹出的"格式"下拉列表中选择"字体"选项，在弹出的"替换字体"对话框中设置"字体颜色"为"红色"，如图 4-25 所示，单击"确定"按钮，设置完成，返回"查找和替换"对话框，单击"全部替换"按钮完成替换操作，系统会弹出提示框，告知替换情况，如图 4-26 所示。

（3）撤销和恢复

撤销就是保留最近执行的操作记录，用户可以按照从后到前的顺序撤销若干步骤，但不能有选择地撤销不连续的操作。用户可以按下【Alt+Backspace】或【Ctrl+Z】组合键执行撤销操作，也可以单击快速访问工具栏的"撤销键入"按钮。

图 4-25 "替换字体"对话框

图 4-26 提示替换情况

3. 分隔符

分隔符

在编辑文档时，除了要求文字没有错漏之外，还要对文档做某些修饰美化工作，使文档看起来更加美观、整洁，赏心悦目。文档的修饰工作包括插入分隔符、插入页码、设置页眉和页脚、分栏显示、首字下沉、边框和底纹、编号和项目符号、插入脚注、尾注和题注、目录和索引等。

Word 中常用的分隔符有三种：分页符、分节符、分栏符。

①分页符：是插入文档中的表明一页结束而另一页开始的格式符号。当文本或图形等内容填满一页时，Word 会插入一个自动分页符，并开始新的一页。如果要在某个特定位置强制分页，可插入"手动"分页符，这样可以确保章节标题总在新的一页开始。首先，将插入点置于要插入分页符的位置，然后选择"布局"选项卡→"页面设置"组→"分页符"命令即可插入"手动"分页符，如图 4-27 所示。

②分节符：插入分节符，可以将 Word 文档分成多个部分。每个部分可以有不同的页边距、页眉页脚、纸张大小等不同的页面设置。分节符是为在一节中设置相对独立的格式页插入的标记。首先，将插入点置于要插入分节符的位置，然后选择"布局"选项卡→"页面设置"组→"分节符"命令，选择合适的分节符，即可插入"手动"分节符，如图 4-27 所示。

③分栏符：是一种将文字分栏排列的页面格式符号。有时为了将一些重要的段落从新的一栏开始。插入一个分栏符就可以把在分栏符之后的内容移至另一栏。首先，将插入点置于另起新栏的位置，然后选择"布局"选项卡→"页面设置"组→"分栏符"命令，即可插入"手动"分栏符，如图 4-27 所示。

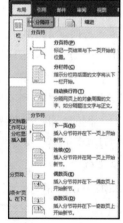

图 4-27 选择分隔符

4. 分栏操作

分栏排版就是将文档设置成多栏格式，从而使版面变得生动美观。分栏排版常在类似报纸或实物公告栏、新闻栏等排版中应用，既美化了页面，又方便阅读。

例如，将"小蝌蚪找妈妈"文档中第 2~7 段内容划分为指定的两栏格式。首先，选中文档中第 2~7 段的所有内容，选择"布局"选项卡→"页面设置"组→"栏"→"更多栏"命令，在弹出的"栏"对话框中选择"两栏"，勾选"分隔线"，如图 4-28 所示，将所选内容设置为等宽带分隔线的两栏内容。将光标定位到第三段"有一天"前面，选择"布局"选项卡→"页面设置"组→"分隔符"→"分栏符"命令，进行强制分栏。完成最终的分栏效果，如图 4-29 所示。

分栏操作

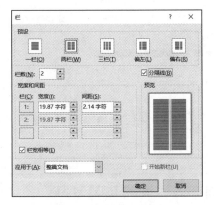

图 4-28　分栏设置

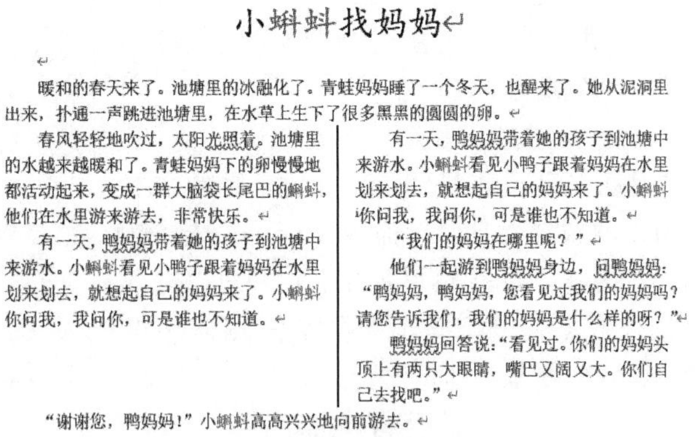

小蝌蚪找妈妈

暖和的春天来了。池塘里的冰融化了。青蛙妈妈睡了一个冬天，也醒来了。她从泥洞里出来，扑通一声跳进池塘里，在水草上生下了很多黑黑的圆圆的卵。

春风轻轻地吹过，太阳光照着。池塘里的水越来越暖和了。青蛙妈妈下的卵慢慢地都活动起来，变成一群大脑袋长尾巴的蝌蚪，他们在水里游来游去，非常快乐。

有一天，鸭妈妈带着她的孩子到池塘中来游水。小蝌蚪看见小鸭子跟着妈妈在水里划来划去，就想起自己的妈妈来了。小蝌蚪你问我，我问你，可是谁也不知道。

有一天，鸭妈妈带着她的孩子到池塘中来游水。小蝌蚪看见小鸭子跟着妈妈在水里划来划去，就想起自己的妈妈来了。小蝌蚪你问我，我问你，可是谁也不知道。

"我们的妈妈在哪里呢？"

他们一起游到鸭妈妈身边，问妈妈："鸭妈妈，鸭妈妈，您看见过我们的妈妈吗？请您告诉我们，我们的妈妈是什么样的呀？"

鸭妈妈回答说："看见过。你们的妈妈头顶上有两只大眼睛，嘴巴又阔又大。你们自己去找吧。"

"谢谢您，鸭妈妈！"小蝌蚪高高兴兴地向前游去。

图 4-29　分栏效果

5. 首字下沉 / 悬挂操作

在一些报刊杂志中，为了引起读者注意，同时也为了美化文档的版面，可能经常会看到段落第一个字符被放大了。在 Word 中利用首字下沉功能可以把段落第一个字符进行放大。

例如，将"小蝌蚪找妈妈"文档设置第一段首字"暖"下沉三行。首先，选中"暖"字，选择"插入"选项卡→"文本"组→"首字下沉"→"首字下沉选项"命令，如图 4-30 所示，在弹出的"首字下沉"对话框中，设置"下沉行数"选项为 3 行，单击"确定"按钮，完成首字下沉设置，完成效果如图 4-31 所示。

首字下沉/悬挂操作

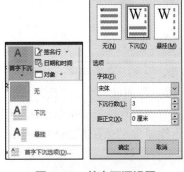

图 4-30　首字下沉设置

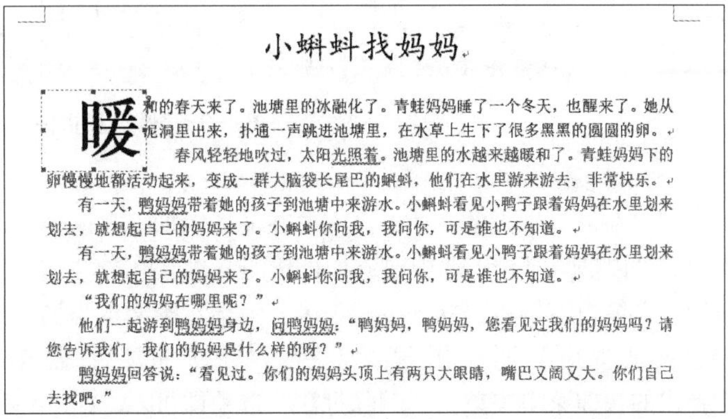

小蝌蚪找妈妈

暖和的春天来了。池塘里的冰融化了。青蛙妈妈睡了一个冬天，也醒来了。她从泥洞里出来，扑通一声跳进池塘里，在水草上生下了很多黑黑的圆圆的卵。

春风轻轻地吹过，太阳光照着。池塘里的水越来越暖和了。青蛙妈妈下的卵慢慢地都活动起来，变成一群大脑袋长尾巴的蝌蚪，他们在水里游来游去，非常快乐。

有一天，鸭妈妈带着她的孩子到池塘中来游水。小蝌蚪看见小鸭子跟着妈妈在水里划去，就想起自己的妈妈来了。小蝌蚪你问我，我问你，可是谁也不知道。

有一天，鸭妈妈带着她的孩子到池塘中来游水。小蝌蚪看见小鸭子跟着妈妈在水里划去，就想起自己的妈妈来了。小蝌蚪你问我，我问你，可是谁也不知道。

"我们的妈妈在哪里呢？"

他们一起游到鸭妈妈身边，问鸭妈妈："鸭妈妈，鸭妈妈，您看见过我们的妈妈吗？请您告诉我们，我们的妈妈是什么样的呀？"

鸭妈妈回答说："看见过。你们的妈妈头顶上有两只大眼睛，嘴巴又阔又大。你们自己去找吧。"

图 4-31　首字下沉效果

6. 文档内容的复制和移动

在创建文档过程中，可能有不少文本在多处内容上是相同的，为了不重复输入，可以使用文本复制功能。在文档编辑修改过程中，经常要改变文本的前后次序，这时就可以使用文本的移动功能来解决。

文档内容的复制和移动

（1）复制文本

操作方法如下：选定要复制的文本，选择"开始"选项卡→"剪贴板"组→"复制"命令，或按【Ctrl+C】组合键，将选定的内容复制到剪贴板。

（2）移动文本

移动文本的操作与复制文本相似，只是选定文本后，选择"开始"选项卡→"剪贴板"组→"移动"命令，或按【Ctrl+X】组合键，将它们剪切到剪贴板。

（3）粘贴文本

操作方法为：将指针定位在要粘贴的文本处，单击"选择性粘贴"命令，打开"选择性粘贴"对话框，如图4-32所示，用户可以进行粘贴操作或粘贴链接操作。或按【Ctrl+V】组合键，将它们复制到指定位置。

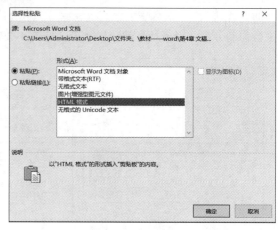

图4-32　"选择性粘贴"对话框

修订与批注

7. 修订与批注

"审阅"功能区包括校对、语言、中文简繁转换、批注、修订、更改、比较和保护等几个组，主要用于对Word文档进行校对和修订等操作，适用于多人协作处理Word长文档。

（1）修订

修订用于标注文档进行的各种更改。在"审阅"选项卡→"修订"组中有进行修订的各种命令，如图4-33所示。阅读者看到修订后，可以选择"审阅"选项卡→"更改"组中的命令来进行接受或者拒绝修订。

图4-33　修订和批注

（2）批注

用户在修改别人的文档，且需要在文档中加上自己的修改意见，但又不能影响原有文章的排版时，可以插入批注。选中要添加批注的文本，单击"审阅"选项卡→"批注"组→"新建批注"按钮，在窗口右侧将建立一个标记区，为选定的文本添加批注框，并通过连线将文本与批注框连接起来，此时可在批注框中输入批注内容。添加批注后，若要将其删除掉，应先将批注选中并右击，在弹出的快捷菜单中单击"删除批注"选项即可。

8. 中/英文在线翻译

中/文在线翻译

中/英文在线翻译可以将文档中的某一段文字或者整篇文字翻译成其他的各国语言，包括整篇翻译、选择性内容翻译和实时翻译。

例如，将"小蝌蚪找妈妈"文档中的文字"暖和的春天来了"翻译成英文。操作方法为：选中所需翻译的文字，选择"审阅"选项卡→"语言"组→"翻译"→

"翻译所选文字"命令，如图 4-34 所示，在右侧窗口中设置要转换的语言为英文，单击转换，即可完成中英文翻译，如图 4-35 所示。

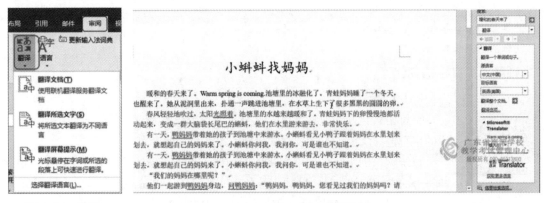

图 4-34　翻译　　　　　　　　　　　　　图 4-35　翻译效果

例如，将"小蝌蚪找妈妈"文档中的标题"妈妈"进行简转繁。操作方法为：选中所需转换的文字，选择"审阅"选项卡→"中文简繁转换"组→"简转繁"命令，如图 4-36 所示，即可完成简转繁的操作，如图 4-37 所示。

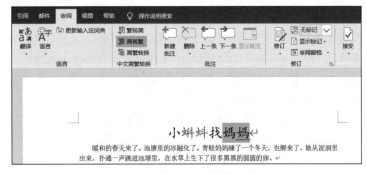

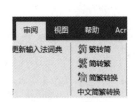

图 4-36　中文简繁转换　　　　　　　　　图 4-37　简转繁效果

项目2 \\\\ Word 高级排版

项目目标：

- 通过本项目的学习和实施，掌握下列知识和技能：
- 掌握样式和模板的应用
- 掌握底纹、边框、主题和背景的设置与应用
- 掌握表格、图表、SmartArt 以及其他对象的插入和编辑
- 掌握长文档编辑技巧

项目介绍：

通过前面的项目学习，小明已经初步掌握了一定的 Word 文档处理能力，但是还有一些复杂的问题难以解决，Word 办公自动化软件经常被用来做一些报告等内容，那么如何在文档中嵌入合理的图片、艺术字、图表等元素使其更美观专业，小明决定继续深入学习探索 Word 的高级排版功能。

本项目将带领小明学习设置底纹与边框、主题和背景、邮件合并，在文档中插入各种元素以及长文档的编辑技巧。本项目需要以下 3 个任务来完成学习。

- 任务4　文档格式化。
- 任务5　在文档中插入元素。
- 任务6　长文档编辑。

任务 4　文档格式化

1. 字符格式化

字符格式化操作包括字体、字号、字形的设置和对字符的各种修饰。这里说的字符包括汉字、英文或拼音字母、数字和各种符号。

系统默认的字体中，中文字体有宋体、仿宋、楷体、黑体等，英文、数字和符号的常用字体为 Arial Unicode MS 和 Times New Roman。字号从八号到初号，或者 5 磅到 72 磅。常用的 5 号字体相当于 10.5 磅。

在 Word 中输入的文档，正文默认的字体为宋体，字号为五号，英文字体为 Times New Roman，如果要改变文档的字体和字号，则需要进行对应的设置。

在 Word 中，字符格式化的操作包括设置字体、字号、字形、字符颜色、缩放比例等。常用方法有以下几种：

方法 1：在"开始"选项卡→"字体"组中单击选择相应的字体属性命令，如图 4-38 所示，快速完成字体设置。

方法 2：单击"字体"组右侧的"字体设置" ⬚ 按钮，打开"字体"对话框，默认选中"字体"选项卡，如图 4-39 所示，然后完成相应的字体设置。

方法 3：选中要设置格式的内容，在右侧出现的字体属性设置对话框中完成字体设置。

方法 4：选中要设置格式的内容，右击弹出快捷菜单，单击"字体"命令，打开"字体"对话框，完成相应的字体设置。

例如，将"小蝌蚪找妈妈"文档中的字符进行设置。操作步骤为：

①首先选中标题文字"小蝌蚪找妈妈"，在右侧打开的字体属性设置中，在"字体"命令下拉列表中选择"华文新魏"字体；在"字号"命令下拉列表中选择字号为"一号"；在"字体颜色"命令下拉列表中选择字体颜色为"标准色"→"红色"。单击"字体"组右侧的"字体设置" ⬚ 按钮，在打开的"字体"对话框中选择"高级"选项卡，设置字符间距为"加宽"→"5 磅"，如图 4-40、图 4-41 所示，完成标题字体设置。

②选中第 1 段文字，选择"开始"选项卡→"字体"组，在"字体"命令下拉列表中选择"华文中宋"字体；在"字号"命令下拉列表中选择字号为"四号"；在"字体颜色"命令下拉列表中选择字体颜色为"主题颜色"→"蓝色，个性 1，深色 25%"，完成第 1 段的字体设置。

③选中第 3 段文字，右击弹出快捷菜单，单击"字体"命令，打开"字体"对话框，在"中文字体"命令下拉列表中选择"楷体"字体；在"西文字体"命令下拉列表中选择"Times New Roman"字体；在"字号"命令下拉列表中选择字号为"三号"；在"字体颜色"命令下拉列表中选择字体颜色为"主题颜色"→"橙色，个性 2"，完成对文档的字符格式化设置，效果如图 4-42 所示。

图 4-38 "开始"选项卡"字体"组

图 4-40 字体属性设置

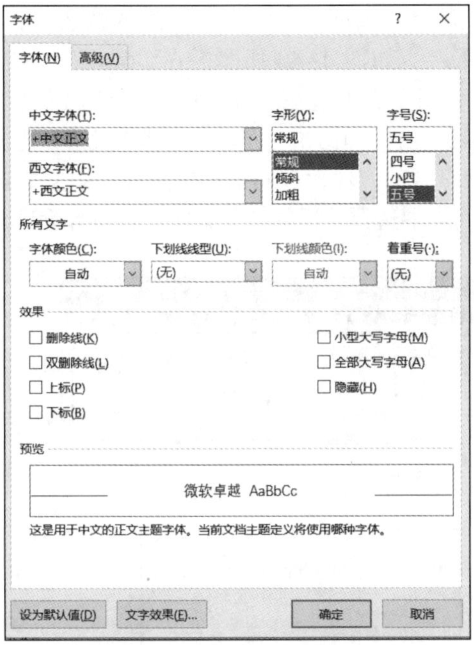

图 4-39 "字体"选项卡

图 4-41 "高级"选项卡

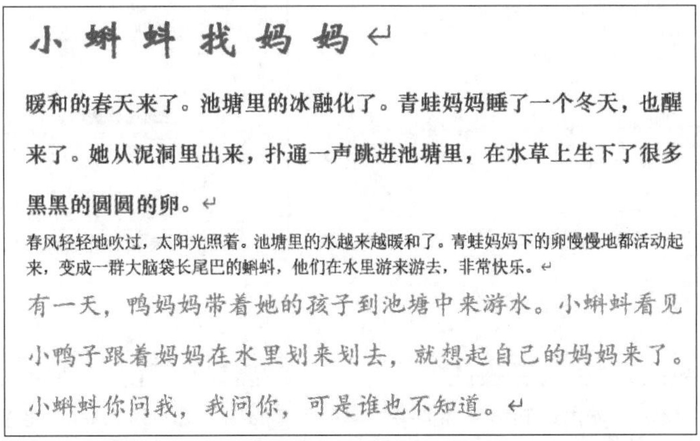

图 4-42 字体设置效果

2. 段落格式化

对文档进行字符格式化设置后，还需要对段落进行格式设置，以增加文档的层次感，突出重点，提高文档的可读性。段落格式化包括对齐、缩进、行间距和段落间距。

段落格式化

（1）设置对齐方式

文档的水平对齐方式分为左对齐、居中、右对齐、两端对齐和分散对齐。垂直对齐分为靠页面顶端对齐、居中对齐和靠页面底端对齐。文档默认的水平对齐方式为两端对齐，垂直对齐方式为顶端对齐。

① 设置水平对齐方式的方法为：选中要设置的内容，选择"开始"选项卡→"段落"组中的对齐命令 ≡ ≡ ≡ ≡ ≡ 即可进行文档对齐设置，如图 4-43 所示。也可以选中内容后右击弹出快捷菜单，选择"段落"选项，或者选择"开始"选项卡→"段落"组的按钮 ⬚ ，在打开的"段落"对话框中选择"缩进和间距"选项卡，如图 4-44 所示，在"常规"→"对齐方式"下拉列表中选择合适的对齐方式，还可以利用左右缩进 ⬚ ⬚ 命令进行对齐设置。

②设置垂直对齐方式的方法为：选中要设置的内容，右击弹出快捷菜单，选择"段落"选项，或者选择"开始"选项卡→"段落"组的按钮 ⬚ ，在打开的"段落"对话框中选择"中文版式"选项卡，如图 4-45 所示，在"文本对齐方式"下拉列表中选择合适的对齐方式进行对齐设置。

图 4-43 "段落"工作组

图 4-44 "缩进和间距"选项卡

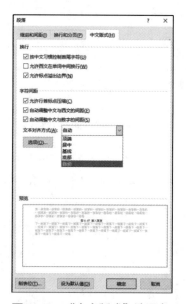

图 4-45 "中文版式"选项卡

（2）设置段落的缩进

段落的缩进有以下几种类型。

①首行缩进：是指将段落的第一行从左向右缩进一定的距离，首行外的各行都保持不变，便于阅读和区分文章整体结构，默认首行缩进值为 2 个字符。

②左缩进或右缩进：即从左（或从右）一边的边距缩进，也可以从左右两边同时缩进，使文档的页边（一边或者两边）与页边距之间形成空白区。

③悬挂缩进：即文档除了首行外，其余各行均缩进，使其他行文档悬挂于第一行之下。这种格式一般用于参考条目、词汇表项目等。

段落缩进的设置方法为：选中内容后，右击弹出快捷菜单，选择"段落"选项，或者选择"开始"选项卡→"段落"组的按钮，在打开的"段落"对话框中选择"缩进和间距"选项卡，如图 4–44 所示，在对应的位置进行设置即可。

（3）设置行间距和段落间距

Word 有一个默认的行距或者段距，但是在某些情况下，为了使文档层次清晰，方便阅读，或突出某些行或者段落的文本，或满足其他某些特殊的需要，希望改变默认的间距，为文档的行之间或者段落之间设置需要的间距。Word 中可以选择的行距及其实际距离如表 4–1 所示。

表 4-1 行距及其实际距离

行距类型	实际距离
单倍行距	该行中的最大字体的高度加上其空余的距离
1.5 倍行距	是单倍行距的 1.5 倍（增加半行的间距）
2 倍行距	是单倍行距的 2 倍（增加一个整行的间距）
多倍行距	按单倍行距的百分比增加或者减少的行距
最小值	所选用的行距仅能容纳下文本中最大的字体或图形，无空余空间
固定值	整个文档中各行的间距相等，固定值的行距应能容纳行中最大字体和图形

行间距和段落间距的设置方法为：选中内容后，右击弹出快捷菜单，选择"段落"选项，或者选择"开始"选项卡→"段落"组的按钮，在打开的"段落"对话框中选择"缩进和间距"选项卡，在对应的位置进行设置即可，如图 4–44 所示。

（4）格式刷的使用

在 Word 文档中可以使用"格式刷"命令来进行文字和段落的格式复制。

操作方法为：选中要复制格式的内容，单击"开始"选项卡→"剪贴板"组→"格式刷"命令，如图 4–46 所示。当鼠标指针形状变成刷子形状时，按住鼠标左键，刷过所有要使用该格式的文字，即可完成格式的复制。如果要将该格式复制到多处，可以在选中带格式内容时，双击"格式刷"命令，使格式复制可以多次使用。当不再需要复制格式时，再单击"格式刷"命令，鼠标指针恢复原状即可。

图 4-46 "格式刷"命令

例如，将"小蝌蚪找妈妈"文档中的段落进行设置。操作方法为：

①首先选中标题段文字"小蝌蚪找妈妈"，选择"开始"选项卡→"段落"组→"居中" 命令，设置对齐方式为水平居中。

②选中正文所有文字，右击弹出快捷菜单，选择"段落"选项，或者选择"开始"选项卡→"段落"组的按钮，在打开的"段落"对话框中选择"缩进和间距"选项卡，选择"特殊"→"首行"，"缩进值"为 2 个字符，设置所有的段落均首行缩进 2 个字符。

③选中第 1 段文字，选择"开始"选项卡→"段落"组→右下角 命令，打开"段落"对话框，在"缩进和间距"选项卡中，选择"间距"→"段前"→ 0.5 行，"间距"→"段后"→ 1 行，"行距"→"固定值"→ 20 磅，如图 4–47 所示，完成第 1 段文字的段落设置。

④选中第 2 段文字，选择"开始"选项卡→"字体"组→加粗 B 命令，设置字体加粗效果。选择"开始"选项卡→"段落"组→右下角 命令，打开"段落"对话框，在"缩进和间距"选项卡中，选择"缩进"→"左侧"→2 字符，"缩进"→"右侧"→2 字符，"行距"→"多倍行距"→1.8，如图 4-48 所示，完成第 2 段文字的段落设置。

⑤将光标定位到第 2 段文字，双击"开始"选项卡→"剪贴板"组→"格式刷"命令，复制第 2 段的格式，当鼠标指针形状变成刷子形状时，按住鼠标左键，刷过第 4 段和第 7 段，复制该格式，完成整篇的段落设置，如图 4-49 所示。

图 4-47　设置第 1 段段落格式

图 4-48　设置第 2 段段落格式

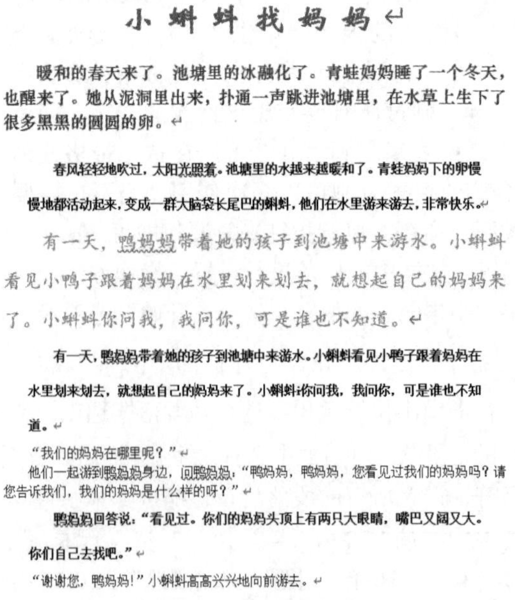

小 蝌 蚪 找 妈 妈

暖和的春天来了。池塘里的冰融化了。青蛙妈妈睡了一个冬天，也醒来了。她从泥洞里出来，扑通一声跳进池塘里，在水草上生下了很多黑黑的圆圆的卵。

春风轻轻地吹过，太阳光照着。池塘里的水越来越暖和了。青蛙妈妈下的卵慢慢地都活动起来，变成一群大脑袋长尾巴的蝌蚪，他们在水里游来游去，非常快乐。

有一天，鸭妈妈带着她的孩子到池塘中来游水。小蝌蚪看见小鸭子跟着妈妈在水里划来划去，就想起自己的妈妈来了。小蝌蚪你问我，我问你，可是谁也不知道。

有一天，鸭妈妈带着她的孩子到池塘中来游水。小蝌蚪看见小鸭子跟着妈妈在水里划来划去，就想起自己的妈妈来了。小蝌蚪你问我，我问你，可是谁也不知道。

"我们的妈妈在哪里呢？"

他们一起游到鸭妈妈身边，问鸭妈妈，"鸭妈妈，鸭妈妈，您看见过我们的妈妈吗？请您告诉我们，我们的妈妈是什么样的呀？"

鸭妈妈回答说："看见过。你们的妈妈头顶上有两只大眼睛，嘴巴又阔又大。

你们自己去找吧。"

"谢谢您，鸭妈妈！"小蝌蚪高高兴兴地向前游去。

图 4-49　段落设置效果

3. 页面设置

文档的页面设置是指设置每页的行数和每行的字数、页边距、纸张的大小和供纸的方式。一页纸的各个区域的位置如图 4-50 所示。

页面设置

在"布局"选项卡→"页面设置"组中可以设置页边距、纸张方向和纸张大小，如图 4-51 所示。也可以选择"布局"选项卡→"页面设置"组，单击右下角 命令，打开"页面设置"对话框。该对话框共有"页边距""纸张""布局""文档网络"4 个选项卡，如图 4-52~ 图 4-55 所示，进行页面设置。

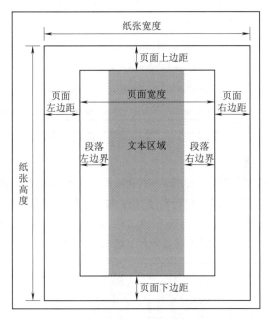

图 4-50　页面区域

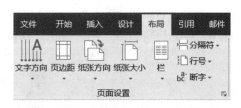

图 4-51　"布局"选项卡"页面设置"组

图 4-52　"页边距"选项卡

图 4-53　"纸张"选项卡

图 4-54　"布局"选项卡　　　　　　　图 4-55　"文档网络"选项卡

　　例如，在"小蝌蚪找妈妈"文档中进行页面设置。

　　操作方法为：选择"布局"选项卡→"页面设置"组→"纸张"→"纸张大小"→"A4"，设置纸张大小为"A4"，选择"布局"选项卡→"页面设置"组，单击右下角 ⌐ 命令，打开"页面设置"对话框，在"页边距"选项卡中，设置上下页边距为 3 厘米，左右页边距为 3.5 厘米，装订线靠左 1 厘米，如图 4-56 所示，单击"确定"按钮，完成页面布局设置效果，前后对比如图 4-57 所示。

图 4-56　"页边距"选项卡设置页边距

图 4-57　页边距设置对比效果

4.底纹与边框设置

在 Word 中进行文档编辑时，需要让文档中的某些部分重点突出，这时就可以通过对文档添加边框和底纹来实现。Word 可以为文字、段落、表格和页面加上边框和底纹。

底纹与边框
设置

选中要进行设置的内容，选择"设计"选项卡→"页面背景"组→"页面边框"命令，如图 4–58 所示，打开"边框和底纹"对话框，在此进行对应设置。也可以选择"开始"选项卡→"段落"组→"边框"→"边框和底纹"命令，如图 4–59 所示，打开"边框和底纹"对话框进行设置。"边框和底纹"对话框中有"边框"、"页面边框"和"底纹"3 个选项卡。其中"边框"选项卡可以设置边框的样式、颜色、宽度以及应用的范围是文字还是段落等；"页面边框"选项卡可以设置页面边框的样式、颜色、宽度、艺术型以及应用范围等；"底纹"选项卡主要设置底纹的填充（颜色）、图案以及应用文字还是段落的应用范围等。

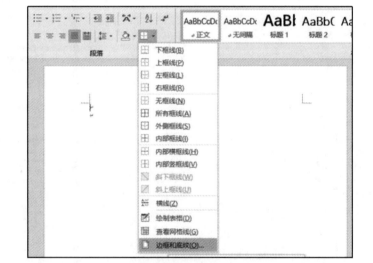

图 4-58　"页面背景"组　　　　　　图 4-59　"边框和底纹"命令

例如，在"小蝌蚪找妈妈"文档中进行边框和底纹的设置。操作方法为：

①首先选中标题段文字"小蝌蚪找妈妈"，选择"设计"选项卡→"页面背景"组→"页面边框"命令，打开"边框和底纹"对话框。选择"边框"选项卡，设置阴影边框，应用于文字，如图 4–60 所示；再选择"底纹"选项卡，设置填充颜色为"白色，背景 1，深色 25%"，设置应用于为"文字"如图 4–61 所示，完成标题的设置。

②然后选中第 2 段，选择"开始"选项卡→"段落"组→"边框"→"边框和底纹"命令，打开"边框和底纹"对话框，选择"边框"选项卡，设置三维边框，应用于段落；再选择"底纹"选项卡，设置填充颜色为"橙色"，设置应用于为"段落"完成第 2 段的设置。

③最后给文档设置页面边框，选择"设计"选项卡→"页面背景"组→"页面边框"命令，打开"边框和底纹"对话框。选择"页面边框"选项卡，选择页面边框类型为"艺术型"中的树木，如图 4–62 所示，单击"确定"按钮完成整篇文档的编号和底纹的设置，最终效果如图 4–63 所示。

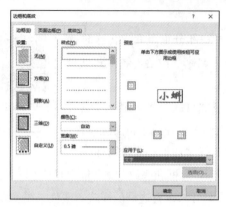

图 4-60　"边框"选项卡

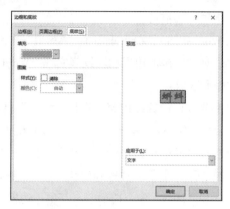

图 4-61　"底纹"选项卡

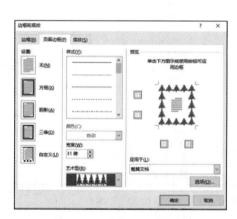

图 4-62　"页面边框"选项卡

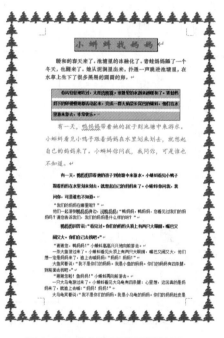

图 4-63　边框和底纹设置效果

5. 主题及背景

主题及背景

主题提供多种样式的集合，可以随时选择不同的主题，再应用不同的样式集合，快速更改文档的外观。

设置主题的方法是：选择"设计"选项卡→"文档格式"组，如图 4-64 所示。在这里可以设置主题，选择各种主题的内置样式，也可以利用右侧的颜色、字体、段落间距和效果命令修改样式效果。

设置页面背景的方法是：选择"设计"选项卡→"页面背景"组→"页面颜色"选项，打开下拉列表如图 4-65 所示。这里页面颜色可以采用主题颜色和标准色，其他颜色，以及渐变、纹理、图案、图片的填充效果。水印可以利用内置水印，也可以利用自定义的文字和图案水印。例如，在"计算机基础知识"文档中进行主题和背景的设置。操作方法为：

①选择"设计"选项卡→"文档格式"组→"主题"命令，在下拉列表中选择"平面"主题，打开更多样式集，在下拉列表中选择"阴影"样式集，如图 4-66 所示，完成设置。

②为突出效果显示，选择"设计"选项卡→"页面背景"组→"页面颜色"命令，在下拉列表中选择"填充效果"命令，打开"填充效果"对话框，选择双色，颜色 1 为"白色"，颜色 2 "金色，个性 3"，底纹样式为"中心辐射"，应用变形 1，如图 4-67 所示，完成页设置。

③最后，给文档添加文字水印，选择"设计"选项卡→"页面背景"组→"水印"→"自定义水印"命令，在打开的"水印"对话框中，设置文字水印，文字为严禁复制，颜色为红色，斜体，如图 4-68 所示。完成水印设置后文档的主题及背景设置如图 4-69 所示。

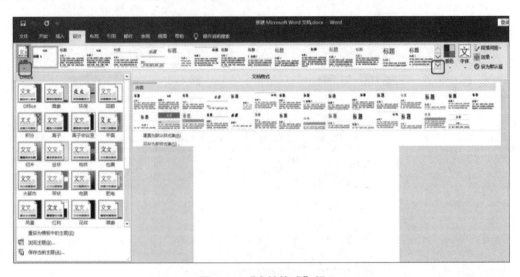

图 4-64　"文档格式"组

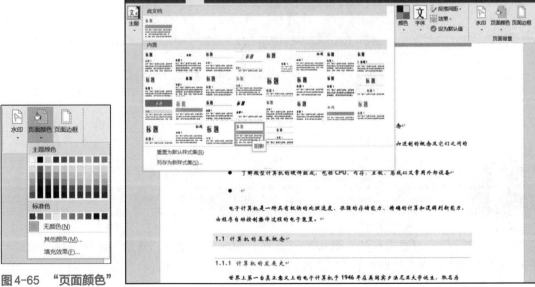

图 4-65　"页面颜色"
下拉列表

图 4-66　选择内置样式集

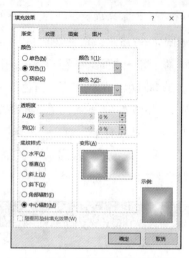

图 4-67　"填充效果"对话框

图 4-68　"水印"对话框

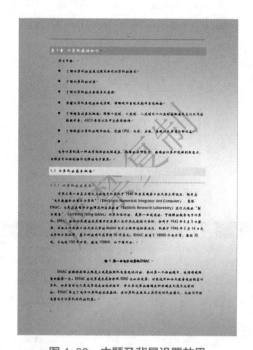

图 4-69　主题及背景设置效果

6. 应用"样式"

样式是具有名称的一系列排版指令集合。使用样式可以轻松快捷地将文档中的正文、标题和段落统一成相同的格式。

样式的常用操作有应用样式、修改样式。

（1）应用样式

设置方法为：选中要设置样式的内容，选择"开始"选项卡→"样式"组→"其他"命令，在下拉列表中选择合适的样式即可，如图 4-70 所示。

（2）修改样式

选择"开始"选项卡→"样式"组→"其他"命令，在下拉列表中选择"应用样式"选项，

应用"样式"

弹出"应用样式"窗格，如图 4-71 所示。在"样式名"下拉列表框中选择需要修改的样式，例如"正文"，单击"修改"按钮，弹出"修改样式"对话框。也可以在"样式"列表中选中要修改的样式右击，在弹出的快捷菜单中选择"修改"命令，如图 4-72 所示，弹出"修改样式"对话框，如图 4-73 所示。

在"修改样式"对话框中的"格式"区域中设置字体、字号、颜色、对齐方式等，单击"确定"按钮完成对某一种样式的修改。

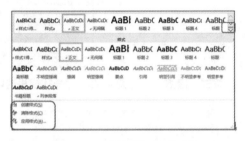

图 4-70 "样式"下拉列表

图 4-71 "应用样式"窗格

图 4-72 样式的右键快捷菜单

（3）样式窗格

选择"开始"选项卡→"样式"组→右下角 命令，弹出"样式"窗格，如图 4-74 所示。"样式"窗格提供多种样式应用、清除已有的样式、新建样式、样式检查和管理样式功能，方便对文档样式进行处理。另外，通过单击窗格中的"选项"按钮，弹出"样式窗格选项"对话框，如图 4-75 所示，可以对"样式"窗格的显示样式、排序方式、样式格式等进行设置。

（4）创建样式

在"样式"窗格中单击"新建样式"按钮，打开"根据格式化创建新样式"对话框，如图 4-76 所示。在对话框中输入新样式的名字，选择样式类型、样式基准和后续段落样式，设置新样式的字体格式和段落格式，单击"确定"按钮，创建一个新的样式。

（5）删除样式

在"样式"窗格中单击"管理样式"按钮，弹出"管理样式"对话框，如图 4-77 所示。在"选择要编辑的样式"列表框中选择自己创建的样式或已经修改的内置样式，单击"删除"按钮。

（6）清除样式

选中需要清除的文本，单击"开始"选项卡→"样式"组→"其他"下来按钮，在下拉列表中选择"清除格式"命令，清除文本样式。

图 4-73　"修改样式"对话框

图 4-74　"样式"窗格

图 4-75　"样式窗格选项"对话框

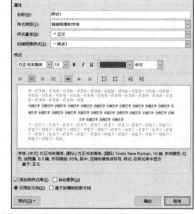

图 4-76　"根据格式化创建新样式"对话框

图 4-77　"管理样式"对话框

　　例如，在"计算机基础知识"文档中进行样式的应用和设置。操作方法为：

①分别对章、节、小节应用对应标题 1、标题 2 和标题 3 的内置样式。选中对应的文字，选择"开始"选项卡→"样式"组→"样式"中对应的样式完成格式设置，如图 4-78 所示。

②选中文档中的红色文字，选择"开始"选项卡→"样式"组→"其他"按钮→"创建样式"选项，在弹出的"根据格式化创建新样式"对话框中单击"修改"按钮，在"格式"→"段落"中设置左右各缩进 0.8 厘米、首行缩进 2 个字符、"行距"设置为固定值"17 磅"，如图 4-79 所示，并命名为"A 样式"。

③选中文档蓝色文字，单击"开始"选项卡→"样式"组→"其他"按钮，在下拉列表中找到 A 样式，应用该样式，完成文档的演示设置，最终效果如图 4-80 所示。

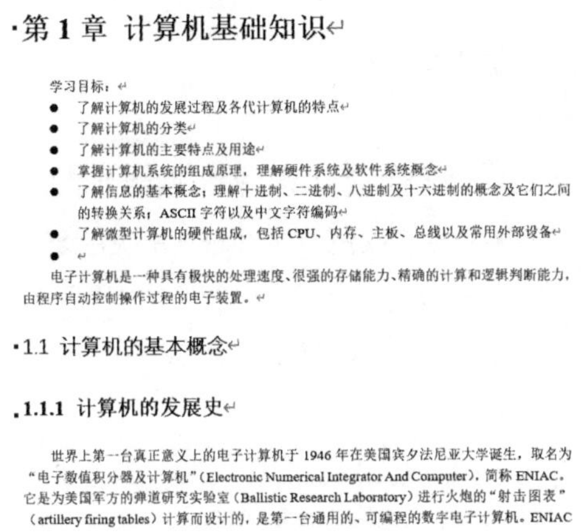

图 4-78　应用标题样式　　　　　　　　　图 4-79　创建新样式

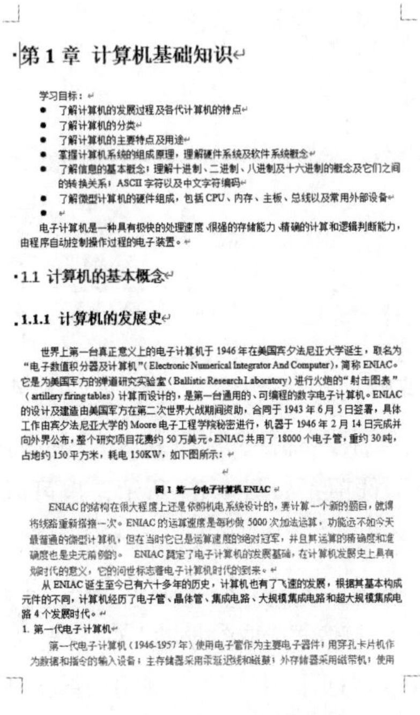

图 4-80　样式应用效果

邮件合并应用

7. 邮件合并

邮件合并是数据与文档合并批量生成文档。邮件合并中，主要有主文档和数据源，主文档是共有的固定内容，数据源则是所有的数据来源，是变化的，通常会在 Excel 数据表、Word 表格和 Access 数据表中存放。

进行邮件合并的是"邮件"选项卡，如图 4-81 所示，进行邮件合并主要有三个步骤：建立主文档；准备好数据源；把数据源合并到主文档中。

图 4-81 "邮件"选项卡

例如，利用邮件合并来批量生成邀请函。操作方法为：

①创建一个新文档，命名为"邀请函主文档"，作为邮件合并主文档。输入邀请函的文字内容，其中标题字体为黑体一号，其他为宋体小三号。页面颜色为"蓝色，个性色 1，淡色 80%"，页面边框是艺术性边框，如图 4-82 所示。

②准备一个 Excel 文件，作为数据源，录入数据信息，如图 4-83 所示。

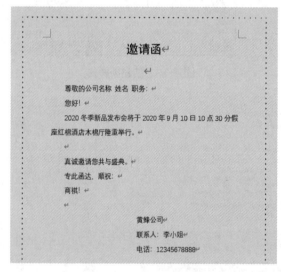

图 4-82 邀请函主文档

	A	B	C	D
1	姓名	职务	公司名称	电话
2	陈明	总经理	天培公司	13800782341
3	黄海游	CEO	玑尔有限公司	15634516211
4	李泉	高级经理	安琪集团	13868250081
5	方明明	CEO	小鹿集团	15001983951

图 4-83 数据源 Excel 文档

③把数据源合并到主文档中。选择"邮件"选项卡→"开始邮件合并"组→"开始邮件合并"命令，在下拉列表中选择"信函"选项，如图 4-84 所示，也可以选择"邮件合并分步向导"，利用右侧的向导窗口完成。

选择"邮件"选项卡→"开始邮件合并"组→"选择收件人"下拉按钮，在下拉列表中选择"使用现有列表"选项，如图 4-85 所示。打开"选取数据源"对话框，如图 4-86 所示，选择已有的"代表名单 .xlsx"文档作为数据源。单击"打开"按钮，在弹出的"选中表格"对话框中选择"Sheet1$"表格，单击"确定"按钮，如图 4-87 所示，这时"编写和插入域"分组被激活可以使用，如图 4-88 所示。

图 4-84 "开始邮件合并"下拉列表

图 4-85 选择收件人

图 4-86 选取数据源

图 4-87 选择数据源表格

图 4-88 激活的"编写和插入域"组

插入合并域。选中文档中"公司名称",选择 "邮件"选项卡→"编写和插入域"组→"插入合并域"命令,在打开的插入合并域窗口中选择公司名称,如图 4-89 所示。选中文档中"姓名",选择"邮件"选项卡→"编写和插入域"组→"插入合并域"下拉按钮,在下拉列表中选择"姓名",完成一个合并域的插入,如图 4-90 所示。采用相同的方法在插入"职务"合并域。

图 4-89 插入"公司名称"合并域

图 4-90 插入"姓名"合并域

合并结果预览，选择"邮件"选项卡→"预览结果"组→"预览结果"命令，如图 4-91 所示，如果预览检查没有问题可以完成邮件合并。

合并到新文档，选择"邮件"选项卡→"完成"组→"完成并合并"命令，在下拉列表中选择"编辑单个文档"命令，如图 4-92 所示。在弹出的"合并到新文档"对话框中进行合并文档设置，在"合并记录"组中选择"全部"，如图 4-93 所示，单击"确定"按钮，生成一个新文档，如图 4-94 所示，完成邮件合并，批量生成邀请函。

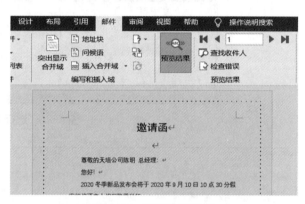

图 4-91 预览合并结果

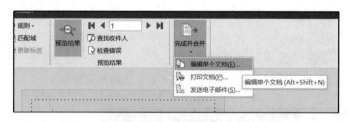

图 4-92 完成并合并

图 4-93 合并到新文档

任务 5 在文档中插入元素

1. 插入图片

插入图片

Word 不但具有强大的文字处理功能，还可在文档中插入图片、艺术字、文本框等，甚至还提供了一个绘图工具让用户绘制自己喜欢的图形，使文档图文并茂，美观有趣。图片的来源可以是本机存放的图片或联机图片。选择"插入"选项卡→"插图"组→"图片"命令，可插入图片，如图 4-95 所示。图片插入后，可以在新出现的"图片工具"→"格式"选项卡中修改图片的效果设置。

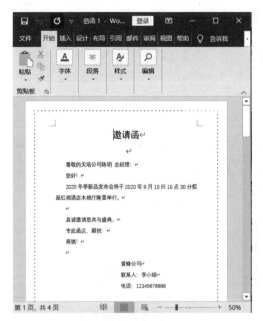

图 4-94 邀请函合并后结果

图 4-95 "插图"组

例如，在"小蝌蚪找妈妈"文档中分别插入本机图片和联机图片。操作方法为：

①选择"插入"选项卡→"插图"组→"图片"命令，在打开的"插入图片"对话框中找到蝌蚪的图片，如图 4-96 所示。选中图片，在"图片工具"选项卡→"格式"→"大小"组中设置图片的高度为 4 厘米，宽度为 5.18 厘米，如图 4-97 所示。选中图片，选择"图片工具"→"格式"选项卡→"排列"组→"环绕文字"选项，在下拉列表中选择"四周型"，并调整图片位置，如图 4-98 所示。

②选择"插入"选项卡→"插图"组→"图片"选项→"联机图片"命令，在打开的"插入图片"对话框中输入必应图像，搜索关键字"青蛙"，如图 4-99 所示，在检索结果中选取图片，如图 4-100 所示。选中图片，在"图片工具"选项卡→"格式"→"大小"组中设置图片的高度为 4 厘米，宽度为 4 厘米。选中图片，选择"图片工具"选项卡→"格式"→"排列"组→"环绕文字"选项，在下拉列表中选择"四周型"，并调整图片位置，如图 4-101 所示，完成文档的插入图片。

图 4-96 插入蝌蚪图片

图 4-97 设置图片大小

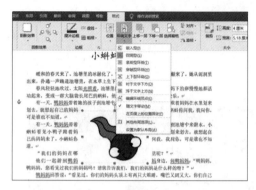

图 4-98 设置图片环绕方式

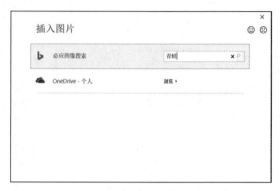

图 4-99 搜索图片

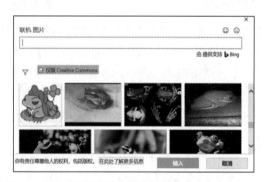

图 4-100 搜索图片结果

2. 插入文本框

插入文本框

文本框是一个能够容纳文本的容器，其中可放置各种文字、图形和表格等。选择"插入"选项卡→"文本"组→"文本框"命令即可完成文本框的插入，如图 4-102 所示。文本框插入后，可以在新出现的"文本框工具"→"格式"选项卡和"图片工具"→"格式"选项卡中修改文本框的效果设置。

例如，在"小蝌蚪找妈妈"文档中插入文本框。操作方法为：

①选中标题文字"小蝌蚪找妈妈"，选择"插入"选项卡→"文本"组→"文本框"命令，在下拉列表中选择"绘制竖排文本框"选项，如图 4-103 所示，将文字转换成竖排文本框。选中文本框，选择"文本框工具"→"格式"选项卡→"排列"组→"位置"，在下拉列表中选择"文字环绕–顶端居中，四周型文字环绕"方式，如图 4-104 所示，并调整文本框位置。

②选择"插入"选项卡→"文本"组→"文本框"命令，在下拉列表中选择内置文本框"花丝引言"，如图 4-105 所示，在文本框中输入文字"小蝌蚪的故事"。选中文本框，选择"绘图工具"→"格式"选项卡→"形状样式"组→"形状样式"选项，在下拉列表中选择"细微效果–金色，强调颜色 4"样式，如图 4-106 所示，并调整文本框的大小和位置，完成文本框的插入，效果如图 4-107 所示。

小蝌蚪找妈妈

暖和的春天来了。池塘里的冰融化了。青蛙妈妈睡了一个冬天，也醒来了。她从泥洞里出来，扑通一声跳进池塘里，在水草上生下了很多黑黑的圆圆的卵。

春风轻轻地吹过，太阳光照着，池塘里的水越来越暖和了。青蛙妈妈下的卵慢慢地都活动起来，变成一群大脑袋长尾巴的蝌蚪，他们在水里游来游去，非常快乐。

有一天，鸭妈妈带着她的孩子到池塘中来游水，小蝌蚪看见小鸭子跟着妈妈在水里划来划去，就想起自己的妈妈 来了。小蝌蚪你找我，我找你，可是谁也不知道。

有一天，鸭妈妈带着 她的孩子到池塘中来游水。小蝌蚪看见小鸭子跟着妈 妈在水里划来划去，就想起自己的妈妈来了。小蝌蚪你找 我，我找你，可是谁也不知道。

"我们的妈妈在哪 里呢？"

他们一起游到鸭妈 妈身边，问鸭妈妈，"鸭妈妈，鸭妈妈，您看见过我们的妈妈吗？请您告诉我们，我们的妈妈是什么样的呀？"

鸭妈妈回答说，"看见过。你们的妈妈头顶上有两只大眼睛，嘴巴又阔又大。你们自己去找吧。"

"谢谢您，鸭妈妈！"小蝌蚪高高兴兴地向前游去。

一条大鱼游过来了。小蝌蚪看见头顶上有两只大眼睛，嘴巴又阔又大，他们想一定是妈妈来了，追上去喊妈妈，"妈妈！妈妈！"

大鱼笑着说，"我不是你们的妈妈。我是小鱼的妈妈，你们的妈妈有四条腿，到前面去找吧。"

"谢谢您啦！鱼妈妈！"小蝌蚪再向前游去。

一只大乌龟游过来了。小蝌蚪看见大乌龟有四条腿，心里想，这回真的是妈妈了，就追上去喊，"妈妈！妈妈！"

大乌龟笑着说，"我不是你们的妈妈。我是小乌龟的妈妈。你们的妈妈肚皮是白的，到

图 4-101 插入图片效果　　　　　图 4-102 "文本"工作组

图 4-103 文字转换成文本框

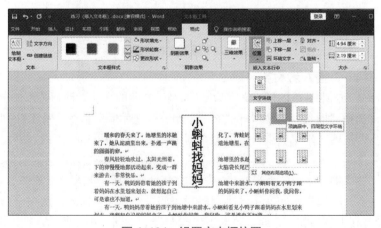

图 4-104 设置文本框位置

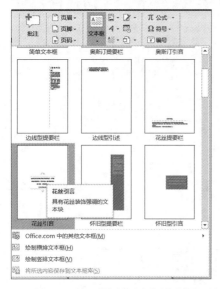

图 4-105 "花丝引言"文本框   图 4-106 设置文本框形状样式

图 4-107 插入文本框效果

3. 插入艺术字

艺术字是以普通文字为基础，经过专业的字体设计师艺术加工的变形字体。选择"插入"选项卡→"文本"组→"艺术字"命令，从下拉列表中选择一种合适的艺术字效果，键入文本即可。文本框插入后，可以在新出现的"艺术字工具"→"格式"选项卡和"格式"选项卡中修改艺术字的效果设置。

例如，在"小蝌蚪找妈妈"文档标题设置为艺术字。操作方法为：

①选中标题文字"小蝌蚪找妈妈"，选择"插入"选项卡→"文本"组→"艺术字"命令，在下拉列表中选择"艺术字样式16"，如图 4-108 所示，插入艺术字。

插入艺术字

②选中艺术字，选择"开始"选项卡→"段落"组→"居中"命令，使其水平居中对齐。

③选中艺术字，在新出现的"艺术字工具"→"格式"选项卡→"艺术字样式"组→"更改形状"命令，下拉列表中选择"弯曲－左牛角形"方式，如图 4-109 所示，调整艺术字的大小和位置，完成插入艺术字的操作，如图 4-110 所示。

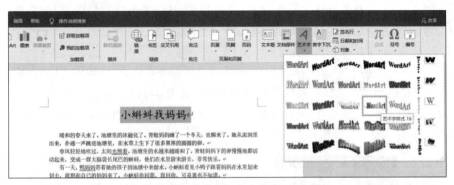

图 4-108 　"艺术字"下拉列表

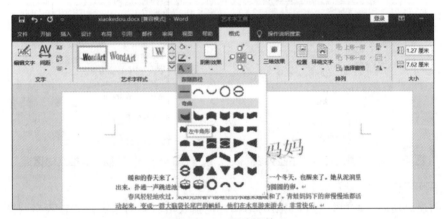

图 4-109 　更改形状

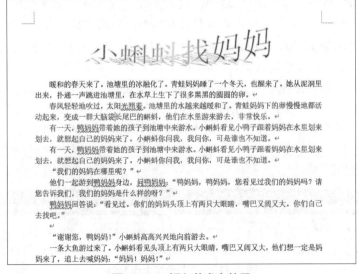

图 4-110 　插入艺术字效果

4. 插入表格

插入表格

表格是一种简明扼要的表达方式。它以行和列的形式组织信息，结构严谨，效果直观。往往一张简单的表格就可以代替大篇的文字叙述，所以，各种科技、经济等书刊越来越多地使用表格。

表格的操作主要有建立表格，编辑表格，表格格式的设置，表格与文字转换，表格中数据的计算与排序等。

（1）建立表格

使用"插入"选项卡"表格"组中的命令可以选择多种不同的方法创建表格。

方法 1：直接拖动鼠标选择行列数目来建立表格，如图 4-111 所示。

方法 2：选择"插入表格"按钮，弹出"插入表格"对话框，如图 4-112 所示，输入表格的列数和行数，单击"确定"按钮建立表格。

图 4-111 "插入表格"下拉列表

图 4-112 "插入表格"对话框

（2）编辑表格

表格创建成功后，就可以进行表格的编辑，包括表格对象的选定，调整表格列宽与行高，插入或删除行或列，合并或拆分单元格。

表格对象的选中可以分为部分选中和整个表格选中。部分选中是指选中部分单元格，整个表格选中可以选中任一个单元格，单击表格左上角的 ✛ 即可选中整个表格。

表格的列宽与行高的调整，可以将光标定位到表格内，在新出现的"表格工具"→"布局"选项卡→"单元格大小"组中进行设置，如图 4-113 所示。也可以选中要设置的表格部分，右击弹出快捷菜单，选择"表格属性"命令，打开"表格属性"对话框，在其中的行和列的选项卡中进行设置，如图 4-114、图 4-115 所示。"表格属性"对话框也可以通过选择"表格工具"→"布局"→"表"→"属性"命令打开。还可以利用鼠标调整表格列的行高宽度。将鼠标移动到表格列的边界，当鼠标形状变成"↔╂"时，按住鼠标左键左右拖动边界线，调整列的宽度，同样的方法可以进行高的调整。

图 4-113 "单元格大小"组

图 4-114 "表格属性"对话框"行"选项卡　　图 4-115 "表格属性"对话框"列"选项卡

（3）表格格式的设置

表格结构确定好以后，为了美观可以适当地对格式进行
设置，例如自动套用格式、边框与底纹、表格位置与对齐方
式的设置。

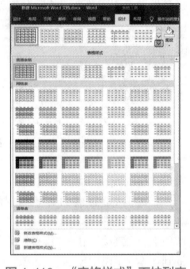

内置表格样式是设置好边框和底纹效果的表格样式，选
中表格，选择"表格工具"→"设计"选项卡→"表格样式"
选项，在下拉列表中选择合适的表格样式即可，如图 4-116
所示。如果对于内置的表格需要调整，可以选中要修改的表
格样式，右击弹出快捷菜单，选择"修改表格样式"命令，
弹出"修改样式"对话框，如图 4-117 所示，进行修改即可。
也可以在菜单中选择"新建表格样式"，在打开的"根据格
式化创建新样式"对话框中设置自己需要的表格样式，如
图 4-118 所示。

图 4-116 "表格样式"下拉列表

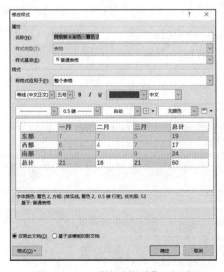

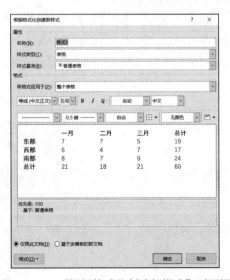

图 4-117 "修改样式"对话框　　　　图 4-118 "根据格式化创建新样式"对话框

5. 插入图表

在文档中插入图表可以更直观地以图形的方式来观察数据，提高浏览数据的速度，插入图表后与图表关联的数据会用 Excel 的简易窗口来显示。

插入图表的操作方法为：选择"插入"选项卡→"插图"组→"图表"命令，如图 4-119 所示，弹出"插入图表"对话框，选择插入的图表类型，比如选择"簇状柱形图"生成图表，可以在 Excel 中进行图表数据的修改。

图表生成后可以利用"图表工具"→"设计"选项卡对图表进行修改。"图表布局"组中的命令可以添加图表元素以及进行布局修改；"图表样式"组中

图 4-119　"插图"组→"图表"命令

的命令可以应用内置图表样式，并进行颜色更改；"数据"组中的命令可以进行"切换行/列""选择数据""编辑数据""刷新数据"；"类型"组的命令可以更改图表类型。

6. 插入超链接

超级链接简单来讲，就是指按内容链接。超级链接在本质上属于一个网页的一部分，它是一种允许用户同其他网页或站点之间进行连接的元素。超链接的对象，可以是一段文本，或者是一个图片。

例如，在"小蝌蚪找妈妈"中插入超链接。操作方法如下：

①选中标题文字"小蝌蚪找妈妈"，选择"插入"选项卡→"链接"组→"链接"命令，如图 4-120 所示，在打开的"插入超链接"对话框中选择"链接到：现有文件或网页"，定位到要链接的"蝌蚪"图片，如图 4-121 所示，单击"确定"按钮，完成链接的设置，如图 4-122 所示。按住【Ctrl】键并单击标题文字，即可打开链接的图片。

②选中黄色底纹的文字，选择"插入"选项卡→"链接"组→"书签"命令，在打开的"书签"对话框中设置书签名为"A 书签"，完成书签的添加。选中文字"暖和的春天来了"，选择"插入"选项卡→"链接"组→"链接"命令，如图 4-123 所示，在打开的"插入超链接"对话框中选择"链接到：本文档中的位置"选项，选择书签 A，完成到书签的链接。返回文档中，按住【Ctrl】键并单击"暖和的春天来了"，即可快速定位到书签的位置。

③选中"青蛙"图片，选择"插入"选项卡→"链接"组→"链接"命令，如图 4-124 所示，在打开的"插入超链接"对话框"地址"文本框中输入"www.baidu.com"，如图 4-125 所示，完成到网页的链接。返回文档，按住【Ctrl】键并单击"青蛙"图片，即可快速定位到网页。

图 4-120　生成图表　　　　　图 4-121　生成图表

告诉我们，我们的妈妈是什么样的呀？"

鸭妈妈回答说："看见过……找吧。"

"谢谢您，鸭妈妈！"小蝌……

一条大鱼游过来了。小蝌……来了，追上去喊妈妈："妈……

大鱼笑着说："我不是你……吧。"

"谢谢您啦！鱼妈妈！"……

一只大乌龟游过来了。小……上去喊："妈妈！妈妈！"……

大乌龟笑着说："我不是……面去找吧。"

"谢谢您啦！乌龟妈妈！……

一只大白鹅"吭吭"地叫……真的找到妈妈了。追了上……

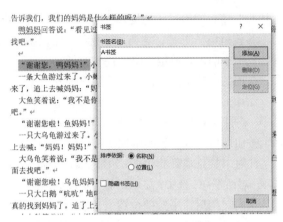

图 4-123　添加书签

图 4-122　生成链接

图 4-124　定位到书签

图 4-125　定位到网页

7. 插入公式

公式是指在数学、物理学、化学、生物学等自然科学中用数学符号表示几个量之间关系的式子。具有普遍性，适合于同类关系的所有问题。在数理逻辑中，公式是表达命题的形式语法对象，除了这个命题可能依赖于这个公式的自由变量的值之外。

Word 具有可随时插入到文档中的公式。如果 Word 内置公式不能满足需要，可以编辑、更改现有公式或从头开始编写自己的公式。

选择"插入"选项卡→"符号"组→"公式"命令，在下拉列表中选择要输入的公式类型，完成内置公式的输入，如图 4-126 所示，也可以选择"插入新公式"命令，创建自己的公式。

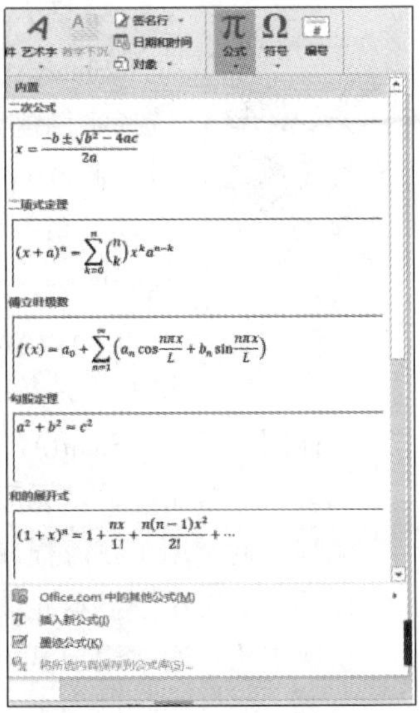

插入公式

图 4-126　"公式"下拉列表

8. 插入书签

书签在生活中用作题写书名，一般贴在古籍封皮左上角，有时还有册次和题写人姓名及标记阅读到什么地方，记录阅读进度而夹在书里的小

插入书签

薄片儿。随着网络时代的发展，又衍生出电子书签等，以记录阅读进度和心得。Word 文档里面的书签就是电子书签，主要用于标记文档中的某个范围或插入点的位置，为以后在文档中引用指定范围中的内容或定位位置提供方便。

常用的书签操作包括：书签的添加和删除、书签的定位、书签的显示和隐藏。

添加书签时，首先要选中需要添加的文字，然后选择"插入"选项卡→"链接"组→"书签"命令，在打开的"书签"对话框中输入书签的名字。书签名不可以纯数字和以数字开头，单击"添加"按钮即可完成书签的添加。

此时书签是隐藏的状态。如果要显示书签的话，选择"文件"→"选项"选项，在打开的"Word选项"对话框中，选中"显示书签"复选框，如图 4-127 所示，单击"确定"按钮，完成书签的显示。

返回文档后，书签的位置会出现一个"I"的标识，可以在"书签"对话框中单击书签的名字，如图 4-128 所示，选择"定位"按钮进行快速跳转。如果书签不需要了，也可以选择"删除"按钮删除书签。

图 4-127　设置显示书签

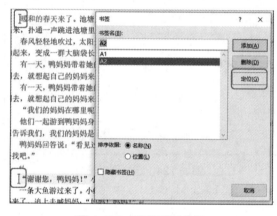

图 4-128　书签设置效果

9. 插入 Smart Art 图形

插入SmartArt
图形

SmartArt 图形是信息和观点的视觉表现形式。可以通过从多种不同布局中选择来创建 SmartArt 图形，从而快速、轻松、有效地传达信息。

通过 SmartArt 图形可以非常直观地说明层级关系、附属关系、并列关，及循环关系等各种常见关系，而且制作出来的图形漂亮精美，具有很强的立体感和画面感。

SmartArt 图形类型包括列表、流程、循环、层次结构、关系、矩阵、棱锥图和图片等，不同类型的 SmartArt 图形表示了不同的关系。选择"插入"选项卡→"插图"组→"SmartArt"选项，打开"选择 SmartArt 图形"对话框，如图 4-129 所示。

列表：通常用于显示无序信息。

流程：通常用于在流程或日程表中显示步骤。

循环：通常用于显示连续的流程。

层次结构：通常用于显示等级层次关系。

关系：通常用于描绘多个信息之间的关系。

矩阵：通常用于显示各个部分如何与整体关联。

棱锥图：通常用于显示与顶部或底部最大部分的比例关系。

图片：通常用于居中显示以图片表示的构思，相关的构思显示在旁边。

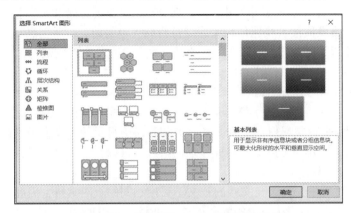

图 4-129　"选择 SmartArt 图形"对话框

任务6　长文档编辑

1. 脚注与尾注设置

很多学术性的文档在引用别人的叙述时需要给出资料来源，一般都采用脚注或尾注的方式来对引用进行补充说明。脚注一般位于页面的底部，可以作为文档某处内容的注释，如术语解释或背景说明等；尾注一般位于文档的末尾，通常用来列出书籍或文章的参考文献等。一般情况下，脚注的标号采用每页单独编号的方式，而尾注采用整个文档统一编号的方式。

例如，给"小蝌蚪找妈妈"文档添加合适的脚注和尾注。操作方法为：

①首先给标题添加脚注。将光标定位到标题文结尾处，选择"引用"选项卡→"脚注"组→"插入脚注"命令，如图 4-130 所示，在默认位置页面底端处录入脚注即可。

②也可以选择"引用"选项卡→"脚注"组→右下脚 命令，打开"脚注和尾注"对话框，设置脚注的位置为页面底端或者文字下方，设置编号格式起始编号等内容，如图 4-131 所示。

③给标题添加尾注。将光标定位到标题文结尾处，选择"引用"选项卡→"脚注"组→"插入尾注"命令，在默认位置文档结尾处录入尾注即可。

④同样在打开"脚注和尾注"对话框中可以对尾注进行进一步设置，可以设置尾注的位置为文档结尾或者节的结尾，也可以设置脚注布局、格式和应用更改内容。

设置完脚注和尾注后，当光标移动到相应位置时，即可出现设置的注释内容，如图 4-132 所示。

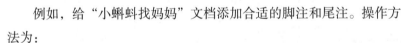
脚注与尾注
设置

图 4-130　"脚注"工作组

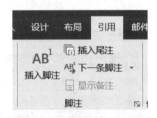

图 4-131　"脚注和尾注"对话框

目录与索引

2. 目录与索引

目录是书稿中常见的组成部分，由文章的标题和页码组成。目录的作用在于方便阅读者快速地检阅或定位到感兴趣的内容，手工添加目录既麻烦又不利于以后的修改，一般采用自动目录的方式生成目录。操作方法是：选择"引用"选项卡→"目录"组→"目录"选项→"自定义目录"命令即可设置目录，如图 4-133 所示。

系统默认采用的目录是三级目录，如果文档的标题超过三级，并且希望均在目录中显示，则需要调整显示的级别。如果希望目录中显示的级别低于三级，也可以通过调整显示级别来完成。另外，还提供了多种目录的格式，可以在"目录"对话框"格式"列表中进行选择，如图 4-134 所示。

在长文档写作过程中，目录与文档的正文不采用相同的页码编排，因此，我们经常在文档的开始插入目录，以保证目录中页码的顺序正常。同时，Word 插入的页码是以域的方式实现的，它与正文之间有链接关系，要将目录与文档之间进行分隔，必须采用取消链接的方式。

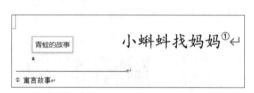

图 4-132　脚注和尾注的设置效果

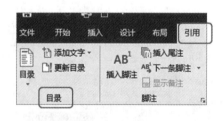

图 4-133　"目录"工作组

图 4-134　"目录"对话框

例如，给"伊索寓言"文档添目录。操作方法为：

①该文档本身篇幅较长内容较多，而且所有的红色文字均没有采用标题样式，如图 4-135 所示，要生成目录，首先要将所有红色文字设置成标题样式。

②选择"开始"选项卡→"编辑"组→"替换"命令，在打开的"查找与替换"对话框的"替换"选项卡中，设置查找格式为字体–红色，替换格式为样式–标题 1，内容为空，如图 4-136 所示，单击全部替换，即可将文中所有红色文字设置标题 1 样式。

③然后选择"引用"选项卡→"目录"组→"自定义目录"命令即可生成目录。

一般专业文档中目录和正文会单独成节，所以在目录结束处插入一个分节符。操作方法为：选择"布局"选项卡→"页面设置"组→"分隔符"→"分节符–下一页"命令，插入分节符。

选中目录，右击弹出快捷菜单，选择"更新域"选项，在打开的"更新目录"对话框中选择"只更新页码"，如图 4-137 所示，完成目录的更新。

目录生成后，按住【Ctrl】键并单击"目录"章节，即可快速定位到所选章节处，如图 4–138 所示。但是当前目录起始页码为 2，需要进行下一步的页码设置。

伊索寓言

目录

狐狸和葡萄

　　饥饿的狐狸看见葡萄架上挂着一串串晶莹剔透的葡萄，口水直流，想要摘下来吃，但又摘不到。看了一会儿，无可奈何地走了，他边走边自己安慰自己说："这葡萄没有熟，肯定是酸的。"

　　这就是说，有些人能力小，做不成事，就借口说时机未成熟。

狼与鹭鸶

　　狼误吞下了一块骨头，十分难受，四处奔走，寻访医生。他遇见了鹭鸶，谈定酬金请他取出骨头，鹭鸶把自己的头伸进狼的喉咙里，叼出了骨头，便向狼要定好的酬金。狼回答说："喂，朋友，你能从狼嘴里平安无事地收回头来，难道还不满足，怎么还要讲报酬？"

　　这故事说明，对坏人行善的报酬，就是认识坏人不讲信用的本质。

小男孩与蝎子

图 4-135　"伊索寓言"文档

图 4-136　利用查找替换设置标题样式

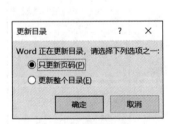

图 4-137　"更新目录"对话框

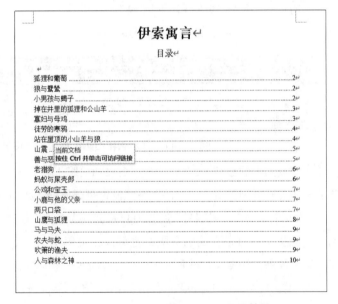

图 4-138　目录效果

3. 页码设置

　　页码是书籍或者文档的每一页面上标明次序的号码或其他数字。页码主要是为了便于阅读和读者检索，尤其是长文档，应在文档中设置合适的页码。

　　选择"插入"选项卡→"页眉页脚"组→"页码"命令，在下拉列表中可以选择页码的插入位置，也可以设置页码格式，如图 4-139 所示。

　　例如，给"伊索寓言"文档设置页码。操作方法为：

　　①选中目录页，选择"插入"选项卡→"页眉页脚"组→"页码"→"页

页码设置

面底端"→"带状物"命令，如图 4-140 所示，对全文插入页码。

图 4-139　"页码"下拉列表

图 4-140　插入"带状物"页码

②为了区分目录和正文，我们将正文设置另外一种页码。选中第 2 页，即正文开始处，双击页脚区域的页码，打开"页眉和页脚工具"→"设计"选项卡，如图 4-141 所示，选择"页眉页脚"组→"页码"→"页面底端"→"加粗显示数字 2"，给正文部分插入 X/Y 格式的页码。

图 4-141　"页眉和页脚工具"→"设计"选项卡

③选中页码中的数字"2"，选择"页眉和页脚工具"→"设计"选项卡→"页眉页脚"组→"页码"→"设置页码格式"，打开"页码格式"对话框，将"页码编号"设置为起始页码为"1"，如图 4-142 所示，完成正文和目录页码的分隔，也可以在页码中加入适当的文字突出显示效果，如图 4-143 所示。

④回到第 1 页，选中目录，右击弹出快捷菜单，选择"更新域"，在打开的"更新目录"对话框中选择"只更新页码"，完成目录的更新，可以看到正文页码从第 1 页开始，如图 4-144 所示。

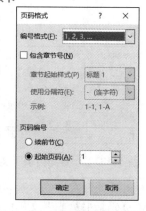

图 4-142　"页码格式"对话框

图 4-143　设置页码效果

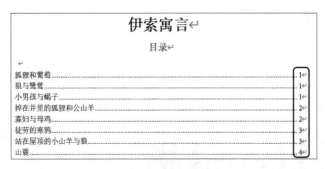

图 4-144 更新后的目录

4. 页眉页脚

页眉和页脚是指在文档每页的顶部或者底部所作的标记，通常是页码、章节名、日期或者公司徽标等文字或图形。选择"插入"选项卡→"页眉页脚"组即可设置页眉页脚。插入页眉页脚后，可以双击页眉页脚，打开"页眉和页脚工具"→"设计"选项卡，进行页眉页脚的修改与设置。

页眉和页脚

例如，给"伊索寓言"文档设置页眉。操作方法为：

①选中第1页，选择"插入"选项卡→"页眉页脚"组→"页眉"→"空白"，进入页眉编辑位置，也可以直接双击页眉位置，进入页眉编辑状态。

②选择"页眉和页脚工具"→"设计"选项卡→"选项"组，选择"首页不同"和"奇偶页不同"复选框，如图 4-145 所示，设置页码选项。

图 4-145 "选项"工作组

③设置首页页眉为"故事集"，奇数页页眉为"睡前小故事"，偶数页页眉为"寓言故事"，完成页眉的设置，如图 4-146 所示。

5. 字数统计

字数统计功能是 Word 提供的统计当前文档字数的功能，统计结果包括字数、数（不记空格）、字数（记空格）的三种类型。

字数统计

通过"审阅"选项卡→"校对"组→"字数统计"选项，如图 4-147 所示，在弹出的"字数统计"对话框中有字数统计结果，如图 4-148 所示。

图 4-146 页眉设置效果

图 4-147 "校对"组→"字数统计"选项

图 4-148 "字数统计"对话框

第5章

数据统计和分析软件 Excel

目前，信息化已深刻地影响了人们的日常生活和工作，学习、工作和生活中会遇到大量的数据。人们面对大量的、可能是杂乱无章的、难以理解的数据，需要对数据进行整理、排序、筛选、汇总、统计、分析等处理，并通过各种数据展示技术直观展示出来，只有借助这些技术和方法，才能最大化地开发数据的功能，发挥数据的作用。

Microsoft Excel 是 Microsoft 为使用 Windows 和 Apple Macintosh 操作系统的电脑编写的一款电子表格软件。其直观的界面、出色的计算功能和图表工具，是目前最流行的个人计算机数据处理软件。

本章将介绍 Microsoft Excel 的界面、基本操作、数据输入、数据格式、图表应用、数据分析与应用、基础函数等内容，为日后学习、生活、工作中的数据处理打下扎实基础。

项目1 \\\ Excel 基本操作

项目目标：

通过本项目的学习和实施，掌握下列知识和技能：
- 了解工作簿、工作表、单元格、活动单元格、相对引用、绝对引用、自动填充等术语。
- 掌握工作表的操作方法。
- 掌握单元格的各种输入方法、格式设置方法。

项目介绍：

Excel 2016的
用户界面

Word 能制作出很精美的表格，能满足很多应用场景的需要。但小明最近遇到了很多要处理数据的情况，如要求设置一些专用数字格式，进行数据计算、数据分析等。本项目将带领小明学习如何操作工作表、输入数据、设置单元格格式。本项目需要以下 3 个任务来完成学习。
- 任务1　Excel 2016 基础。
- 任务2　工作表数据输入。
- 任务3　工作表的格式化。

任务1　Excel 2016 基础

1. Excel 2016 的用户界面

启动 Excel 2016 后，打开 Excel 2016 的用户界面，如图 5-1 所示。

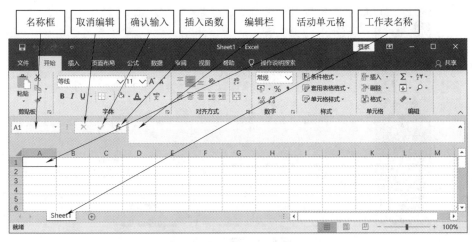

图 5-1 Excel 2016 用户界面

2. Excel 2016 工作表

Excel 2016 以工作簿来保存文件，其扩展名为 .xlsx。与 Word 2016 不同，Excel 2016 工作区显示的是二维表格，称之为工作表。工作表由很多行和列组成，每行和每列都有唯一的编号，其中行标用数字表示，列标用字母表示。工作表中每个单元称为单元格，其中有一个单元格边框加粗，称之为活动单元格或当前单元格。单击某个单元格，可将其设置为当前单元格。默认情况下，以单元格的列号和行号作为单元格的标识，称为单元格地址，显示在名称框中。

Excel 2016工
作表

可以同时选中多个连续的单元格，称为单元格区域。用第一个单元格地址和最后一个单元格地址间加冒号来命名表示，如"A1:C3"表示 A1 至 C3 共 9 个单元格的区域。按【Ctrl】键的同时，可单击选择不连续的多个单元格区域。

可以直接在名称框中输入新名称，然后按【Enter】键确认，从而修改活动单元格或单元格区域的名称。一个工作簿可以包含多张工作表，在工作表标签位置显示了工作表的名称。工作表名称默认为"Sheet1""Sheet2"等。不管工作簿有多少张工作表，只能有一张工作表是处于活动状态，称为活动工作表或当前工作表。默认情况下，当前工作表的标签背景为白色，其他工作表标签背景为灰色。单击工作表的标签，可将对应的工作表设定为当前活动工作表。

3. Excel 2016 基本操作

（1）新建工作簿

单击"文件"菜单，选择"新建"命令，如图 5-2 所示，单击"空白工作簿"模板可快速新建一个空白工作簿。在图 5-2 中，拉动右侧滚动条，列表中会显示很多内置的 Excel 模板，可以寻找合适的模板快速完成任务。还可在"搜索联机模板"框中，输入所需的模板名称，单击其右侧的"开始搜索"按钮，寻找自己需要的更多模板。

Excel 2016的
基本操作

图 5-2　新建工作簿

（2）保存工作簿

在学习、生活、工作中，难免会碰到各种突发事件，比如停电，如果文件没保存则可能丢失很多信息，所以，我们不仅要在完成任务时保存文件，还要在操作过程中实时保存文件，养成随时保存文件的好习惯。Excel 可自动保存文件，默认的自动保存时间间隔为 10 分钟。用户可以根据需要修改这个间隔时间。

对于已保存过的文件，在"文件"菜单中，单击"保存"命令，可以直接保存，否则系统会显示"另存为"选项卡，如图 5-3 所示，与单击"文件"菜单中"另存为"命令所得到的操作界面一致。选择一个保存位置后，会打开"另存为"对话框。在对话框中选择保存位置，输入文件名，单击 "保存"按钮即可完成保存操作。

图 5-3　"另存为"选项卡

在"另存为"对话框中可以设置工作簿的权限密码，单击"工具"按钮，在下拉列表中选择"常规选项"命令，打开"常规选项"对话框，输入"打开权限密码""修改权限密码"，单击"确定"按钮，系统弹出打开权限和修改权限的"确认密码"对话框，再次输入相关密码，完成加密码工作簿的操作，如图 5-4 所示。

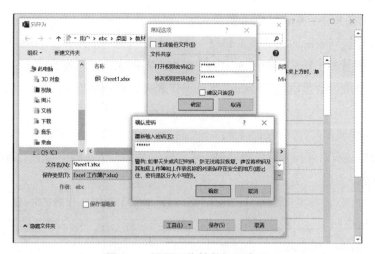

图 5-4 设置工作簿的权限密码

低版本的工作簿可以在高版本的软件中打开,而很多高版本的工作簿在低版本的软件中可能打不开。因此在保存工作簿时,可降低保存版本。操作方法是:在"另存为"对话框的"保存类型"下拉列表中选择 "Excel97–2003 工作簿"。

(3)关闭工作簿

在"文件"菜单中单击"关闭"命令,可关闭当前工作簿。有时"文件"菜单没显示"关闭"按钮,将 Excel 窗口最大化后就可看到。或单击 Excel 窗口右上角的"关闭"按钮,关闭当前工作簿。

(4)打开工作簿

在"文件"菜单中单击"打开"命令,选择打开位置,然后显示"打开"对话框,选择要打开工作簿的所在位置,选择对应文件,单击"打开"按钮。

(5)插入工作表

单击工作表标签,选定所需的工作表,然后右击弹出快捷菜单,如图 5–5 所示。单击"插入"命令,显示"插入"对话框,如图 5–6 所示,在"常用"选项卡中,选择"工作表",然后单击"确定"按钮,即可在当前工作表的前面添加一张新工作表。

图 5-5 工作表快捷菜单

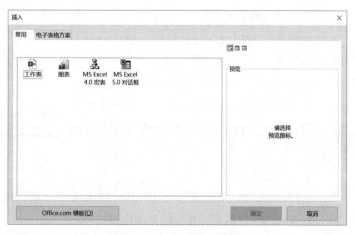

图 5-6 "插入"对话框

在"插入"对话框中，单击"电子表格方案"选项卡，可选择已有方案，快速完成任务。

单击工作表标签列表后面的"新工作表"按钮（显示为一个连外圈的加号），可在当前工作表后面添加一张新的工作表。当添加太多工作表，不能完全显示所有的工作表标签时，在工作表标签显示区的最后会显示省略号，可通过工作表标签显示区前面的按钮，滚动显示不同的工作表。

（6）删除工作表

选定工作表后，右击弹出快捷菜单，单击"删除"命令，可以删除当前工作表。

（7）工作表重命名

选定工作表后，右击弹出快捷菜单，单击"重命名"命令，当前工作表的标签处于可编辑状态，修改工作表名称后按回车键，或在工作表标签之外单击鼠标，即可确认修改结果。

（8）移动/复制工作表

选定工作表后，右击弹出快捷菜单，单击"移动或复制"命令，显示"移动或复制工作表"对话框，如图5-7所示。在"下列选定工作表之前"列表框中选择一张工作表，可将当前工作表移动或复制到选定工作表的前面，也可选择"（移至最后）"选项，直接将选定的工作表移动或复制到所有工作表之后。选中"建立副本"复选框，完成复制操作，取消选中"建立副本"复选框，完成移动操作。

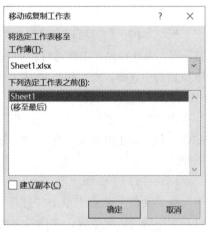

图5-7 "移动或复制工作表"对话框

（9）在不同工作簿间移动或复制工作表

Excel不仅可以在同一工作簿内移动或复制工作表，还可在不同工作簿之间移动或复制工作表。在不同工作簿之间移动或复制工作表要先打开相关工作簿，可能是两个工作簿，也可能是多个工作簿，选中要复制或移动的工作表，打开"移动或复制工作表"对话框，在"工作簿"下拉列表中选择指定的工作簿，其他操作与在同一工作簿内进行移动或复制的操作相同。

（10）设置工作表标签颜色

工作表标签的颜色可以自行设定，通过设置工作表标签的颜色可突出显示指定的工作表。操作方法是：选定工作表后，右击弹出快捷菜单，选择"工作表标签颜色"命令，显示颜色列表，单击选中指定颜色，即可修改当前工作表标签的背景颜色，如图5-8所示。

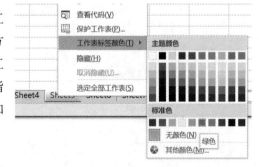

图5-8 设置工作表标签颜色

（11）页面设置

Excel的页面设置以工作表为设置对象，要先选择所需的工作表，然后再进行相应的页面设置。

①单击"页面布局"选项卡→"页面设置"组右下角的"其他"按钮，打开"页面设置"对话框。

单击"页面"选项卡，可以设置纸张大小、纸张方向等。

②单击"页边距"选项卡，可设置上、下、左、右、页眉、页脚边距，居中对齐方式。

③单击"页眉 / 页脚"选项卡，可设置工作表的页眉页脚，如图 5-9 所示。单击"自定义页眉"按钮，打开"页眉"对话框，可分别设置左、中、右位置的页眉，如图 5-10 所示。在图 5-9 中，选择"奇偶页不同""首页不同"两个复选框，再次单击"自定义页眉"按钮，这时打开的"页眉"对话框与图 5-10 是不同的，它有 3 个选项卡：首页页眉、奇数页页眉、偶数页页眉，如图 5-11 所示，可分别设置首页、奇数页、偶数页的页眉，也可设置自定义的页脚。

④单击"工作表"选项卡，可设置工作表的打印区域、打印标题、打印设置、打印顺序，如图 5-12 所示。当工作表的打印区域大于纸张大小时，需要多页打印，当宽度和高度都超出纸张大小时，打印顺序的设置尤为重要：先列后行，先从上至下打印部分列，然后再从上至下打印其他列，每次的打印宽度是纸张能打印的最大宽度；先行后列，先从左至右打印部分行，然后再从左至右打印其他行，每次打印的高度是纸张能打印的最大高度。

图 5-9 "页面 / 页脚"选项卡

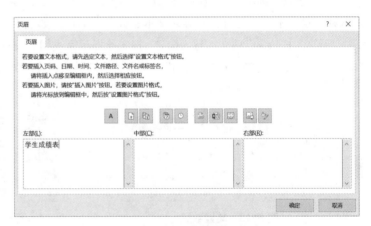

图 5-10 "页眉"对话框

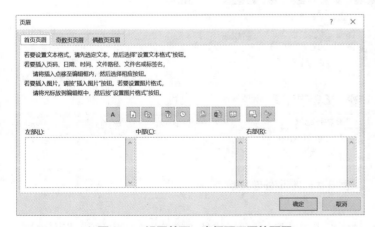

图 5-11 设置首页、奇偶页不同的页眉

图 5-12 "工作表"选项卡

任务2 工作表数据输入

1. 工作表数据输入基础

数据处理的基础是准备好数据，首先需要将数据输入Excel工作表中。向Excel工作表输入数据有多种方法，常用的方法有利用已有数据、获取外部数据、直接输入等。

（1）利用已有数据

直接通过复制、剪贴、粘贴等命令，将Excel数据或其他软件的数据输入到指定的工作表。复制数据后，选中目标位置，右击弹出快捷菜单，选择"粘贴选项"→"转置"，可将复制的数据翻转后粘贴到目标位置。例如，将单元格区域A1:A5的值转置到A6开始的单元格中，效果如图5-13所示。剪切数据后，在指定列的列标位置右击，在弹出的快捷菜单中选择"插入剪切的单元格"命令，如图5-14所示，可将剪切的内容插入到指定列的前面。

（2）获取外部数据

单击"数据"选项卡→"获取外部数据"组中的命令，如图5-15所示，选择一个外部数据来源，如选择"自文本"，会打开"导入文本文件"对话框，如图5-16所示，选择路径和指定文件，单击"导入"按钮，启动文本导入向导，按向导提示完成相关设置，然后显示"导入数据"对话框，如图5-17所示，选择数据导入位置，单击"确定"按钮完成外部数据的获取。

图5-13 转置数据   图5-14 插入剪切的单元格

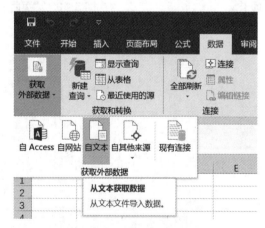

图5-15 获取外部数据

（3）直接输入

选中指定工作表，选中指定单元格，双击单元格，使单元格处于编辑状态，然后输入指定内容。

也可以选中指定单元格后，直接在编辑栏输入指定内容。

图 5-16 "导入文本文件"对话框

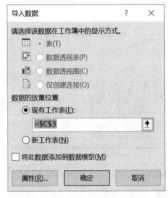

图 5-17 "导入数据"对话框

（4）插入行 / 列

有时，需要先插入行或列才能输入数据。选择指定单元格，然后右击，在弹出的快捷菜单中选择"插入"命令，显示"插入"对话框，如图 5-18 所示。选择"整行"单选按钮，单击"确定"按钮，即可在选中单元格的上面插入 1 行；选择"整列"单选按钮，单击"确定"按钮，即可在选中单元格的左侧插入 1 列。

（5）隐藏 / 显示行或列

选定指定行或列，在行标或列标位置右击，在弹出的快捷菜单中选择"隐藏"命令，可将指定行或列隐藏。

图 5-18 "插入"对话框

隐藏后的行或列是不可见的，要再次显示隐藏的行或列，可先选择隐藏行或列的上下行或左右列，然后右击弹出快捷菜单，选择"取消隐藏"选项，则被隐藏的行或列会再次显示出来。

2. 文本输入

文本一般是指字符型数据，可以是英文、中文、符号、数字等。默认情况下，输入的文本是左对齐的。当输入的文本较长时，会延伸显示，即超过当前单元格的范围，当其后的单元格非空时，超出部分会截断。例如，在 A1 单元格输入"广东机电职业技术学院"，在 B1 单元格输入"计算机与设计学院"，其显示效果如图 5-19 所示，可以看到 A1 单元格的文本明显被截断。其实，这并不真正截断，只是隐藏显示而已，在编辑栏可以完整地显示单元格的内容。双击 A、B 列中间的分隔线，可自动调整 A 列宽度，使其完整地显示 A1 单元格的所有文本。

文本输入

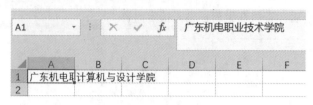

A1			×	✓	fx	广东机电职业技术学院	

	A	B	C	D	E	F
1	广东机电	计算机与设计学院				
2						

图 5-19　文本截断显示

3. 数值型数据的输入

数字输入

数值型数据一般包括整数、实数、分数、日期、时间等。默认情况下，输入的数值是右对齐的。

对于整数、实数直接输入即可；对于分数，要先输入前导符"0"，然后再在其后输入分数，注意数字"0"后一定要加空格，如输入"0 1/2"；对于日期数据，年、月、日数据间要有分隔符"/"或"–"，如输入"2020/3/8"或"2020–3–8"，日期数据显示将按软件内置的日期显示格式显示；对于时间数据，时、分、秒间要有分隔符"："，如"20：15：50"。

输入的数值位数比较多时，如输入"13868686868"，系统会自动调整单元格的宽度。如果手动将单元格宽度调小，会用科学计数法来显示数据，但编辑栏会显示原始数据。如果不想用科学计数法来显示数据，可将数值作为文本格式进行输入，在输入时加前导符"'"，如"'3868686868"，此时，输入内容是左对齐。如果数值前面有"0"，如"01"，输入后系统自动会将前面的"0"去掉，如果想保留前面的"0"，输入时也必须在 0 前加"'"，如图 5–20 所示。

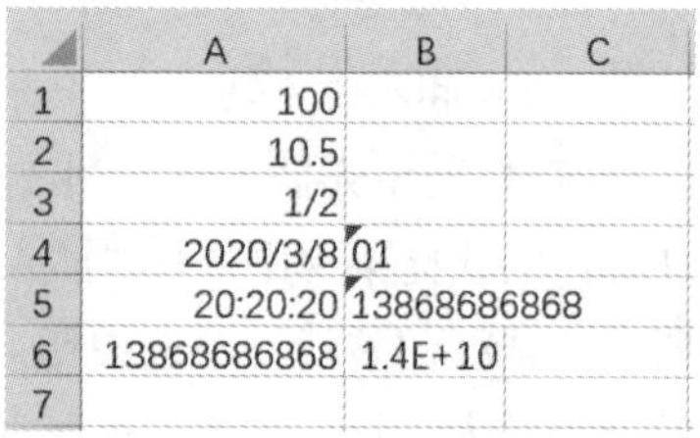

	A	B	C
1	100		
2	10.5		
3	1/2		
4	2020/3/8	01	
5	20:20:20	13868686868	
6	13868686868	1.4E+10	
7			

图 5-20　数值型数据的输入

在图 5–20 中，将数值作为文本输入时，单元格左上角会显示绿色小三角标志。单击该标志，在其左边会显示感叹号提示符，单击其右边的小三角标志打开下拉列表，如图 5–21 所示，单击"忽略错误"选项，可取消单元格左上角的绿色三角形标志。

当继续将单元格宽度调小时，单元格内容将显示多个"#"，不再显示数值，但编辑栏依旧可以显示原始数据。

4. 公式输入

公式输入

图 5-21　选择"忽略错误"

Excel 的所有公式都以"="号开头，输入公式后按回车键确认。在单元格输入公式后，单元格会显示公式运算的结果，而在编辑栏内显示该公式本身。所有公式中输入的符号一律使用西文标点符号。公式一般由运算符和操作数或函数组成。图 5–22 所示是一个公式的组成示例。图 5–23 中列举了多个应用公式的示例。

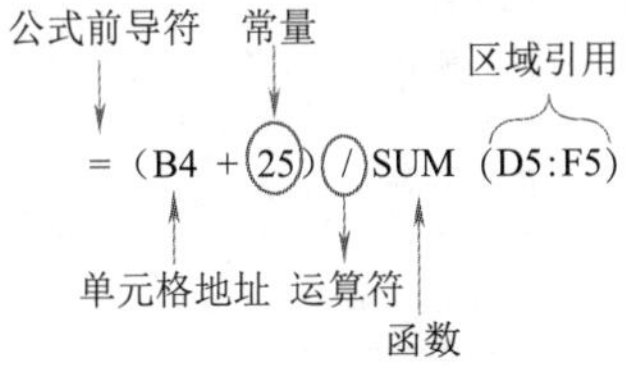

公　式	说　明
=5+2*3	将 5 加到 2 与 3 的乘积中。
=A1+A2+A3	将单元格 A1、A2 和 A3 中的值相加。
=SQRT(A1)	使用 SQRT 函数返回 A1 中值的平方根。
=TODAY()	返回当前日期。
=IF(A1>0,"Plus","Minus")	测试单元格 A1，确定它是否包含大于 0 的值。如果测试结果为 True，该单元格中将显示"Plus"文本；如果结果为 False，则显示"Minus"文本。

图 5-22　公式组成示例　　　　　图 5-23　公式应用示例

Excel 提供了多类运算符，有算术运算符（见表 5-1）、比较运算符（见表 5-2）、文本连接运算符（见表 5-3）、引用运算符（见表 5-4）。

表 5-1　算术运算符及其含义

算术运算符	含　义	示　例	结果
+（加号）	加	= 3 + 3	6
-（减号）	减法	= 3 - 1	2
-（负号）	负数	= - 1	
*（星号）	乘	= 3 * 3	9
/（正斜杠）	除	= 15/3	5
%（百分号）	百分比	= 20% * 20	4
^（脱字号）	求幂	= 3 ^ 2	9

表 5-2　比较运算符及其含义

比较运算符	含　义	示　例
=（等号）	等于	A1=B1
>（大于号）	大于	A1>B1
<（小于号）	小于	A1<B1
>=（大于或等于号）	大于等于	A1>=B1
<=（小于或等于号）	小于等于	A1<=B1
<>（不等号）	不等于	A1<>B1

表 5-3　文本连接运算符及其含义

文本运算符	含　义	示　例	结　果
&（与号）	将两个值连接（或串联）起来产生一个连续的文本值	= "北" & "风"	北风

表 5-4　引用运算符及其含义

引用运算符	含　义	示　例
:（冒号）	区域运算符，生成一个对两个引用之间所有单元格的引用（包括这两个引用）	B5:B15
,（逗号）	联合运算符，将多个引用合并为一个引用	SUM(B5:B15,D5:D15)
（空格）	交集运算符，返回对公式中的区域所共有的单元格的引用。	B7:D7 C6:C8 在此示例中，单元格 C7 可在两个区域中找到，因此它是交集

不同的运算符有不同的优先级，运算符优先级按从高到低的排列如表 5-5 所示，注意括号可改变运算次序。

表 5-5　运算符优先级

运　算　符	说　明	运　算　符	说　明
:（冒号）区域引用		^	乘幂
（单个空格）交叉引用	引用运算符	* 和 /	乘和除
,（逗号）联合引用		+ 和 -	加和减
-（负号）	负数（如 -1）	&	连接字符串
%	百分比	=, <, >, <=, >=, <>	比较运算符

例如：已知商品的单价和数量，可用公式：金额 = 数量 * 单价，来计算其金额。在 C2 单元格中先输入"="，然后单击 A2 单元格，再输入乘号"*"，再单击 B2 单元格，最后按回车键完成计算，如图 5-24 所示。

序列填充

5. 序列填充

单元格右下角有一个小方块，称为填充柄。当鼠标光标移到填充柄上时，会显示为实心的十字型，拖动填充柄可快速输入数据，如图 5-25 所示。填充柄可向上、下、左、右四个方向拖动。

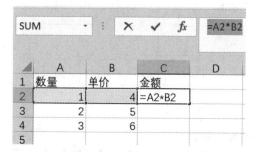

图 5-24　输入公式计算金额

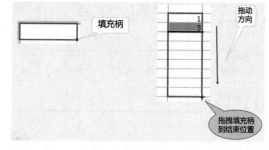

图 5-25　填充柄

（1）快速填充有规律的数据

输入符号数字组合，拖动填充柄，符号不变，数字会自动加 1，如输入"A1""1A""A1B""A1B2C"后，向右拖动填充柄的填充效果如图 5-26 前 4 行所示。

输入纯数值，拖动填充柄，数值不变，只是简单复制。如输入"1""2"后，向右拖动填充柄的填充效果如图 5-26 第 5~6 行所示。

连续输入两个数，拖动填充柄，产生等差数列，差值为两数值之差。注意拖动填充柄时，一定要先选定指定的两个单元格。如在单元格 A7 和 B7 中分别输入"1"和"2"，向右拖动填充柄的填充结果如图 5-26 第 7 行所示；在单元格 A8 和 B8 中分别输入"3"和"6"，向右拖动填充柄的填充结果如图 5-26 第 8 行所示。

在单元格 A9 和 A10 中分别输入"一月""星期一"，向右拖动填充柄的填充效果如图 5-26 第 9~10 行所示。

以上填充为系统默认方式，如果想修改填充方式，当填充柄拖动结束时，系统在填充柄右下方显示"自动填充选项"图标,单击该图标,打开下拉列表,选择填充的方式,如图 5-27 所示。注意不同的填充内容,下拉列表框的选项不同。

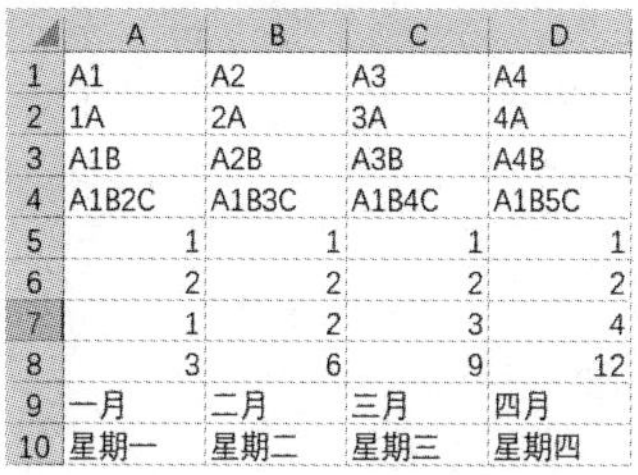

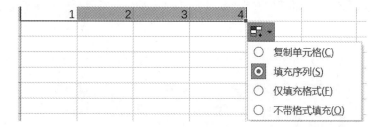

	A	B	C	D
1	A1	A2	A3	A4
2	1A	2A	3A	4A
3	A1B	A2B	A3B	A4B
4	A1B2C	A1B3C	A1B4C	A1B5C
5	1	1	1	1
6	2	2	2	2
7	1	2	3	4
8	3	6	9	12
9	一月	二月	三月	四月
10	星期一	星期二	星期三	星期四

图 5-26　填充柄应用

○　复制单元格(C)
◉　填充序列(S)
○　仅填充格式(F)
○　不带格式填充(O)

图 5-27　选择填充方式

（2）自定义序列

单击"文件"菜单→"选项"命令,打开"选项"对话框,单击"高级"选项卡,将右侧的滚动条拉到最后,如图 5-28 所示。单击"编辑自定义列表"按钮,打开"自定义序列"对话框,在"输入序列"框中输入值,然后单击"添加"按钮,如图 5-29 所示,添加成功的自定义序列显示在"自定义序列"列表框中。如果想工作表中已有数据转为自定义序列,可在"导入"按钮的输入框中输入对应地址,然后单击"导入"按钮。导入成功的自定义序列显示在"自定义序列"列表框中。

图 5-28　"Excel 选项"对话框

143

（3）快速复制公式

拖动填充柄可快速填充公式。当计算好第一行的金额后，拖动填充柄，可快速在第 2、3 行填充公式，如图 5-30 所示。

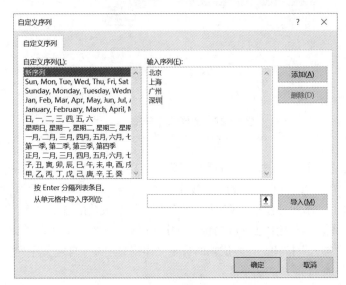

图 5-29 “自定义序列”对话框

	A	B	C	D
1	数量	单价	金额	
2	1	4	4	
3	2	5	10	
4	3	6	18	
5				
6				

图 5-30 填充公式

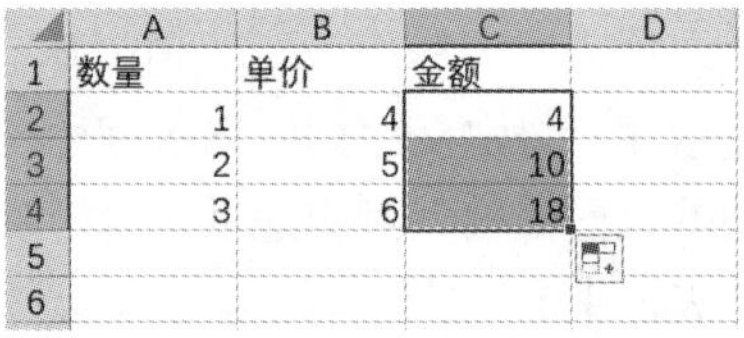

6. 单元格引用

单元格引用

仔细检查图 5-30 中计算金额的公式，发现 C2、C3、C4 单元格内的计算公式分别为“A2*B2”“A3*B3”“A4*B4”。说明公式填充时地址会变，这种地址称为相对地址或相对引用。一般情况下，公式中的地址都是相对地址。如果不想在公式填充时地址自动改变，即使用固定地址，称为绝对地址或绝对引用，需要在地址前加是“$”，如 $A$1。单元格的地址分为列地址和行列地址。行、列地址是相互独立的，可设置部分为绝对引用，部分为相对引用，称为混合地址或混合引用。如图 5-31 所示，第 03 图中 B2 单元格的地址“A$1”为混合地址，列地址为相对地址，行地址为绝对地址，当其填充到 C3 单元时，列地址增加 1，而行地址不变。按【F4】键可切换相对引用、绝对引用、混合引用。

由数量和单价计算金额后，要进一步计算税金。税率值存放在 F2 单元格，税金 = 金额 * 税率。如果税率采用相对引用，计算结果在 D 列，显然不对；如果采用绝对引用，计算结果在 E 列，结果正常，如图 5-32 所示。

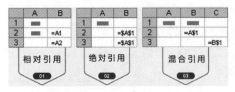

图 5-31 单元格引用

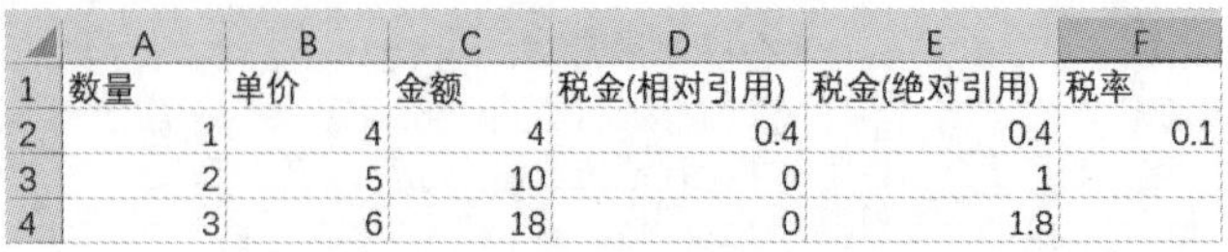

	A	B	C	D	E	F
1	数量	单价	金额	税金(相对引用)	税金(绝对引用)	税率
2	1	4	4	0.4	0.4	0.1
3	2	5	10	0	1	
4	3	6	18	0	1.8	

图 5-32 计算税金的不同引用

不但可以拖动填充柄复制公式，也可以直接复制公式。一般情况，复制含有公式的单元格，是复制其中的公式而不是单元格的值。如选择区域 C2:C5，复制后，粘贴到 D 列对应位置，如图 5-33 所示，数据值明显改变，其实是公式发生改变，由原来的数量乘单价，变为单价乘金额。若只想把含公式的单元格值复制到其他单元格，需要右击目标单元格，在弹出的快捷菜单中选择"粘贴选项"→"值"，填充结果如图 5-34 所示。

7. 创建迷你图

迷你图是在单元格背景中显示的微型图表。单击"插入"选项卡，找到"迷你图"分组，有"折线""柱形""盈亏"。如图 5-35 所示，变化趋势以柱形迷你图形式展示，选中 E2 单元格，然后单击柱形迷你图，显示"创建迷你图"对话框，设置数据范围为"A2:D2"，位置范围为"$E$2"，如图 5-36 所示，单击"确定"按钮。然后拖动填充柄，完成 E3:E4 区域迷你图的生成，生成的迷你图构成一个组合。迷你图只是单元格的填充背景，在该单元格还可以正常

创建迷你图

输入值。插入的迷你图，按删除键无法删除，选中迷你图，右击弹出快捷菜单，选择"迷你图"打开其子菜单，选择"清除所选的迷你图"可删除选定的迷你图，选择"清除所选的迷你图组"可删除选定的迷你图及其所在的组。

	A	B	C	D
1	数量	单价	金额	复制金额
2	1	4	4	16
3	2	5	10	50
4	3	6	18	108

图 5-33　复制公式

	A	B	C	D
1	数量	单价	金额	复制值
2	1	4	4	4
3	2	5	10	10
4	3	6	18	18

图 5-34　复制值

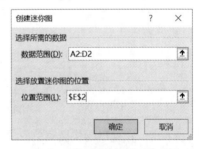

（a）"创建迷你图"对话框

	A	B	C	D	E
1	一月	二月	三月	四月	变化趋势
2	1	2	3	4	
3	8	7	6	5	
4	4	5	4	5	

图 5-35　迷你图效果

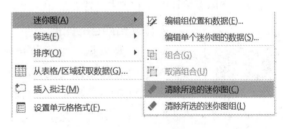

（b）迷你图子菜单

图 5-36　创建迷你图

任务 3　工作表的格式化

1. 单元格字体设置

选定单元格，可对单元格的所有内容进行字体格式设置，如果只想对单元格内部分内容进行字体设置，需双击单元格，使该单元格处于编辑状态，再选择指定的部分内容进行字体设置。在 Excel 中，设置字体一般有几种方法：

方法 1：单击"开始"选项卡→"字体"分组，直接在分组中单击或选择

单元格字体设置

相应的字体属性，快速完成字体设置。

方法 2：单击"字体"分组右侧的"字体设置"图标按钮，打开"设置单元格格式"对话框，默认选中"字体"选项卡，如图 5-37 所示，然后完成相应的字体设置。

图 5-37　字体设置

方法 3：右击，在弹出的快捷菜单中单击"设置单元格格式"命令，打开"设置单元格格式对话框"，单击"字体"选项卡，如图 5-37 所示，然后完成相应的字体设置。

Excel 字体设置比 Word 字体设置要简单一些。

2. 单元格内容的保护

对于重要数据，为了防止别人修改，可对其进行保护。如图 5-38 中，需要锁定姓名和总评数据，而期中和期末成绩可自由输入，选择单元格区域 B2:C9，右击弹出快捷菜单，选择"设置单元格格式"命令，打开"设置单元格格式"对话框，单击"保护"选项卡，取消选中"锁定"复选框，如图 5-39 所示，单击"确定"按钮。

单元格内容的保护

图 5-38　保护工作表　　　　　　　　　图 5-39　"保护"选项卡

单击"审阅"选项卡→"保护工作表"命令，打开"保护工作表"对话框，输入密码，设置相关操作权限，如图 5-40 所示，单击"确定"按钮，显示密码确认对话框，再次输入密码，然后单击"确定"按钮。

此时，单元格区域 B2:C9 可自由输入内容，而在其他单元格输入值时，系统提示工作表处于保护之中，如图 5-41 所示。

保护工作表后，很多操作会受到限制。若要取消工作表的保护，单击"审阅"选项卡→"撤销工作表保护"命令，显示"撤销工作表保护"对话框，输入密码后单击"确定"按钮。

图 5-40 "保护工作表"对话框

图 5-41 保护提示

3. 单元格样式的设置

通过样式可快速设置单元格格式。Excel 内置了很多样式，用户还可以自定义样式。选择要设置格式的单元格区域，单击"开始"选项卡，在"样式"组中单击"单元格样式"，然后选定所需的样式，如图 5-42 所示。

单元格样式的设置

若没有所需要样式，可在图 5-42 中单击"新建单元格样式"，显示"样式"对话框，输入新样式名称，单击"格式"按钮，打开"设置单元格格式"对话框，可分别设置数字、对齐、字体、边框、填充、保护各个选项卡等格式，单击"确定"按钮，完成格式设置。设置格式后，在"样式"对话框会显示已设置的格式属性，可检查格式设置是否有误。对于不需要格式，可取消对应的复选框，如图 5-43 所示，单击"确定"按钮，完成新建样式。新建样式后，样式列表自动增加一项"自定义"，然后显示自定义的样式，包括刚才新建的样式。选择指定的单元格区域，单击新建的样式，可应用新样式。

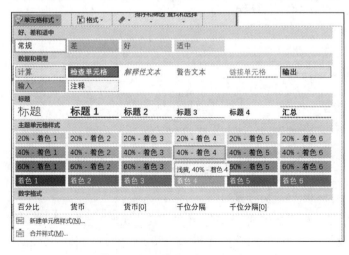

图 5-42 选择单元格 10 项样式

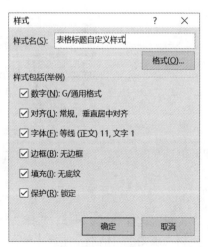

图 5-43 新建样式

样式可应用于工作簿内各个工作表，如果样式设置不符合要求，可修改样式。在样式列表中，选中要修改的样式，如"表格标题自定义样式"，右击弹出快捷菜单，选择"修改"命令，如图5-44所示。显示"样式"对话框，可修改样式名称、格式。

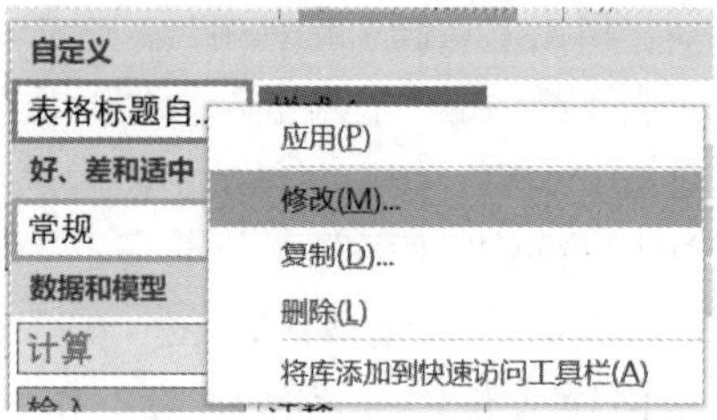

图5-44 选择"修改"命令

4.条件格式设置

条件格式设置

在 Excel 中，可根据条件设置不同的格式。

（1）突出显示单元格规则

例如在 B2:C9 区域中，要求小于 60 的单元格设置字体颜色为标准色红色，大于等于 60 的单元设置字体加粗。操作方法为：选择 B2:C9 区域，选择"开始"选项卡→"样式"组→"条件格式"，在选择列表中选择"突出显示单元格规则"→"小于"，如图5-45所示。显示"小于"对话框，在文本框中输入"60"，在"设置为"下拉列表中选择"自定义格式"，如图5-46所示。显示"设置单元格格式"对话框，单击"字体"选项卡，设置字体颜色为标准色红色，单击"确定"按钮返回"字体"对话框，再单击"确定"按钮。

图5-45 条件格式

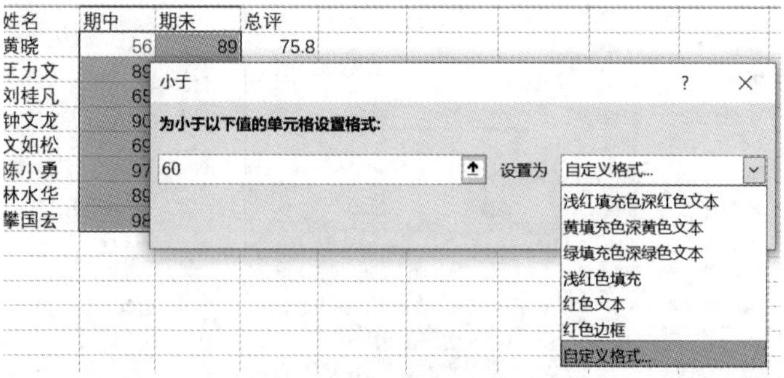

图5-46 设置小于规则

再次选择 B2:C9 区域，选择"突出显示单元格规则"子列表中的"其他规则"选项，显示"新建格式规则"对话框，选择"单元格值""大于或等于"，值输入"60"，单击"格式"按钮，将字体设计为加粗，如图5-47所示，单击"确定"按钮。

（2）设置最前 / 最后规则

例如，在D2:D9区域中，设置前三名为浅红填充色深红色文本，单击"最前/最后规则"，选择"前10项"，如图 5-48 所示，显示"前 10 项"对话框，输入值 3，设置内置格式"浅红填充色深红色文本"，如图 5-49 所示，单击"确定"按钮。

图 5-47 设置其他规则   图 5-48 最前 / 最后规则选项

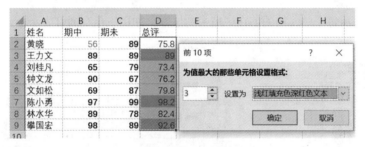

图 5-49 前 10 项设置

（3）数据条设置

添加带颜色的数据条以代表某个单元格的值，值越大，数据条越长。设置方法如图 5-50 所示。

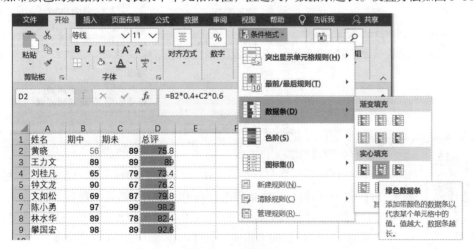

图 5-50 数据条设置

（4）色阶设置

为单元格区域添加颜色渐变，颜色指明每个单元格值在区域内的位置。设置方法如图 5-51 所示。

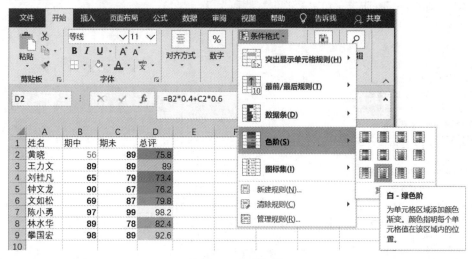

图 5-51　色阶设置

（5）图标集设置

通过图标来表示每个单元格的值在区域中的位置，如用三色交通灯表示。设置方法如图 5-52 所示。

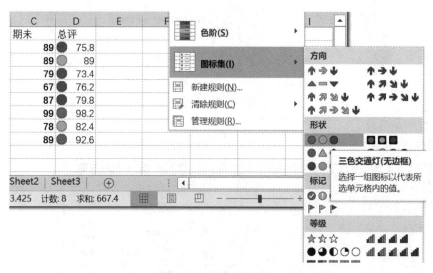

图 5-52　图标集设置

设置列宽与行高

5. 设置列宽与行高

选定一行或多行，在行标位置右击，在弹出的快捷菜单中，选择"行高"命令，弹出"行高"对话框，输入指定的行高值，单击"确定"按钮。

选定一列或多列，在列标位置右击，在弹出的快捷菜单中，选择"列宽"命令，弹出"列宽"对话框，输入指定的列宽值，单击"确定"按钮。

选定一列或多列，在列标的分隔线位置双击鼠标，可自动调整非空列的列宽。
选定一行或多行，在行标的分隔线位置双击鼠标，可自动调整非空行的行高。

6. 数字格式的设置

单击"开始"选项卡→"数字"组，可选择其中命令快速设置数字格式。
如增加小数位、减少小数位等。

数字格式的设置

打开"设置单元格格式"对话框，单击"数字"选项卡，可设置数值、货
币、日期、时间、百分比、科学记数、文本格式等，如图 5-53 所示。

例如，A1:A7 区域各个单元均输入 1000，然后设置 A1 至 A7 单元格的数字格式为货币、会
计专用、日期（*2012/3/14）、日期（二〇一二年三月十四日）、时间（13 时 30 分 55 秒）、科
学计数、文本。效果如图 5-54 所示。

图 5-53 设置数字格式

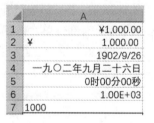

图 5-54 数字格式应用

7. 表格格式设置

（1）对齐方式设置

单击"开始"选项卡→"对齐"组，可选择其中命令快速设置对齐方式、
自动换行等。其中，有一个 Excel 中比较特殊的对齐方式，即合并后居中，其
有多个子选项：合并后居中，将选择的多个单元格合并成一个较大的单元格，
并将新单元的内容居中，可对多行单元格进行合并；跨越合并，将相同行所选

表格格式设置

单元格合并到一个较大单元格中；合并单元格，将所选的单元格合并为一个单元格，对多行的
单元格进行合并；取消单元格合并，将当前单元格拆分为多个单元格。

选定某一行的多个单元格区域，而且只有第一个单元格有值，单击"合并后居中"命令，
效果如图 5-55 所示。

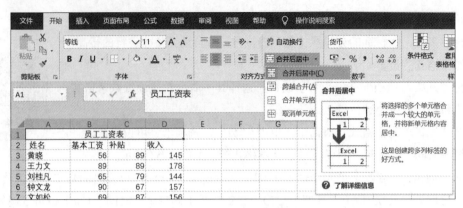

图 5-55　单行合并后居中

如果选择多行单元格区域进行操作，如选择 A1:D3 区域，单击"合并后居中"命令，会显示如图 5-56 所示对话框，提示只保留左上角的值，其他值被放弃，单击"确定"按钮。操作效果如图 5-57 所示。

原始状态				跨列居中效果			
员工工资表				员工工资表			
姓名	基本工资	补贴	收入	姓名	基本工资	补贴	收入
黄晓		80		黄晓		80	

图 5-56　提示对话框　　　　　　　　图 5-57　多行合并后居中

打开"设置单元格格式"对话框，单击"对齐"选项卡，可设置文本对齐方式、文本控制等，如图 5-58 所示。在"水平对齐"下拉列表框中，Excel 有一个特殊的对齐，即跨列居中，在所选的单元格区域中，如果某行只有第 1 个单元格中有内容，其他所选单元格为空，则先将该行的所选单元格合并，然后居中对齐。如果某行所有内容单元格全部有内容，则该行所有单元格居中对齐。如果某行有部分单元格有内容，则有内容的单元格与其后的空值单元格合并，然后居中对齐，如图 5-59 所示。特别注意，跨列居中对齐方式与合并后居中对齐不是同一种对齐方式，一定要按要求，选择对应的对齐方式。

图 5-58　"对齐"选项卡

（2）边框设置

图 5-60 所示表格设置了表格边框，外边框为加粗的标准色蓝色实线，内边框水平线为标准色绿色虚线，垂直线为标准化绿色细实线。选择 A2:D10 区域，打开"设置单元格格式"对话框，单击"边框"选项卡，先选择样式、颜色，然后在边框区单击不同按钮，设置对应的边框线，如图 5-61 所示。

原始状态			多行合并后居中效果
员工工资表			
姓名	基本工资	补贴	收入
黄晓		80	员工工资表

图 5-59　多行跨行居中

	A	B	C	D
1		员工工资表		
2	姓名	基本工资	补贴	收入
3	黄晓	56	89	145
4	王力文	89	89	178
5	刘桂凡	65	79	144
6	钟文龙	90	67	157
7	文如松	69	87	156
8	陈小勇	97	99	196
9	林水华	89	78	167
10	攀国宏	98	89	187

图 5-60　设置边框效果

删除边框线的设置方法为：在"样式"列表中选择"无"，然后，在边框设置区单击各边框按钮，取消边框线设置。

（3）设置填充

选定指定单元格区域后，打开"设置单元格格式"对话框，单击"填充"选项卡，如图 5-62 所示，可设置背景颜色、图案和图案颜色。单击"无颜色"可取消背景设置。单击"填充效果"按钮，显示"填充效果"对话框，可设置填充效果。

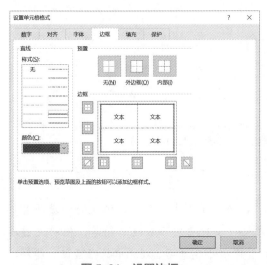

图 5-61　设置边框

图 5-62　"填充"选项卡

8. 套用表格格式

套用表格格式可将单元格区域快速转换为具有自己样式的表格。选择指定单元格区域后，单击"开始"选项卡→"样式"组→"套用表格格式"命令，显示系统内置的表格样式列表，如图 5-63 所示，选择所需的表格样式，显示"套用表格式"对话框，确定"表数据的来源"，再单击"确定"按钮，如图 5-64 所示。

套用表格格式

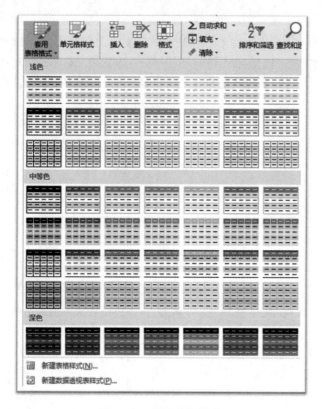

图 5-63　设置表格样式

图 5-64　"套用表格式"对话框

项目2 \\\\ Excel 数据处理

项目目标：

通过本项目的学习和实施，掌握下列知识和技能：

- 掌握图表插入、设置方法。
- 掌握数据验证、排序、筛选、排序、分类汇总、数据透视表的操作方法。
- 掌握常用函数的应用方法。

项目介绍：

小明很开心，因为自己的数据处理技术进步了，解决了不少的难题，但遗憾的是还有不少问题解决不了。他想，Excel 既然称之为电子表格，功能肯定不会这么简单。他决定再深入探索、深入学习 Excel 的数据处理功能。本项目将带领小明学习 Excel 中数据验证、排序、筛选、排序、分类汇总、数据透视表、图表、函数的操作方法。本项目需要以下 3 个任务来完成学习。

- 任务4　Excel 图表应用。
- 任务5　Excel 数据应用与分析。
- 任务6　基础函数。

任务 4　Excel 图表应用

1. 图表概述

图表概述

Excel 通过图表为用户提供数据展示方式，如图 5-65 所示，直观地体现员工的收入差别：陈小勇的收入最高，刘桂凡的收入最低，王力文、攀国宏的收入高。在 Excel 中，将表格数据转为图表，操作非常简单，而且表格数据（即图表的数据源）与图表是动态关联的，表格数据的修改会自动、实时地反映在图表中。图表的应用非常多。

Excel 提供了多种类型的图表，如柱形图、折线图、饼图、条形图、面积图、XY 散点图、股价图、曲面图、雷达图、树状图、旭日图、直方图、箱形图、瀑布图、组合图等，很多类型都包括较多的子类。

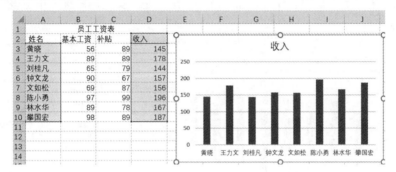

图 5-65　图表效果

2. 建立图表

建立图表

选择指定的单元格区域，如 A2:A10 和 D2:D10。在"插入"选项卡→"图表"组中显示了常用的图表大类，打开子类选择，选择所要求的子类，也可单击右下角的"查看所有图表"按钮，打开"插入图表"对话框，如图 5-66 所示，选择"柱形图"→"簇状柱形图"选项，单击"确定"按钮。

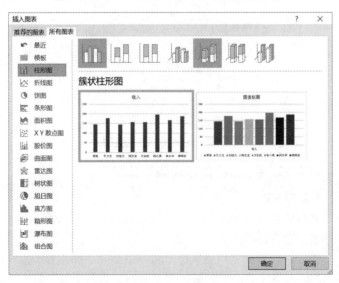

图 5-66　"插入图表"对话框

3. 图表编辑和格式化

图表编辑和格式化

在图表中，单击选中图表标题，然后双击进入编辑状态，可修改图表标题，如将图表标题改为"员工工资"。还可对图表标题进行格式设置。

在图表右边显示一个"+"图形按钮，即图形元素按钮。该按钮可添加、删除、更改图表元素，例如标题、图例、网格线和数据标签等。单击该按钮，显示图形元素列表，各个图形元素以复选框形式展示。选中即可添加该元素，取消选中会删除该元素。每个图表元素都有子选项，可以进一步细化设置。将图 5-65 中的图表，添加坐标轴标题、数据标签、图例等图表元素后的效果如图 5-67 所示。

还可对数据标签进一步设置，单击图 5-67 中的"更多选项"按钮，打开"设置数据标签格式"窗格，如图 5-68 所示。

在图表元素按钮下方是图表样式按钮，其展示形式是一支笔的图标，单击该按钮可设置图表的样式和颜色。

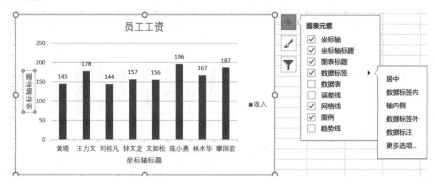

图 5-67　添加图表元素

图 5-68　设置数据标签格式

任务 5　Excel 数据应用与分析

1. 数据验证

数据有效性

数据验证可设置单元格输入值的范围，可提示输入范围是否合适，当超过范围时，会提示用户。

例如，设置姓名只能从指定名单中选择。操作方法为：首先选定单元格区域 A2:A9，然后单击"数据"选项卡→"数据工具"组→"数据验证"选项，然后在子选项中，单击"数据验证"命令，显示"数据验证"对话框，单击"设置"选项卡，在"允许"下拉列表中选择"序列"，在"来源"框中选择或输入"=$A$2:$A$9"，如图 5-69 所示。"来源"框中不但可引用单元格的值，也可以直接输入所有选项值。各个选项值间用英文的逗号隔开。单击"全部清除"按钮，可清除已有的数据验证设置。

例如，设置期中、期末成绩只能介于 0 至 100 之间整数。操作方法为：首先选定单元格区域 B2:C9，再次打开"数据验证"对话框，单击"设置"选项卡，在"允许"下拉列表中选择"整数"，数据介于 0 至 100 之间，如图 5-70 所示。

图 5-69　"数据验证"对话框

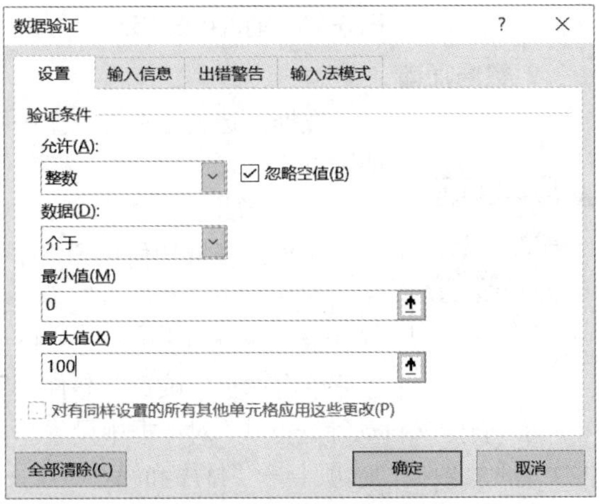

图 5-70　设置验证条件

单击"输入信息"选项卡，设置标题内容和输入信息内容，如图 5-71 所示。设置好输入信息后，选定指定区域的单元格显示设置好的信息。

单击"出错警告"选项卡，设置样式图标警告、标题内容、错误信息内容，如图 5-72 所示。

图 5-71　设置输入信息

图 5-72　设置出错警告

当在指定单元格中输入错误数据时，系统提示出错，如图 5-73 所示。单击"取消"按钮关闭提示对话框，单击"是"按钮，接受超过范围的值，单击"否"按钮，单元格重新回到编辑状态，方便用户修改。

如果在"出错警告"选项卡中选择停止样式，当用户输入错误数据时，系统提示出错，如图 5-74 所示。此时，不能接受超出范围的输入值。

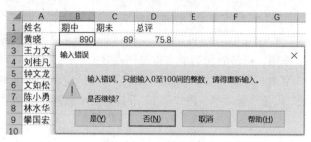

图 5-73 输入错误提示

图 5-74 出错提示

2. 数据筛选

数据筛选就是在源数据中筛选出所需的数据。Excel 提供了筛选和高级筛选两种方式。

（1）筛选

在数据区域任何位置单击，选定一个单元格，单击"数据"选项卡→"排序和筛选"组→"筛选"命令，数据区域第一行即标题行，每列都在单元格右侧显示一下拉列表框标志，单击该标志打开下拉列表，可直接选择所需的数据，也可单击"数字筛选"条件设置列表，如图 5-75 所示。

在"自定义自动筛选方式"对话框中设置总评成绩介于 60 至 80 之间的成绩，如图 5-76 所示。再次单击"数据"选项卡→"排序和筛选"组→"筛选"按钮，可取消筛选状态。

图 5-75 筛选

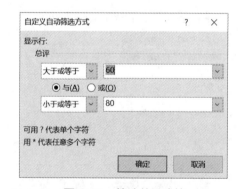

图 5-76 筛选总评成绩

（2）高级筛选

高级筛选的关键是设置正常的筛选条件。如筛选出期中、期末、总评成绩都大于 80 的学生，条件区域要求以 E1 为起点，数据结果存放以 A10 为起点。

根据需求可知，有三个条件，而且这三个条件需要同时成立，所以条件之间是"与"关系。在 Excel 高级筛选中，条件之间的"与"关系要求放在同一行，条件之间的"或"关系要求放在不同行。

条件一般包括两部分，分两行输入，第 1 行输入条件对象，即数据源第 1 行的数据，如"期中"，最好直接从数据源中复制，减少人为输入失误，在第 2 行输入具体条件，如">80"。

设置好条件区域后，选择数据源，单击"高级"按钮，显示"高级筛选"对话框，如图 5-77 所示，单击选中"将筛选结果复制到其他位置"单选按钮，检查列表区域是不是所期望的原数据，选择条件区域和复制到位置。

	A	B	C	D	E	F	G	H
1	姓名	期中	期末	总评	期中	期末	总评	
2	黄晓	56	89	75.8	>80	>80	>80	
3	王力文	89	89	89				
4	刘桂凡	65	79	73.4				
5	钟文龙	90	67	76.2				
6	文如松	69	87	79.8				
7	陈小勇	97	99	98.2				
8	林水华	89	78	82.4				
9	攀国宏	98	89	92.6				
10	姓名	期中	期末	总评				
11	王力文	89	89	89				
12	陈小勇	97	99	98.2				
13	攀国宏	98	89	92.6				
14								
15								
16								
17								
18								

高级筛选 ? ×

方式
◉ 在原有区域显示筛选结果(F)
○ 将筛选结果复制到其他位置(O)

列表区域(L): $A$1:$D$9

条件区域(C): $E$1:$G$2

复制到(T): $A$10:$D$10

☐ 选择不重复的记录(R)

确定　　取消

图 5-77 "高级筛选"对话框

筛选期中、期末、总评有大于 80 的学生，显然这三个条件之间是"或"的关系，操作结果如图 5-78 所示。

	A	B	C	D	E	F	G	H
1	姓名	期中	期末	总评	期中	期末	总评	
2	黄晓	56	89	75.8	>80			
3	王力文	89	89	89		>80		
4	刘桂凡	65	79	73.4			>80	
5	钟文龙	90	67	76.2				
6	文如松	69	87	79.8				
7	陈小勇	97	99	98.2				
8	林水华	89	78	82.4				
9	攀国宏	98	89	92.6				
10	姓名	期中	期末	总评				
11	黄晓	56	89	75.8				
12	王力文	89	89	89				
13	钟文龙	90	67	76.2				
14	文如松	69	87	79.8				
15	陈小勇	97	99	98.2				
16	林水华	89	78	82.4				
17	攀国宏	98	89	92.6				
18								
19								
20								

高级筛选 ? ×

方式
◉ 在原有区域显示筛选结果(F)
○ 将筛选结果复制到其他位置(O)

列表区域(L): $A$1:$D$9

条件区域(C): $E$1:$G$4

复制到(T): $A$10:$D$10

☐ 选择不重复的记录(R)

确定　　取消

图 5-78 筛选期中、期末、总评有大于 80 的学生

3.数据排序

将光标移动到数据区，在"排序和筛选"分组中，单击"升序"或"降序"按钮，可以当前单元格所在列为基础进行升序或降序排列。

单击"排序"按钮，显示"排序"对话框，可更精确地设置排序。例如，先对学生总评成绩降序排列，当总评成绩相同时，按期末成绩从高到低排列，当期末成绩仍相同，再按期中成绩从高到低排列。选择数据源后，打开"排序"对话框，先设置主关键字总评降序，再添加条件，设置次关键字期末降序，最

数据排序

好设置期中降序，注意一般情况要选中"数据包含标题"复选框，排序时不包括第一行，如图5-79所示。单击"选项"按钮，显示"排序选项"对话框，可设置排序方向和方法等，如图5-80所示。

图 5-79　"排序"对话框　　　　　　　　　　图 5-80　"排序选项"对话框

数据分类汇总

4. 数据分类汇总

分类汇总之前要对数据进行排序。先排序即先对某个字段进行分类，再汇总是按照所分之类对指定的数值型字段进行某种方式的汇总。汇总结果可分级显示，一般分3级。

例如，对工资表中的职务进行升序排序，利用分类汇总统计不同职务的平均基本工资和平均资金。操作方法为：将光标移到"职务"列，单击"数据"选项卡，单击"升序"命令，再选择区域B2:E9，单击"分类汇总"命令，显示"分类汇总"对话框，设置"分类字段"为职务，"汇总方式"为平均值，"选定汇总项"为基本工资和资金，如图5-81所示，单击"确定"按钮。单击"全部删除"按钮，可删除已设置的分类汇总。分类汇总的结果显示如图5-82所示，默认情况显示3级。可单击左上角的数字，改变显示级别，1级只显示总汇总值，2级显示各分类汇总结果，3级最详细，包括分类数据和各个记录数据。"–"表示展开显示数据，单击该按钮其会变为"+"，同时数据折叠显示，"+"表示折叠显示，单击该按钮其变为"–"，同时数据展开显示。

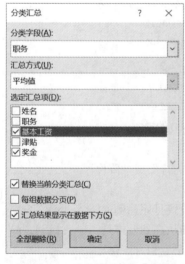

图 5-81　"分类汇总"对话框　　　　　　　　　图 5-82　分类汇总结果

5. 数据透视表 / 图

数据透视表是一种交互式的表，可以进行某些计算，如求和与计数等。所进行的计算与数据在数据透视表中的排列有关。之所以称为数据透视表，是因为可以动态地改变它们的版面布置，以便按照不同方式分析数据，也可以重新安排行号、列标和页字段。每一次改变版面布置时，数据透视表会立即按照新的布置重新计算数据。另外，如果原始数据发生更改，则可以更新数据透视表。

数据透视表/图

数据透视图是另一种数据展示形式，与数据透视表不同的地方在于它可以选择适合的图形、多种色彩来描述数据特性。

例如，利用"火车售票情况表"的 A2:E7 区域为数据源创建数据透视表，反映硬座、硬卧从"2 月 11 日"到"2 月 15 日"的平均销售额，将日期设置为行字段，请把所创建的透视表存放在 G1 开始的区域内。设置不显示行总计和列总计选项，数据透视表改名为"火车票透视表"。

操作方法为：

①选择区域 A2:E7，单击"插入"选项卡，单击"创建数据透视表"命令，打开"创建数据透视表"对话框，按要求设置好区域和位置，如图 5-83 所示。单击"确定"按钮。

②在单元格 G1 开始的位置显示数据透视表，此时，是一个空白的数据透视表，在其右边显示"数据透视表字段"窗格，在报表字段列表框中，单击选中"日期"，将其按题目要行拖动到"行"区域，然后单击"硬座""硬卧"两个字段，将其添加到"值"区域内，如图 5-84 所示。

③例题要求统计平均销售额，因此，要将统计方式由求和改为求平均值。在"数据透视表字段窗格"的值区域内，单击"求和项：硬座"后边的向下三角标志，如图 5-85 所示，单击"值字段设置"命令，显示"值字段设置"对话框，将计算类型改为平均值，如图 5-86 所示。然后再将硬卧的计算类型也改为平均值。

④单击数据透视表，右击弹出快捷菜单中选择"数据透视表选项"命令，显示"数据透视表选项"对话框，设置数据透视表名称。单击"汇总和筛选"选项卡，取消选中行总计和列总计选项，如图 5-87 所示。

⑤单击数据透视表，在窗口标题栏显示"数据透视表工具"，单击"分析"选项卡，在"工具"组中单击"数据透视图"命令，显示"插入图表"对话框，选择簇状柱形图后，单击"确定"按钮。操作效果如图 5-88 所示。

图 5-83　"创建数据透视表"对话框

图 5-84　设置数据透视表字段

图 5-85　值字段设置

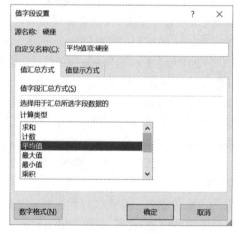

图 5-86　"值字段设置"对话框

图 5-87　"数据透视表选项"对话框

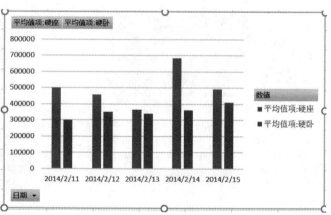

图 5-88　数据透视图效果

任务 6 基础函数

1. Excel 函数简介

现有数学函数 $y=2+x$，其中 x 为自变量，y 为因变量，当 $x=2$ 时，得出 $y=4$。因此要确定 y 的值要先确定 x 的值。Excel 中提供了很多函数，这些函数有明确的功能，有唯一的函数名称，而且与数学函数一样。很多函数需要提供自变量的值来计算函数值。在 Excel 中，自变量称为函数参数，简称为参数，而且参数要放在函数名称后面的一对圆括号内。因此，在 Excel 中使用函数，要在公式中输入函数名称、圆括号和对应的参数，如"=SUM(A1:C1)"。注意，若函数没有参数，也需在函数名称后输入一对圆括号，如"=NOW()"。

（1）输入函数

可以直接在"编辑栏"输入函数名称及参数。在输入函数时，输入函数名称前几个字母时，系统会自动提示以此开头函数，供用户选择。

（2）插入函数

单击"编辑栏"前面的"插入函数"按钮，显示"插入函数"对话框，如图 5-89 所示。在"搜索函数"框中输入函数名称,单击"转到"按钮，即可在"选择函数"列表框中选中指定函数；在"或选择类别"下拉列表框中选择函数类型，在"选择函数"列表框中选择指定函数；在"选择函数"列表框中输入某个字母可快速找到对应字母开头的函数；在"选择函数"列表框下面，显示所选函数语法格式和函数功能。选择函数后，单击"确定"按钮，显示对应函数的"函数参数"对话框。

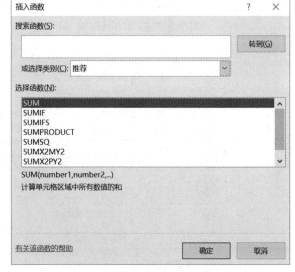

图 5-89 "插入函数"对话框

（3）选择函数

单击"公式"选项卡，在"函数库"组中显示各类常用函数下拉列表框，若对函数分类比较熟悉，可快速从对应的下拉列表框中选择对应函数。

（4）函数帮助

Excel 不仅提供了大量的函数，还提供了详细而周到的帮助。当碰到不熟悉的函数时，可充分利用这些帮助。在"函数参数"对话框中，不仅在窗口下方显示了函数的功能，单击各个参数后面的输入框，还会在窗口下方显示该参数的说明，如图 5-90 所示。单击窗口最下方的"有关该函数的帮助"超链接，可打开 Office 在线帮助，获得更加详细的帮助和示例。

图 5-90　"函数参数"对话框

2. 最大最小值函数 MAX()/ MIN()

MAX() 函数的功能是返回一组数据值中的最大值，忽略逻辑值和文本。MAX() 函数可设置多个参数，表示从多个区域中选择最大值。如图 5-91 所示，在 D10 单元格中显示了计算机成绩的最高分。

MIN() 函数的功能是返回一组数据值中的最小值，忽略逻辑值和文本。如图 5-92 所示，在 D11 单元格显示计算机成绩的最低分，特别注意要将默认的区域"D3:D10"改为"D3:D9"。

最大最小值函数
MAX()/ MIN()

图 5-91　MAX() 函数应用

图 5-92　MIN() 函数应用

3. 求和函数 SUM()

SUM() 函数的功能是计算单元格区域内所有数值之和。如 D10 单元格计算所有计算机成绩之和，如图 5-93 所示。

求和函数SUM()

图 5-93 SUM() 函数应用

4. 平均值函数 AVERAGE()

AVERAGE() 函数的功能是返回其参数的算术平均值，参数可以是数值或包含数值的名称、数组或引用。如 D10 单元格计算所有计算机成绩的平均值，如图 5-94 所示。

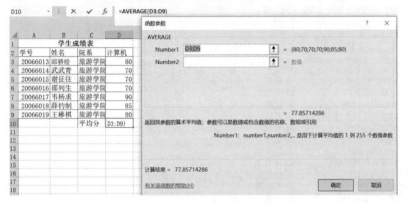

平均值函数 AVERAGE()

图 5-94 AVERAGE() 函数应用

5. 逻辑条件函数 IF()

IF() 函数的功能是判断是否满足某个条件，如果满足返回一个值，如果不满足返回另一个值。找出判断条件，条件为真时该如何处理，条件为假时该如何处理。如果明天下雨，就图书查阅资料，否则就去白云山写生。只有做好充分准备才能高效、准确地完成任务。

如图 5-95 所示，在 D3 单元格，根据高数成绩，判断并显示对应的等级。等级判断规则：小于 60 分，不及格等级；大于或等于 60 分及格等级。

逻辑条件函数 IF()

图 5-95 IF() 函数简单应用

很多时候两个等级不能满足实际需要，需要将等级细分，现将 2 个等级改为 3 个等级。高数成绩评定规则为：小于 60 分不及格等级，大于等于 60 且小于 80 为及格等级，大于 80 为优秀等级。一个 IF() 函数只有真和假两种情况，而题目中有三个等级，因此，需要使用嵌套 IF() 函数。我们先把规则用中文描述出来：如果成绩小于 60 分，等级为"不及格"，否则就是不满足，不小于 60 分，即大于或等于 60 分，此时，还有两种情况，需要进一步判断，因此，需要再嵌套一个 IF() 函数，把这个 IF() 函数作为外层 IF() 函数一个参数值。

当需要嵌套使用 IF() 函数时，建议直接输入函数，可以先在编辑栏内输入"=IF(,,)"，然后复制"IF(,,)"，将插入点移动第一个逗号前面，输入条件，移动第一个逗号的后面，输入条件为真的结果，然后将光标移动第二个逗号的后面，粘贴刚才复制的 IF() 函数，再依次设置判断条件，条件为真的结果，条件为假的结果，如果还有多种情况，还可继续粘贴 IF() 函数。完整的公式如图 5-96 所示。

图 5-96　IF() 函数嵌套应用

6. 统计函数 COUNT()

COUNT() 函数的功能是计算区域中包含数字的个数。COUNT() 在选择参数时，一定要包含数字的单元格区域，否则不能统计。如 D10 单元格计算所有计算机成绩的平均值，如图 5-97 所示。

统计函数
COUNT()

图 5-97　COUNT() 函数应用

7. 日期时间函数 YEAR()、NOW()

YEAR() 函数的功能是返回日期的年份值，一个 1 900 到 9 999 之间的数字。

NOW() 函数的功能是返回日期时间格式的当前日期和时间，不需要参数。

例如，计算截止时间的工龄，可用 YEAR() 函数获得年份值，然后两个年份值相减。因为指定日期单元格固定，要按【F4】键将 E2 转为绝对引用，如图 5-98 所示。可以没有截止时间，用 NOW() 函数获得当前日期，即 "=YEAR(NOW())−YEAR(B2)"，计算截止到当前的工龄，而且计算的工龄会自动根据当前日期进行动态调整。

图 5-98 用 YEAR()、NOW() 函数计算工龄

8. 搜索元素函数 VLOOKUP()

VLOOKUP() 函数的功能是搜索表区域首列满足条件的元素，确定待检索单元格区域中的行序号，再进一步返回选定单元格的值。默认情况下，表是以升序排序的。

VLOOKUP() 函数有 4 个参数：Lookup_value, 表示需要在数据表首列进行搜索的值，可以是数值、引用或字符串；Table_array 表示要在其中搜索数据的文字、数字或逻辑值表，Table_array 可以是对区域的区域名称的引用；Col_index_num 表示应返回其中匹配值的 Table_array 中的列序号，表中首值列序号为 1；Range_lookup 是一个逻辑值，若要在第一列中查找大致匹配，请使用 TRUE 或省略；若要查找精确匹配，请使用 FALSE。

例如，在"信息查询"表中，根据员工，在"员工基本信息"表中通过 VLOOKUP 函数查找对应姓名，并存放在信息查询表的 B2:B9 区域内，如图 5-99 所示，其中，要查找的值 Lookup_value 为员工号，即 A2 单元格，查找范围 Table_array 是员工基本信息表的员工号和姓名两列，返回列序号 Col_index_num 为 2，匹配方式 Range_lookup 为精确匹配即 FALSE。

图 5-99 VLOOKUP() 函数应用

9. 显示公式

通过公式计算，一般情况显示计算结果，如果需要显示对应的公式，可单击"公式"选项卡，在"公式审核"组中，单击"显示公式"命令，可将相关公式直接显示在单元格，如图 5-100 所示。

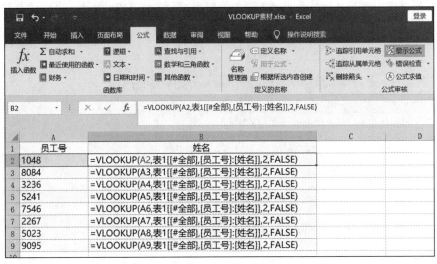

图 5-100　显示公式

10. 清除格式

Excel 中可清除已设置好的格式，如将图 5-100 的数据清除。操作方法为：选择设置区域后，单击"开始"选项卡，在"编辑"组中单击"清除"命令，在弹出的列表中选择"清除格式"，结果如图 5-101 所示。

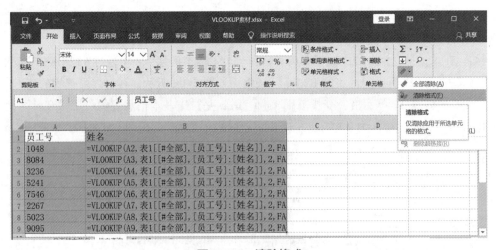

图 5-101　清除格式

第6章

演示文稿制作软件 PowerPoint

PowerPoint 2016（下文简称 PPT）是 Office 2016 办公软件中的一个组件，集文字、图片、声音等媒体于一体，它以一张张幻灯片的形式输入和编辑文字、图形、表格、音频、视频和公式对象等，是人们在各种场合进行信息交流的重要工具。因为其操作简单，多媒体效果丰富，图文并茂、画面美观且能快速吸引人的注意力，所以广泛用于新产品介绍会、演讲、数据演示多种场合。

本项目将介绍演示文稿的创建、编辑、修改、放映等一系列操作，使用户可以将静态文件制作成动态文件浏览，把复杂的问题变得通俗易懂，制作好的演示文稿不仅可以在投影仪或者计算机上进行演示，也可以将演示文稿打印出来，制作成胶片，应用到更广泛的领域中。

认识PowerPoint 2016

项目1 \\\ PowerPoint 2016 基本应用

项目目标：

通过本项目的学习和实施，掌握以下知识和技能：

• 认识 PowerPoint 软件。

• 熟悉 PowerPoint 2016 窗口界面。

• 了解 PowerPoint 2016 视图方式。

• 掌握演示文稿的基础知识。

• 掌握演示文稿的基本操作。

• 掌握演示文稿的编辑。

• 掌握演示文稿的插入元素操作。

项目介绍：

办公室的小薇接到任务准备制作一个以上海世博会为主题的宣传片。本项目将跟着小薇学习创建演示文稿、编辑修改演示文稿、在演示文稿中插入各种元素等操作。本项目需要通过以下任务来完成。

• 任务1　建立和修改演示文稿。

- 任务 2　在演示文稿中应用图形。
- 任务 3　在演示文稿中使用表格和图表。
- 任务 4　在演示文稿中插入其他多媒体元素。

任务 1　建立和修改演示文稿

本任务需要打开"第 6 章 / 项目 1/ 练习 .pptx"，按照任务讲解进行编辑，最终达到"第 6章 / 项目 1/ 目标 .pptx"所示效果。制作"练习 .pptx"时，需要输入的文字请在"目标 .pptx"对应的幻灯片中查看。

1. 认识制作演示文稿的每一个环节

（1）确定演示文稿的主题与目的

首先用户需要确定该演示文稿要表达的主题内容以及展示目的，是用于新产品的发布还是展示自己的学术成果，亦或是课程的讲授等。之后的准备工作就要围绕这个主题和目的进行。

（2）制作前的准备环节

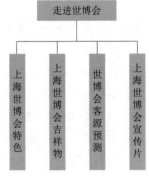

图 6-1　基本框架

①收集、处理素材。例如，现在准备制作一个以上海世博会为主题的宣传片，需要收集一些与世博会相关的文本、图片、数据、视频等，根据下面的制作要求对这些素材进行适当的处理。

②确定制作方案。主要是对演示文稿的整个架构进行设计，经过对任务进行分析，确定演示文稿包含封面、上海世博会特色、上海世博会吉祥物、世博会客源预测、上海世博会宣传片和封底等页面。图 6-1所示是基本框架。

（3）Powerpoint 制作的基本概念

①演示文稿：由 PowerPoint 创建的文档，一般包括为某一演示目的而制作的所有幻灯片、演讲者备注和旁白等内容，存盘时以 .pptx 为文件扩展名。

②幻灯片：演示文稿中的每一单页称为一张幻灯片，如图 6-2 所示。每张幻灯片在演示文稿中既是相互独立的，又是相互联系的。制作一个演示文稿的过程就是依次制作一张张幻灯片的过程，每张幻灯片既可以包含常用的文字和图表，也可以包含声音、视频和 Flash 动画。

③版式：演示文稿中的每张幻灯片都是基于某种自动版式创建的。在新建幻灯片时，可以从 PowerPoint 提供的自动版式中选择一种。每种版式预定义了新建幻灯片的各种占位符的布局情况，如图 6-3 所示的多种版式。

④占位符：顾名思义，占位符就是先占住一个固定的位置，等着用户往里面添加内容。它在幻灯片上表现为一个虚框，虚框内部有"单击此处添加标题"之类的提示语，一旦鼠标单击之后，提示语会自动消失。当要创建自己的模板时，占位符就显得非常重要，它能起到规划幻灯片结构的作用，如图 6-4 所示。

（4）演示文稿的制作流程

演示文稿的制作流程如图 6-5 所示。

图 6-2　幻灯片

图 6-3　多种版式

图 6-4　占位符

图 6-5　演示文稿的制作流程

2. PowerPoint 的工作界面

启动 PowerPoint 2016 后，如图 6-6 所示的工作界面将出现在用户面前。

在该工作界面中，标题栏、功能区、快速访问工具栏、状态栏的布局与功能与 Word 是一致的。文档工作区、视图窗格、备注窗格是 PowerPoint 制作过程中经常使用到的功能区域。

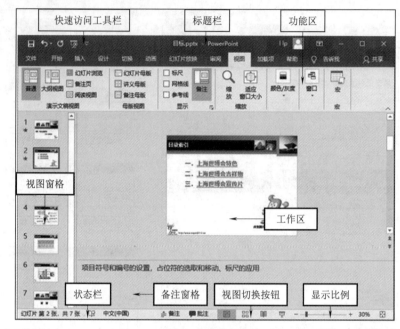

图 6-6　工作界面

①标题栏：标识正在运行的程序（PowerPoint）和活动演示文稿的名称。如果窗口未最大化，可拖动标题栏来移动窗口。

②功能区：提供选项卡页面，每个选项卡下包含若干不同的功能组，这些组包括按钮命令、列表命令等。

③快速访问工具栏：包含某些最常用命令的快捷方式，也可添加自己喜爱的快捷方式。

④工作区：又称为文档窗口，是 PowerPoint 窗口中最基本的组成部分，可借助它来制作演示文稿中的幻灯片。

⑤幻灯片缩览视图窗格：位于 PowerPoint 窗口的左边，可以看到缩小的幻灯片列表排列。

⑥备注窗格：在幻灯片中添加备注信息是为了方便用户在整体的演讲过程中添加提示信息，可以令备注信息只出现在自己的计算机上供自己查看而不会投影到大屏幕上被观众看到。

3. PowerPoint 的视图方式

PowerPoint 2016 提供了 5 种不同的视图方式，分别是普通视图、大纲视图、幻灯片浏览视图、阅读视图和备注页视图。图 6-7 所示是视图方式列表。

在窗口的右下方，有 3 个视图按钮分别对应着上述五种视图中的普通、幻灯片浏览和阅读视图。在"视图"选项卡"演示文稿视图"组中提供这 5 种视图的命令按钮。

在用户建立演示文稿时，不同的工作过程选择适当的视图模式会为用户提供更大的便利。

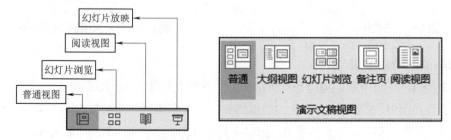

图 6-7　视图方式列表

（1）普通视图

这是 PowerPoint 2016 默认的视图方式。在该视图方式下，会见到视图窗格、文档窗口、备注窗格等区域。用户既可以在文档窗口中对一张幻灯片中的各个对象进行编辑加工，也可以在视图窗格中重新组织和调整所有幻灯片的排列次序（通过插入、删除、移动、复制幻灯片等操作），还可以在"备注窗格"中为幻灯片添加或修改备注。备注文字在放映时并不可见，但可以打印出来供演讲者演讲时参考。用户可以通过拖动窗格的边框来调整各窗格的大小。

（2）大纲视图方式

大纲视图方式与普通视图相接近。在大纲视图中以大纲形式显示幻灯片中的标题文本，主要用于查看编辑幻灯片中的文字内容。

（3）幻灯片浏览视图

这种视图的效果与在 Word 中进行打印预览时的多页预览效果相似，用户可以在屏幕上同时看到演示文稿的多张幻灯片缩略图。调整窗口右下角"显示比例"按钮中的显示比例值，可改变在浏览视图中整个屏幕上显示的幻灯片数量和大小。在该视图方式下，对幻灯片的移动、删除或复制显得特别方便。

（4）阅读视图

这种视图将演示文稿作为适应窗口大小的幻灯片放映查看。

（5）备注页视图

在该视图方式下，上方为幻灯片编辑区，下方为幻灯片的备注页。用户可在备注页中输入一些提示信息。

4. 创建演示文稿

在制作 PowerPoint 前，应先完成文字、图片、视音频文件、Flash 动画等素材的收集。然后打开 PowerPoint，把这些素材插入到不同的幻灯片页面中，整理成一份精美的演示文稿。

（1）基础知识

①糟糕版面案例评析。

PowerPoint 可用于新产品介绍会、演讲、数据演示等多种场合，因此必须向听众准确、清晰地传递幻灯片页中的内容信息。而在演示文稿的制作中，往往在文字和图片的设计、布局等方面存在图 6-8~ 图 6-11 中所示的问题，影响整个 PowerPoint 信息传递的效果。

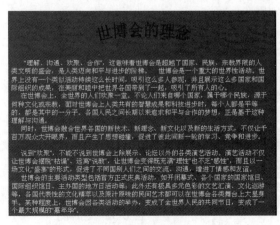

图 6-8　文字过多图

6-9　文字易见度低

图 6-10　版面缺乏主色调

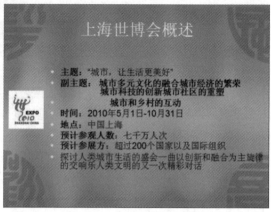

图 6-11　文字和图片的布局不平衡

图 6-8 中的案例失败之处是演示者把 PowerPoint 当作 Word 来使用，过多的文字不仅降低观众的注意力，还会使观众产生烦躁的感觉。所以 PowerPoint 是对主题的归纳和总结，不是电子文档，不宜出现大面积的文字。

图 6-9 中的案例忽视了文字的易见度，文字配以相近颜色的背景色时，将大大降低文字的清晰度和易见度，所以文字的颜色要与背景色有所区别。

图 6-10 中的案例一眼看过去有眼花缭乱的感觉，文字的颜色过多，缺乏主色调。

图 6-11 中的案例比前面三个案例好了很多，但是看起来总会让人觉得不舒服，这是因为正文部分，文字和图片的布局不合理，无法达到视觉平衡。

②文字和图片的设计。

字体的选择："黑体"较为庄重，可以用于标题或需要特别强调的区域。"宋体"较为严谨，更适于 PowerPoint 正文使用。从电脑的显示系统来看，该字体显示也最清晰、对比好。"隶书"和"楷体"源于书法，有一定的艺术特征，起到画龙点睛的作用。使用"粗体""阴影""下划线"可强调文字，但不可大段使用。

字号的选择：幻灯片题目字号适合为 32~44 pt，正文字号适合为 18~32 pt。各级正文文字中，每两个相邻级别字号不要相差太大，最好在数值上相差小于 4。字体颜色的选择：

同一版面中，文字的颜色不宜超过三种，分别用在主题、正文、强调，其中强调部分的文字建议使用红色。文字的颜色要与背景色区别开来，但是不宜使用强对比色，如图 6-12 所示色环图，同一条直线上的颜色为强对比色。因为文字本身数量较多，密密麻麻，如果使用强对比色会在人眼中产生残影，影响文字的阅读。

为了提高文字的易见度，还要充分考虑色彩的前进性和后进性。当观察红，橙、黄、绿、青、蓝、紫、灰、白色时，首先跳入眼帘的是红、黄、橙、白 4 种颜色，因为这 4 种颜色明度高，纯度也高，给人一种前进的感觉，所以称为前进色，相反剩下的颜色后进入人到眼帘，称为后进色。这就是颜色的前进性和后进性，多用后进色做背景，前进色则不宜做背景色。

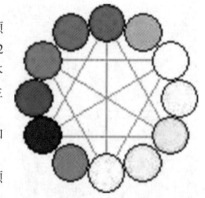

图 6-12　色环图

调整行数和行距：一张幻灯片上的文字内容最好控制在七行以内。行距太小，不仅降低了文字的易读性，也降低了美观性，理想的行距设置为 1.1~1.25。

文字的组织：文字正文部分若采用叙述文体组织语言，则字数会增加、字号就要减小。很容易使观众产生烦躁的感觉，如图 6-13 所示。有效的办法是采用描述性的语言来组织文字，将正文分成 4~6 个段落，每个段落 4~6 个左右的中心词，如图 6-14 所示。这样可以使正文简洁明了，有效传达信息。

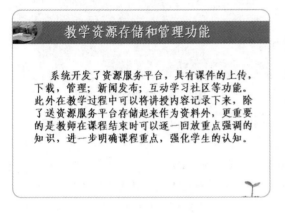

图 6-13 叙述性的文字组织

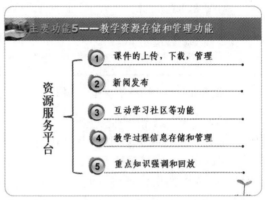

图 6-14 描述性的文字组织

艺术字的使用：艺术字有较强的装饰效果，但其易读性比较差，因此只适合于装饰性内容，不适合在信息量较大的正文中使用。

灵活使用文本框：文本框是使演示文稿排版得心应手的利器，它能自由拖放到幻灯片的任何位置，使演示文稿的版面看起来更加的生动。文本框和填充色的搭配使用，可以使文字美观、易读，如图 6-15 所示。

文字和图片的布局：一幅幻灯片的主要组成元素包括底色、标题、正文文字、醒目文字（突出显示或起装饰作用的文字）、图像、动画和视频等。不同类型的元素在人们潜意识里产生的心理重量是不一样的。心理重量越大的元素对人的吸引力就越大，越容易引起人们的注意。一般说来，不同元素的心理重量满足下面关系式（符号"<"表示前者的心理重量小于后者）：底色<正文文字<醒目文字<标题<图像<动画和视频。

在上述关系式的指导下，所谓保持"视觉平衡"，就是要将幻灯片中各元素的相对位置安排得尽量合理，以使幻灯片左、中、右三个部分的心理重量基本相当。例如，图 6-11 中标题、图像都位于幻灯片左侧，正文位于幻灯片右侧。虽然正文面积较大，但标题、图案和图像的心理重量远大于正文，看上去，整幅幻灯片向左倾斜的趋势就非常严重。

在图 6-16 中，将正文移动到左侧，将图像移动到右下角，以平衡和削减幻灯片中的不稳定因素。经过这样的调整，幻灯片画面看上去就非常协调和稳定，给人一种轻松、愉悦的感觉。

③表格与图表的设计。

在演示文稿中使用表格的目的是为了把希望表达的演示内容一目了然地展现在观众面前，帮助其理解。因此，表格设计的关键就在于能使观众迅速把握表格内容。比起表格与文字，图表能更形象地展示设计者想要表达的内容。制作图表的关键在于了解需要向观众传达的内容，并选择能最有效表达该内容的图表类型。

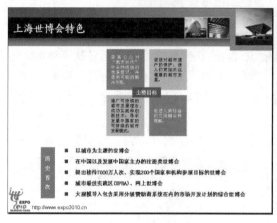

图 6-15　使用多个文本框进行排版　　　　　图 6-16　好的文字布局

因此，在演示文稿中使用表格与图表并不是简单的插入，更重要的是设计出最恰当的表现形式，把最想表达的内容清晰地呈现在学习者的面前。

表格的设计：表格适用于罗列最基本的数据资料。在 PowerPoint 中插入和管理表格的方法基本和 Word 中的操作类似。但与 Word 不同的是：PowerPoint 幻灯片中的表格不宜太复杂，一张表格的大小最好能控制在 7 行、7 列以内，因为过多的数据挤占在一张幻灯片里必然会影响信息的正常传递。

为了更加突出不同行数据间的对比，可以采用以下两种常用的方法对表格进行美化设计。

每行的文字采用不同的颜色：如图 6-17 所示，可以将不同行的字体设置成不同的颜色，使每行之间的信息加以区别，使传递的信息更加一目了然。

每行表格的底色采用不同的颜色：如图 6-18 所示，每行表格的底色采用不同的颜色使呈现的信息较第一种方法更加的美观和明了。

图 6-17　行间文字采用不同的颜色　　　　　图 6-18　行间底色采用不同的颜色图

图表的设计：除了表格外，在演示文稿中还可以借助于图表直观、形象地展示数据内容，揭示隐藏在数据背后的规律。常用的图表类型有柱形图、折线图和圆饼图。

簇状柱形图适于展示不同数据项间的对比关系，如图 6-19 所示，而三维堆积柱形图则适于展示特定类别中各数值间的比例关系，如图 6-20 所示。

　　数据点折线图既可以展示数据的变化规律，也可以精确地展示特定数值的大小，如图 6-21 所示，而三维折线图则更适合于对比展示不同数据项的演变趋势，如图 6-22 所示。

　　饼图最适合展示各数据项在总和中的占比，或展示整体与部分之间的关系，如图 6-23 所示，而分离型三维饼图则适于强调某一个或几个数据项在数据总和中的占比，如图 6-24 所示。

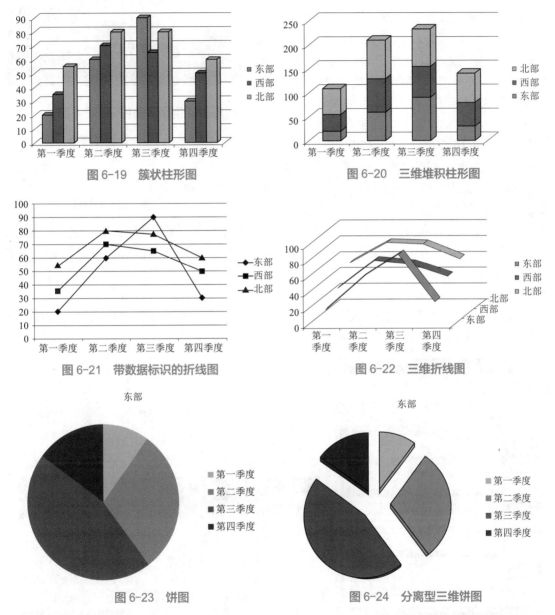

图 6-19　簇状柱形图　　　　　　　　　　图 6-20　三维堆积柱形图

图 6-21　带数据标识的折线图　　　　　　图 6-22　三维折线图

图 6-23　饼图　　　　　　　　　　　　　图 6-24　分离型三维饼图

　　④超链接的种类。

　　链接到本文档中的位置：是指通过给文字、图片等对象添加超链接，可以实现文档内任意幻灯片之间的跳转，利用这种链接可以实现很好的导航、跳转功能。

　　链接到现有文件或网页：是指通过给图片或文字添加超链接，使其链接到相关的文件或网页。利用这种链接可以在不退出演示文稿放映的情况下，直接打开网页或现有文件（如 Word、Excel、视频等），当关闭网页或原有文件的时候，会返回演示文稿放映界面。这样的形式可以让使用者在放映演示文稿时更顺畅、方便。

链接到电子邮件地址：是指将链接指向电子邮件，浏览者可以直接通过单击相关的按钮、文字或图片给某人发电子邮件。该类型的链接使用较少，就不再讲解了。

（2）插入新幻灯片

①启动演示文稿。双击"第 6 章 / 项目 1/ 练习 .pptx"，启动"练习 .pptx"演示文稿，在标题和副标题占位符中输入图 6-25 所示文字，制作出封面幻灯片。完成后保存为"第 6 章 / 项目 1/ 练习 1.pptx"

②增加新幻灯片。在"开始"选项卡"幻灯片"组中单击"新建幻灯片"，列出若干版式供用户选择，如图 6-26 所示，单击所列版式中的某一种，即可在当前的演示文稿中添加一张套用了某种版式的幻灯片。版式套用分两种情形：当插入新幻灯片时，套用版式即可指定当前幻灯片所包含对象及

图 6-25　封面幻灯片

其布局；对旧幻灯片套用版式时，则会调整已有对象的布局，并根据新版式补充对象。要更改现有幻灯片的版式，请在"开始"选项卡"幻灯片"组中单击"幻灯片版式"，从列表中选择新的版式即可。

在上述"练习 1.pptx"演示文稿中，新建幻灯片。操作方法为：在"开始"选项卡"幻灯片"组中单击"新建幻灯片"，选择"标题和内容"版式，插入一张新幻灯片，输入第 2 张幻灯片的文字内容，如图 6-27 所示。完成后保存为"第 6 章 / 项目 1/ 练习 2.pptx"

图 6-26　选择新幻灯片版式

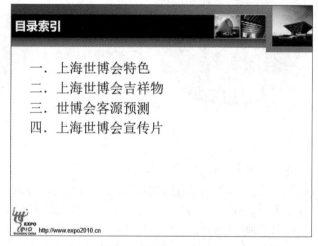

图 6-27　第 2 张幻灯片

> ⓘ 注意：
>
> 　　在Windows系统中安装Microsoft Office 2016软件后，用户可以选择下列方法之一来启动PowerPoint 2016。①若桌面上有PowerPoint快捷方式图标，则双击之。②执行"开始"→PowerPoint命令。③双击已有的PowerPoint文件。启动PowerPoint 2016后，会自动新建一个PowerPoint文档，且首张幻灯片的版式为文字版式中的"标题幻灯片"版式。所谓版式就是指幻灯片中各对象的布局。

任务2　在演示文稿中应用图形

在本任务中，用户需要完成"第6章/项目1/目标.pptx"演示文稿第3张和第4张幻灯片内容的输入。参照"第6章/项目1/目标.pptx"的第3第4张幻灯片的内容，学习在幻灯片中插入文本框、图形和艺术字。

1. 插入文本框

在上述"练习2.pptx"演示文稿中，新建幻灯片。在"开始"选项卡"幻灯片"组中单击"新建幻灯片"，选择"标题和内容"版式，插入一张新幻灯片，删除文本占位符，并在标题占位符中输入"上海世博会特色"，完成第2张幻灯片标题的输入。接下来通过文本框输入其他内容。

在"插入"选项卡"文本"组中单击"文本框"，选择"横排文本框"命令，在幻灯片的左上方拖动鼠标，画出一个文本框，然后在文本框中输入"提高公众对'城市时代'中各种挑战的忧患意识，并提供可能的解决方案。"并设置文字为"微软雅黑"、11号，两端对齐，最后调整文本框的大小和位置。

右击文本框，在弹出的快捷菜单中选择"设置形状格式"命令对文本框的相关属性进行设计，打开"设置形状格式"对话框，如图6-28所示。在"形状选项"栏中单击"纯色填充"，从"颜色"下拉框中选择"其他颜色"，打开"颜色"对话框，如图6-29所示。并设置"红色"为0；"绿色"为176；"蓝色"为80，然后在"文本选项"栏中选择"文本框"，在"垂直对齐方式"中选择"中部对齐"，并选中"不自动调整"单选按钮，设置边距，如图6-30所示。在"形状选项"栏中选择"大小"，设置文本框的"高度"为3.81和"宽度"为3.63，如图6-31所示，单击"确定"按钮。最后为了提高文字的易见度，将文字颜色设置为白色。用同样的方法制作其他3个文本框，如图6-32所示。

在"插入"选项卡"文本"组中单击"文本框"，选择"竖排排文本框"命令，完成图6-32所示幻灯片"历史首次"文字的录入，用上述方法完成图6-32所示幻灯片余下内容的输入。

按照图6-32所示，调整好文本框间的相对位置，单击红色文本框，在"绘图工具"→"格式"选项卡的"排列"组中单击"上移一层"按钮，如图6-33所示，并选择"置于顶层"命令，最后拖动鼠标选取5个文本框，当鼠标变为四项箭头的时候，在"绘图工具"→"格式"选项卡的"排列"组中单击"组合"按钮，这5个文本框就组合在一起了。这样做可以让这5个排版好的文本框成为一个整体，不会因为其他操作影响他们的位置。

完成后保存为"第6章/项目1/练习3.pptx"

图 6-28 设置文本框的填充颜色

图 6-29 "颜色"对话框

图 6-30 设置文本框中文字的对齐方式

图 6-31 设置文本框的大小

图 6-32 "上海世博会特色"幻灯片

2. 插入图片和艺术字

通过插入图片或艺术字来美化演示文稿。图 6-34 为美化效果。

图 6-33 "排列"组

图 6-34 插入图片以及艺术字后的幻灯片

（1）插入图片

插入图片的操作方法为：在"插入"选项卡"图像"组中单击"图片"按钮，打开"插入图片"对话框，并选择本地图片，打开"项目 1"文件夹，如图 6-35 所示，选择图片，单击"插入"按钮。然后选中右击吉祥物图片，在弹出的快捷菜单中选择"大小和位置(Z)…"，打开"设置图片格式"对话框，选择"大小"选项卡，输入"高度"为 5.8；"宽度"为 5.8，单击"确定"按钮，然后将图片拖动到合适的位置。用同样的方法插入其余 7 张图片，并调整大小和位置。

图 6-35 "插入图片"对话框

（2）插入绘制的图形

在"插入"选项卡"插图"组中单击"形状"按钮，在打开的下拉列表中可以看到系统提供了许多预设的图形给用户选择，如图 6-36 所示，用户根据需求从相应的类别中选择需要的图形即可。

这里需要从"标注"类别中选择 "椭圆形标注"命令，然后在幻灯片中按下鼠标并拖动，画出一个椭圆形标注。单击该标注符的尖端，会出现一个黄色的方形，拖动此方形到吉祥物嘴部位置，如图 6-37 所示。通过"设置形状格式"对话框设置线条"颜色"，为"橙色"，如图 6-38 所示。

插入绘制的图形

（3）插入艺术字

在"插入"选项卡"文本"组中单击"艺术字"，如图 6-39 所示。设置艺术字的方法和在 Word 中设置艺术字是相同的,输入"我叫海宝"，如图 6-37 所示，并加粗，单击"确定"按钮。最后调整艺术字的大小和位置。完成后保存为"第 6 章 / 项目 11/ 练习 4.pptx"

插入艺术字

提示：PowerPoint 与 Word 是 Office 家族中的一对孪生兄弟，有着不同的特长。PowerPoint 演示文稿可以看作是由若干个图文混排的页面组成，再加上一些动画方案组成的文档。因此，PowerPoint 与 Word 在图文混排上的操作技能是一致的。了解清楚 Word 与 PowerPoint 的异同，会使 PowerPoint 的学习变得更轻松。

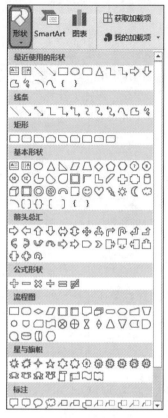

图 6-36　图形列表

图 6-37　绘制椭圆形标注符

图 6-38　设置自选图形线条颜色

图 6-39　插入艺术字

任务 3　在演示文稿中使用表格和图表

本任务完成"第 6 章 / 项目 1/ 目标 .pptx"演示文稿第 5 张和第 6 张幻灯片内容的输入。

1. 插入表格

下面完成图 6-40 所示第 5 张幻灯片中的表格输入。操作方法为：

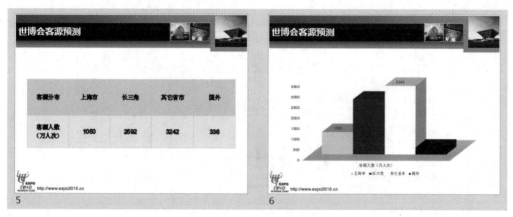

图 6-40　任务 3 的目标

①打开"第 6 章 / 项目 1/ 练习 4.pptx"，在"开始"选项卡"幻灯片"组中单击"新建幻灯片"命令，选择"标题和内容"版式，并在标题占位符中键入标题文字为"世博会客源预测"。

②在下面的内容占位符中单击"表格"按钮，如图 6-41 所示，或在"插入"选项卡"表格"组中单击"表格"→"插入表格"选项，打开"插入表格"对话框，输入"列数"

图 6-41　占位符中的"表格"按钮

为 5，"行数"为 2，单击"确定"按钮。在弹出的表格中输入对应的文字和数据，并适当调整文字的字体、大小，表格的大小位置。关于表格的基本操作，与 Word 中的相关操作相同，这里不重复介绍。

通过"表格工具"中的"设计""布局"两个选项卡下的各组功能区，可以对表格进行一系列的美化操作。例如添加边框线、对齐方式的设置等。

③完成设置保存为"练习 5.pptx"

2. 插入图表

PPT 图表是 PPT 文稿的重要组成内容。PPT 图表包含数据表、图示等形式，又可分为很多种类，如饼图、柱形图、线性图等。近年来国内专业 PPT 公司创作出许多特殊形式的数据表，任何一组数据都有一个依据，以横标和纵标为基准形成递减、递增，或使用其他弧形图像使 PPT 在数据表达上越来越形象、生动。

下面完成图 6-40 所示第 6 张幻灯片中的图表输入。

（1）创建图表

①打开"第 6 章 / 项目 1/ 练习 5.pptx"，在"开始"选项卡"幻灯片"组中单击"新建幻灯片"命令，选择"标题和内容"版式，并在标题占位符中键入标题文字为"世博会客源预测"。

②在占位符中单击"图表"按钮，或单击"插入"选项卡"插图"组中的"图表"按钮，

在弹出的“插入图表”对话框中选择“柱形图”→“三维簇状柱形图”类别，如图 6–42 所示。随即系统会打开一个 Excel 表格（默认包含一些数据），如图 6–43 所示。

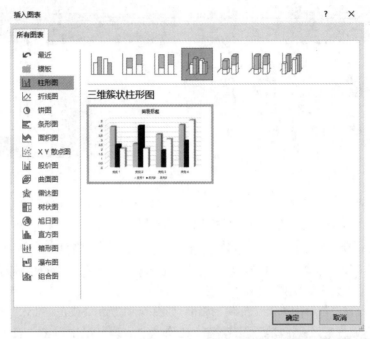

图 6–42　选择“柱形图”→“三维簇状柱形图”类别

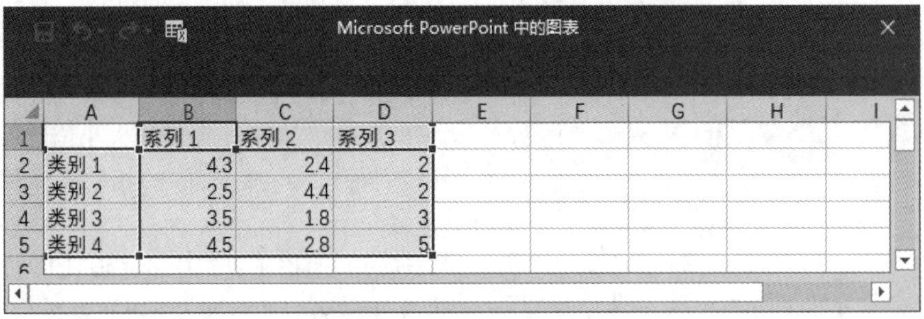

	A	B	C	D	E	F	G	H	I
1		系列 1	系列 2	系列 3					
2	类别 1	4.3	2.4	2					
3	类别 2	2.5	4.4	2					
4	类别 3	3.5	1.8	3					
5	类别 4	4.5	2.8	5					

图 6–43　打开数据表

③编辑数据表。在打开的数据表中将数据更改为实际需要展示的数据内容，数据表的编辑如同 Excel 的操作，可以根据需要增加或删除单元格，并对单元格的数据进行修改如图 6–44 所示。

	A	B	C	D	E	F	G	H	I
1		上海市	长三角	其它省市	国外				
2	客源人数	1050	2592	3242	336				

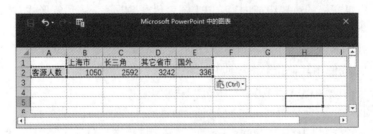

图 6–44　数据表的编辑

对数据表的编辑完成后，关闭 Excel，马上就可以看到工作区中显示了如图 6–45 所示的图表。

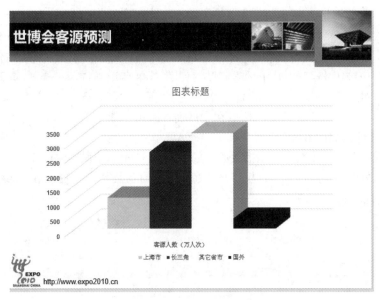

图 6-45　插入图表后的效果

（2）设置图表

①选中图表，出现"图表工具"中的"设计"选项卡和"格式"选项卡，应用其中的各组功能对图表进行各项美化操作，如图 6-46 所示。

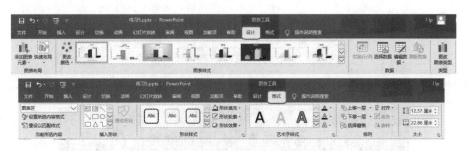

图 6-46　"图表工具"中的"设计"选项卡和"格式"选项卡

②对图表快速格式化。选择通过"图表工具"→"设计"选项卡→"图表布局"组中的"快速布局"命令，在下拉列表中选择"布局 4"对图表进行快速的格式套用，如图 6-47 所示。

③完成设置后，将演示文稿保存为"练习 6.pptx"。

提示：输入数据后的表格可通过"表格工具"→"设计"选项卡的"表格样式"组中的命令进行快速设置。输入数据后的图表可通过"图表工具"→"设计"选项卡的"图表布局"组中的"快速布局"命令进行快速美化设置。

任务 4　在演示文稿中插入其他多媒体元素

在本任务中，用户需要完成"第 6 章 / 项目 1/ 目标 .pptx"演示文稿第 4 张幻灯片背景音乐的添加、第 7 张和第 8 张幻灯片多媒体元素的添加。

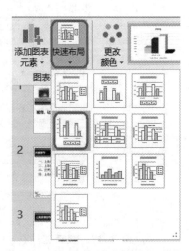

图 6-47　快速对图表进行格式化操作

185

1. 插入声音

打开"练习 6.pptx"中，单击第 4 张幻灯片，按如下步骤操作：

①插入背景音乐：在"插入"选项卡"媒体"组中单击"音频"按钮，从列表中选择"PC 上的音频"，如图 6-48 所示，打开"插入音频"对话框。指定查找范围为"第 6 章 / 项目 1/"文件夹，然后在文件夹中双击"微笑上海 .mp3"声音文件，如图 6-49 所示，单击"插入"按钮，在当前幻灯片中会出现一个喇叭图案和音乐播放条，如图 6-50 所示。用鼠标拖动该小喇叭可以调整其位置，这里将其放在幻灯片的左上方。

图 6-48　选择"PC 上的音频"

图 6-49　"插入音频"对话框

图 6-50　喇叭图案和音乐播放条

②设置背景音乐播放参数：在插入声音后，通过"音频工具"→"播放"选项卡"音频选项"组中的命令来设定音乐是自动播放或单击才开始播放，播放时是否需要隐藏喇叭等，如图 6-51 所示。

图 6-51　设置播放模式

③完成设置后将演示文稿保存为"练习 7.pptx"。

2. 插入视频

本任务需要打开"练习 7.pptx",完成第 7、8 张幻灯片的输入,如图 6-52 所示。

①打开"第 6 章 / 项目 1/ 练习 7.pptx",在"开始"选项卡"幻灯片"组中单击"新建幻灯片"命令,选择"标题和内容"版式,并在"标题"占位符中键入标题文字为"世博会宣传片——跳房子"。

图 6-52　第 7 张幻灯片

②在下方的内容占位符中单击"视频"按钮,如图 6-53 所示,或在"插入"选项卡"媒体"组中单击"视频"按钮,从列表中选择"文件中的视频",打开"插入视频"对话框,指定查找范围为"第 6 章 \ 项目 1"文件夹,然后在文件夹中双击"跳房子.wmv"视频文件名,在当前幻灯片中会出现一个视频窗口和播放条,如图 6-54 所示。

图 6-53　"视频"按钮

图 6-54　插入视频后的效果

③完成视频插入后将演示文稿保存为"练习 8.pptx"。

提示： 视频、音频文件存放的路径必须与演示文稿存放在同一个目录，这样才便于接下来的演示文稿的发布操作。

3. 插入 Flash 动画

在第 7 张幻灯片中插入视频后，再新建一个幻灯片，插入动画"魔术师 .swf"。

（1）将控件工具箱添加到快速工具栏

在幻灯片中插入 Flash 动画，要通过插入 Flash 控件进行。所以用户先要将 PowerPoint 2016 中的控件工具箱添加到快速工具栏以方便用户的操作。操作方法为：

在"文件"选项卡中选择"选项"命令，弹出"PowerPoint 选项"对话框，单击"快速访问工具栏"，再右侧窗口中的"从下列位置选择命令"下拉列表中选择"'开发工具'选项卡"选项，在下方的列表中选择"其他控件"，单击中间的"添加"按钮，如图 6-55 所示，将其加入右侧列表中。单击"确定按钮"完成操作，在快速工具栏上就可以看到控件工具箱。

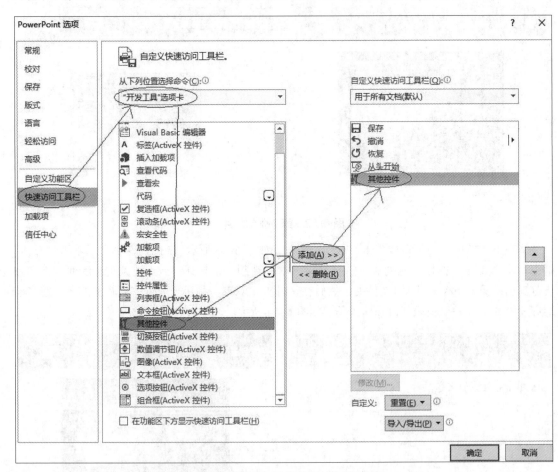

图 6-55　在快速工具栏添加控件工具箱

（2）插入 Flash 动画

打开"练习 8.pptx"中，按如下步骤操作：

①打开"第 6 章 / 项目 1/ 练习 8.pptx"，在"开始"选项卡"幻灯片"组中单击"新建幻灯片"命令，选择"仅标题"版式，并在标题占位符中键入标题文字为"世博会宣传片——海宝魔术师"。

②在快速工具栏中单击"控件"按钮（见图 6-56）。从"控件工具箱"中选择"其他控件"选项。

图 6-56 "控件"按钮

③弹出"其他控件"对话框，在列表中选择 Shockwave Flash Object 选项，单击"确定"按钮，如图 6-57 所示。

④返回幻灯片编辑页面，鼠标变成十字，按下鼠标拖动在幻灯片中画出矩形区域以播放动画，如图 6-58 所示。

图 6-57 选择 Shockwave Flash Object

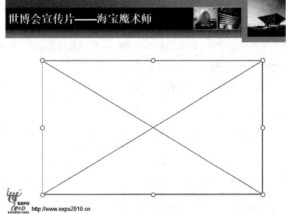

图 6-58 绘制播放区域

⑤在绘制出的区域中右击弹出快捷菜单，选择"属性表"命令，打开"属性"对话框，如图 6-59 所示，在"属性"对话框中单击"Movie"选项，输入 Flash 文件名"魔术师 .swf"。设置完成后，单击"确定"按钮返回幻灯片编辑界面。放映该幻灯片，所期待的画面就出现了。

提示：①如果 PowerPoint 演示文稿中需要插入多媒体元素，必须先将该多媒体素材存放在与演示文稿相同的目录中。因为多媒体元素并不会嵌入 PowerPoint 文件中，而是链接在 PowerPoint 文件中，为了保证链接路径的完好一致性，必须进行这样的操作。②虽然 PowerPoint 的剪辑管理器中也内置了一些声音文件，但一般说来，在制作演示文稿时最好事先准备好背景音乐文件，这样可能和演示文稿的主题配合得更加完美。PowerPoint 中可以插入多种格式的声音文件，如 WAV、WMV、MP3、MID 等，可以先通过音频编辑软件把背景音乐处理好，再把音乐文件放在该演示文稿所在的文件夹中。

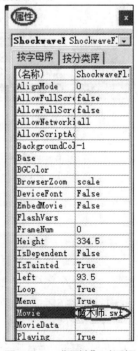

图 6-59 "属性"对话框

项目2 \\\\\ PowerPoint 的美化、互动与保存

项目目标：

通过本项目的学习和实施，掌握以下知识和技能：

- 熟悉设置幻灯片的超链接效果。
- 了解幻灯片的切换方式。
- 设置幻灯片的动画效果。
- 掌握幻灯片的放映控制。
- 学会保存和共享演示文稿。

项目介绍：

办公室的小薇接到任务准备制作一个以上海世博会为主题的宣传片。在项目 1 中小薇已经完成演示文稿内容的输入，接下来项目 2 将通过 2 个小任务，跟着小薇学习如何对演示文稿的外观进行美化；对幻灯片添加动画、超链接效果；设置幻灯片的切换方式、完成幻灯片的放映设置等。本项目需要通过以下任务来完成。

- 任务 5　美化演示文稿外观。
- 任务 6　播放和保存演示文稿。

任务 5　美化演示文稿外观

在本任务中，将学习制作适合不同主题、不同场合的个性化演示文稿外观。PowerPoint 提供了强大的个性化外观制作工具——幻灯片母版。幻灯片母版不仅使演示文稿披上了吸引眼球的个性化外衣，更使幻灯片具有统一的设计样式，便于编辑更改。下面讲解如何制作出适合"上海世博会"主题的演示文稿外观，如图 6-60 所示。

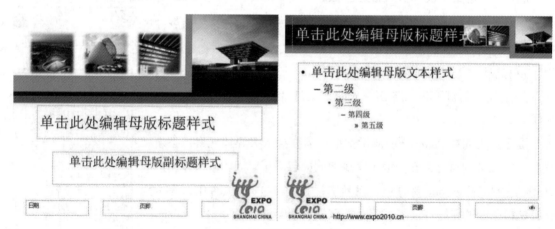

图 6-60　个性化幻灯片母版

在本任务中，需要打开"第 6 章 / 项目 2/ 练习（制作母版）.pptx"，按照本任务的讲解进行编辑，最终达到第 6 章 / 项目 2/ 目标（制作母版）.pptx"所示效果。

1. 基础知识

（1）母版

PowerPoint 为每一个演示文稿创建了一个母版集合。母版中的信息一般是共有的信息，改变

母版中的信息可统一改变演示文稿的外观。如把公司的标记、网址、演示者的姓名等信息放到幻灯片母版中，使这些信息在每一张幻灯片中以背景图案的形式出现。母版的种类可分为幻灯片母版、讲义母版和备注母版几种。

①幻灯片母版。实际上幻灯片母版是用来统一幻灯片内容的一些格式，母版格式的变化体现在和她相关的一组母版版式上。幻灯片母版中的信息包括字形、占位符的大小和位置、背景设计和配色方案。用户通过更改这些信息，就可以更改整个演示文稿中幻灯片的外观。

在功能区切换到"视图"选项卡，在"母版视图"组中单击"幻灯片母版"按钮，打开幻灯片母版视图，如图 6-61 所示。

幻灯片母版控制整个演示文稿的外观，包括颜色、字体背景、效果和其他内容。可以在母版中插入应用于幻灯片正文的背景图片、页脚及徽标等，让它们显示在所有幻灯片上，还可以调整文本位置、指定文本样式等。

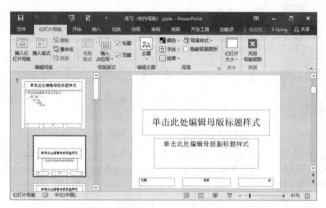

图 6-61　幻灯片母版视图

②讲义母版。因为讲义是分发到观众手上的材料，比起插入背景图片使界面看上去华丽漂亮的设计来说，输入标题、添加徽标或页脚的简洁设计更为合适。

讲义母版是为制作讲义而准备的，通常需要打印输出，因此讲义母版的设置大多和打印页面有关。它允许设置一页讲义中包含几张幻灯片，设置页眉、页脚、页码等基本信息。在讲义母版中插入新的对象或者更改版式时，新的页面效果不会反映在其他母版视图中。

在功能区切换到"视图"选项卡，在"母版视图"组中单击"讲义母版"按钮，即可打开讲义母版视图。

③备注母版。在"视图"选项卡"母版视图"组中单击"备注母版"按钮，打开幻灯片的备注母版视图，进行设置。打印后的备注内容，既可用作演示时的参考文稿，也可发放给观众作为讲义。与其他母版一样，备注母版也能编辑背景、字体及插入对象等。

（2）模板

模板是指预先定义好格式的演示文稿，是保存为 .potx 文件的一张幻灯片或一组幻灯片的图案或蓝图。模板可以包含版式、主题颜色、主题字体、主题效果和背景样式，甚至还可以包含内容。PowerPoint 提供了多种不同类型的内置免费模板，也可以在 Office.com 和其他合作伙伴网站上获取可以应用于演示文稿的数百种免费模板，当然用户还可以创建自己的自定义模板，然后存储、重用以及与他人共享，合理使用模板可以大大提升用户的工作效率。

2. 使用 PowerPoint 内置或联机模板

通过已有的模板创建演示文稿，可以省却很多设计时间，大大加快了演示文稿制作的速度。在"文件"选项卡单击"新建"选项，在窗口的中部会展示可用模板的主题列表，如图 6-62 所示。从列表中选择合适的模板即可。

或者通过联机搜索相关主题，找合适的模板后下载。使用了模板的演示文稿其外观基本上就已经设计完成，可以进入 PowerPoint 内容的编辑。用户只需在相应栏目输入对应的信息，如果想添加一些个性化的内容，也可以直接添加。

在实际的使用中，当现有的模板无法满足用户需求时，用户可以自己设计模板，也可以在现有模板上进行修改以符合自己的实际需要。

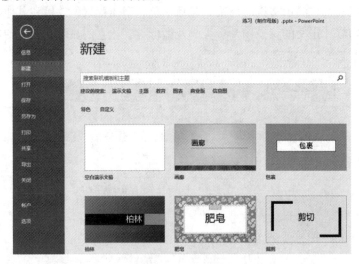

图 6-62　选择模板

3. 自定义母版

（1）自定义演示文稿的背景

①打开"第 6 章 / 项目 2/ 练习（制作母版）.pptx"。

②在"视图"选项卡"母版视图"组中，单击"幻灯片母版"按钮，进入幻灯片母版编辑状态，如图 6-63 所示。

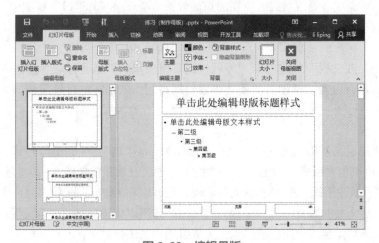

图 6-63　编辑母版

③选择标题幻灯片母版。"标题母版"是"幻灯片母版"的一种特殊形式，它只适用于"标题"幻灯片版式的演示文稿幻灯片（提示：图 6-64 所示左侧视图的第二张幻灯片为标题幻灯片，鼠标停留在该幻灯片时有提示），在"插入"选项卡"图像"组中单击"图片"→"此设备"选项，在弹出的"插入图片"对话框中选择首页背景图片所在的路径（文件路径：第 6 章 \ 项目 2\ 封面背景 .bmp），单击"插入"按钮。

④调整图片大小与幻灯片匹配，指向图片右击，弹出快捷菜单，选择"置于底层"，完成标题幻灯片的背景图设计，适当调整标题和副标题的位置。根据需求还可以设置字体颜色等，如图 6-64 所示。

图 6-64　标题幻灯片背景设计

⑤用同样的方法为幻灯片母版添加背景图片，背景图片所在的路径为第 6 章 \ 项目 2\ 内容背景 .bmp，标题所在位置底图色是黑色，所以将文字调整为白色，将字体调整为 40 号，如图 6-65 所示。

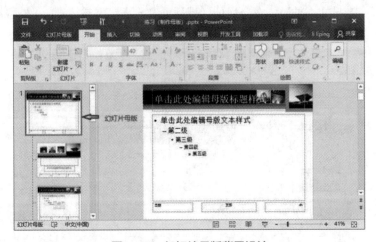

图 6-65　幻灯片母版背景设计

⑥如果用户想使用多个母版，可以继续设计更多的母版。在"幻灯片母版"选项卡"编辑母版"组中单击"插入幻灯片母版"按钮，即可添加另外一组标题母版和幻灯片母版，如图 6-66 所示。

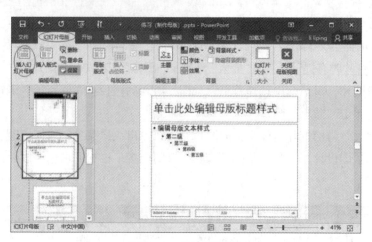

图 6-66　插入新母版

（2）格式化演示文稿的文本

制作 PowerPoint 时，文字和布局的设计直接影响着幻灯片的信息展示效果。为了让 PowerPoint 展示的信息更加醒目，必须对文本的位置、颜色、字体、字号进行修改，更加突出重要信息。

① 调整文本框的位置。幻灯片母版中自动生成的文本框与插入的背景所预期的文本出现位置并不一致时可选中"标题样式"文本框与"副标题样式"文本框，拖动到适合的位置，最终的效果如图 6-64 所示。使用同样的办法，调整幻灯片母版的文本框位置。

② 调整文本的字体、颜色与字号。添加背景后，发现部分文字的格式需要调整，通过"开始"选项卡"字体"组对文本进行自定义，重新定义后的效果如图 6-65 所示。

（3）插入个性化元素

在"插入"选项卡"图像"组中单击"图片"按钮，把"会徽 .bmp"图片插入的母版合适的区域中（文件路径：第 6 章 \ 项目 2\ 会徽 .bmp）。在"插入"选项卡"文本"组中单击"文本框"按钮，选择"横排文本框"，在合适的区域插入文本框，并输入"http://www.expo2010.cn"，最终效果如图 6-67 所示。

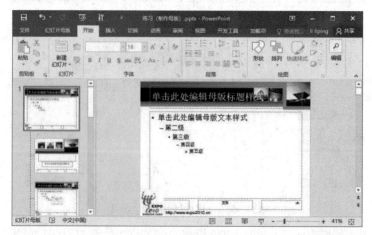

图 6-67　在母版中插入个性化标识图

母版都定义完后，可单击"关闭母版视图"按钮，返回到幻灯片设计界面中，可以发现刚才所定义的母版样式会出现在"设计"选项卡"主题"组的最前面，如图 6-68 所示。

第 6 章　演示文稿制作软件 PowerPoint

图 6-68　自定义母版出现在"主题"组中

在"主题"组中还可根据需要套用不同主题使 PowerPoint 外观变得美观、生动，而且随需应变。把鼠标停留在某个主题上，即可预览套用后的效果。

4. 把母版保存为演示文稿设计模板

如果对刚才所设计好的母版满意，并想该母版能应用到日后新设计的演示文稿中，则可以把母版保存为演示文稿设计模板。

①选择"文件"→"另存为"命令，弹出"另存为"对话框，在该对话框中，选择"保存类型"为"PowerPoint 模板（*.potx）"，输入文件名称为"世博会"，如图 6-69 所示。

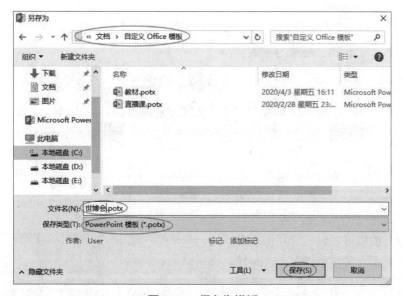

图 6-69　保存为模板

②单击"保存"按钮完成保存后，模板会自动存放在图 6-69 所示的"自定义 Office 模板"文件夹中，该文件夹统一存放着 PowerPoint 的模板。

③在下一次新建文件的时候，刚保存的"世博会"模板将出现在"自定义 Office 模板"类别中，如图 6-70 所示，可供再制作演示文稿时重复使用。

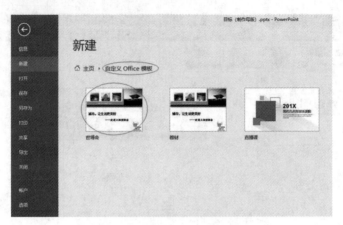

图 6-70 使用自定义的模板新建文件

5. 套用主题

（1）套用主题模板

新建一个 PPT 文档，或者打开一个已有的文档，在"设计"选项卡"主题"组中可以看到已经安装的所有模板，单击右边的下拉箭头，会看到更多，有内置的，也有来自 Office.com 的，如图 6-71 所示。按需选择后，可以为当前演示文稿快速地套用模板。

（二维码：修改主题样式）

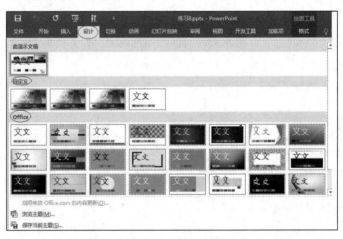

图 6-71 模板列表

（2）应用多个幻灯片模板

用第一种方法幻灯片只能应用同一种模板，如果用户觉得整个幻灯片都是同一个模板感觉有点单调，可以给演示文稿中的其他幻灯片选用不同的模板：在"普通"视图下选中要应用模板的幻灯片（如果有多个幻灯片要应用同一模板，可以按住【Ctrl】键逐个选择），再将鼠标指向"设计"选项卡中"主题"组中显示的某个模板，单击右侧的下拉按钮打开菜单，如图 6-72 所示，选择其中的"应用于选定幻灯片"即可。

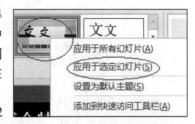

图 6-72 应用于选定幻灯片

（3）快速使用其他幻灯片模板

首选打开希望更改模板的演示文稿，然后在"设计"选项卡"主题"组中，单击下拉箭头，单击"浏览主题"选项，弹出"选择主题或主题文档"对话框，选择想要借用的模板文件，通常是 potx、pptx、ppsx 文件，就可以将模板套用在当前演示文稿。

提示：演示文稿的模板就像是橱窗里的衣服，当用户出席不同的场合、参加不同主题的宴会时，就需要换上不同的衣服。但是幻灯片的内置模板却不足以满足用户这样的需求，因此用户要自己动手设计这些个性化的模板，就像专门订制一些场合的衣服一样。用这样的模板作为演示文稿的外观，不仅美观、个性，更贴切主题、场合。当然为了表现衣服主人的某些特质，可以加入特有的标志，例如校徽、电子邮箱、网址等。除此之外，模板可以统一整个演示文稿的样式和风格，例如可以在幻灯片母版中一次设置所有幻灯片中标题栏的字体、大小、动画效果等。因此，多做几套模板保存起来，以备不时之需是很有必要的。

任务 6 播放和保存演示文稿

在本任务中，需要打开"第 6 章 / 项目 2/ 练习 10.pptx"，按照本任务的讲解进行编辑，最终达到第 6 章 / 项目 2/ 目标 .pptx"所示效果。

设置幻灯片超
链接效果

1. 插入超链接

使用超链接可快速跳转到文档的其他位置，或者快速打开别的文件、跳转到网页等。

（1）链接到本文档位置

①打开"第 6 章 / 项目 2/ 练习 10.pptx"，单击第 2 张幻灯片。选择文字"上海世博会特色"，在"插入"选项卡"链接"组中选中"超链接"命令，或右击弹出快捷菜单，选择"超链接"命令，弹出"插入超链接"对话框。

②在"插入超链接"对话框中，在窗口左侧的"链接到"列表中选择"本文档中的位置"，在"请选择文档中的位置"列表中选择超链接的目标幻灯片"3 上海世博会特色"，如图 6-73 所示，单击"确定"按钮，完成操作。

③用同样的方法完成第 2 张幻灯片中其他各行文字分别跳转到第 4 张、第 5 张、第 7 张的设置，如图 6-74 所示。

图 6-73 "插入超链接"对话框

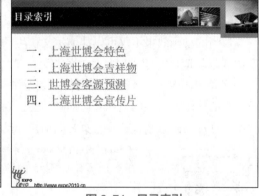

图 6-74 目录索引

④完成设置后保存为"练习 11.pptx"。

（2）链接到现有文件或网页

①打开"第 6 章 / 项目 2/ 练习 11.pptx"，单击第 2 张幻灯片。在幻灯片右下角插入图片"吉

祥物 .bmp"，通过插入文本框在图片下方插入文字"单击图片观看视频：海宝魔术师"。

②选中需要添加超链接的吉祥物图片，打开"插入超链接"对话框，在"链接到"列表框中选择"原有文件或网页"选项，在"请选择文档中的位置"列表中选择需要链接的文件"魔术师 .swf"，最后单击"确定"按钮即可，如图 6-75 所示。如果如要链接到网页，直接在地址栏中输入要连接的网址即可。

③完成设置后保存为"练习 12.pptx"。

（3）修改配色方案

给文字设置超链接以后，文字会出现下画线，并改变颜色。当演示文稿放映时，单击该文字，打开超链接后，文字的颜色将会再次改变。但使用者经常会发现，设置超链接或打开超链接后的文字，文字的颜色与背景色相似，不易识别。为了解决这个问题，需要更改文字的颜色。

在"设计"选项卡"变体"组中单击"颜色"按钮，在下拉列表中选择"自定义颜色"。弹出"新建主题颜色"对话框，如图 6-76 所示。在这个对话框中可更改文字颜色、超级链接颜色、已访问的超级链接颜色等。例如，如果在"新建主题颜色"对话框"主题颜色"列表中"超链接"项目的色板中选择红色，那么幻灯片中超链接文本的颜色就更改为红色了。

图 6-75　链接到现有文件或网页

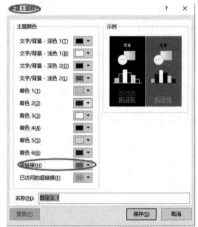

图 6-76　"新建主题颜色"对话框

2. 幻灯片的动画方案

适当的动画效果不仅可以让演示文稿生动活泼，还可以控制演示流程并重点突出关键信息。动画效果的应用对象可以是整个幻灯片、某个画面或者某一幻灯片对象（包括文本框、图表、艺术字和图画等）。不过应该记住一条原则，那就是动画效果不能用得太多，应该让它起到画龙点睛的作用；太多的闪烁和运动画面会让观众注意力分散甚至感到烦躁。

幻灯片动画方案包括页与页之间切换的动画和同一页不同对象中的动画两种不同形式。

（1）幻灯片切换动画

设置幻灯片切换方式

在本任务中，需要设置"练习 12.pptx"的幻灯片切换效果为"形状"类别"圆"。

幻灯片切换效果是指从上一张幻灯片切换至下一张幻灯片时采用的效果，为的是在幻灯片切换时吸引观众的注意力，提醒观众新的幻灯片开始播放了。幻灯片切换效果可在"切换"选项卡"切换到此幻灯片"组中进行设置，单击"其他"按钮，打开切换动画效果列表，如图 6-77 所示。

提示：

①效果选项：对应所选风格的具体效果。"切换到此幻灯片"组中提供了许多种不同的切换风格，选择切换风格后，右侧的"效果选项"变为可用，单击弹出下拉列表可以选择不同的切换效果，如图 6-78 所示。

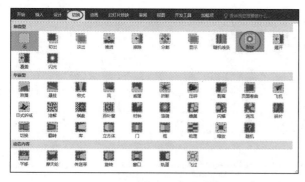

图 6-77　设置幻灯片切换效果　　　　　图 6-78　切换效果设置

②声音：可选择切换幻灯片时是否需要添加切换声音。设置后，播放幻灯片时就会自动播放用户选择的声音效果。单击"声音"下拉菜单，在弹出列表中选择想要的声音效果。

③全部应用：设置好一种切换效果后，只需单击"全部应用"按钮，即可将这种效果应用到所有的幻灯片中。

④换片方式：设定自动换片方式，可以在单击鼠标时换片，也可以在一定时间后自动换片。

一般情况下，一个演示文稿的所有页面的切换方式应该是统一的，幻灯片的切换效果一般不宜太花俏，不宜选择刺耳的声音作为切换声音，同时建议切换效果的应用范围选择"应用于所有幻灯片"。

本案例任务的操作方法为：打开"第 6 章 / 项目 2/ 练习 12.pptx"。在"切换"选项卡"切换到此幻灯片"组中选择"形状"，如图 6-77 所示。在"效果选项"下拉列表中选择"圆"，如图 6-78 所示。单击"全部应用"按钮。单击"切换"选项卡最左侧的"预览"按钮可以预览动画效果。完成设置后，保存为"第 6 章 / 项目 2/ 练习 13.pptx"

（2）页内对象自定义动画

本任务中，需要打开"第 6 章 / 项目 2/ 练习 13.pptx"，参照"第 6 章 / 项目 2/ 目标 .pptx"效果设置第 2 张幻灯片的动画效果。

制作幻灯片的时候，加入动画切换效果，便能在展示幻灯片的时候，使自己的幻灯片更加绚丽夺目。

设置幻灯片动画效果

PowerPoint 2016 演示文稿中的文本、图片、形状、表格、SmartArt 图形等都能拥有自定义动画方案，可以赋予它们进入、退出、大小或颜色变化甚至移动等视觉效果。而且同一个对象是可以多次定义其动画效果的。在设计动画方案前，先认识一下 4 种不同类型的动画效果。

在"动画"选项卡"动画"组中单击"其他"按钮，打开动画效果下拉列表，可以看到 PowerPoint 2016 中有以下 4 种不同类型的动画效果，如图 6-79 所示。

①"进入"效果：包括使对象逐渐淡入焦点、从边缘飞入幻灯片或者跳入视图中等。

②"强调"效果：包括使对象放大缩小、透明或陀螺旋等。

③"退出"效果：包括使对象飞出幻灯片、从视图中消失或者从幻灯片旋出等。

④其他动作路径：使用这些效果可以使对象上下移动、左右移动或者沿着星形或圆形图案移动（与其他效果一起）。

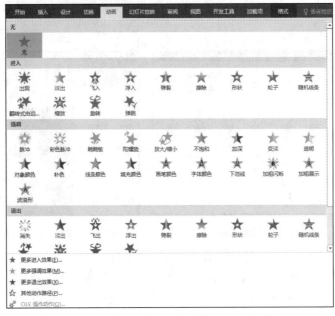

图 6-79　动画效果

本案例任务的操作方法为：

①选择第 2 张幻灯片，单击选取要设置动画效果的文字，在"动画"选项卡"动画"组中选择"形状"类别，也可以打开下拉列表选择其他动画效果。

②此时，"效果选项"按钮变为可用，单击打开下拉列表，选择"方向"→"放大"，"形状"→"菱形"，"序列"→"按段落"效果。在"动画"选项卡"高级动画"组中选择"动画窗格"选项，在窗口右侧出现的动画窗格中，可以看见定义好的动画效果列示在该窗口中，如图 6-80 所示。

③单击右下方的吉祥物图片和文字组合，在"动画"选项卡"动画"组中选择"浮入"，在"效果选项"下拉列表中选择方向"上浮"，完成自定义动画设置。

图 6-80　添加自定义动画

（3）自定义动画的相关设置

①调整自定义动画的播放次序。

当添加动画效果完成后，在动画窗格中就可以看到该张幻灯片已经添加的动画效果列表，如图 6-81 所示。窗格右侧有个重新排序的上下箭头，可以让用户更改动画的播放次序。

②自定义动画的高级设置。

除了上面介绍的设置外，还可以对自定义动画进行更高级的设置。在动画窗格中选择需要编辑的动画效果，右击弹出快捷菜单，其中列出了更多编辑功能，如图 6-82 所示。

单击"删除"按钮可删除某个动画效果，也可打开"效果选项"列表做更多的编辑修改。

图 6-81　调整自定义动画

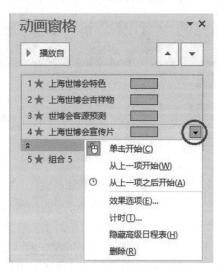

图 6-82　动画的高级设置

选择"效果选项"，可以打开"效果选项"对话框，如图 6-83 所示。在"效果"选项卡中可以对其方向、声音、动画文本等进行相关设置。

对于同一个对象，可以多次定义其动画的效果，使动画方案变得更加强大。对于不同的动画效果，"效果选项"对话框会有差异。

图 6-83　效果选项

演示文稿放映
概述

3. 演示文稿的放映

不同的演示环境，需要不同的放映方式控制，可以设置放映类型、幻灯片的放映范围和换片方式等来获得满意的放映效果。一个创建好的演示文稿必须经过放映才能体现它的演示功能，实现动画和链接效果。

（1）幻灯片的放映

在"幻灯片放映"选项卡"开始放映幻灯片"组中选择"从头开始"按钮，可以从首张幻灯片开始放映。若要从当前幻灯片开始放映，单击"从当前幻灯片开始"按钮，如图 6-84 所示。

图 6-84　选择幻灯片放映方式

（2）在放映幻灯片期间添加备注

放映幻灯片时，可以在幻灯片的任何地方添加手写备注。在幻灯片放映视图中右击，在弹出的快捷菜单中选择"指针选项"→"笔"或"荧光笔"等命令，如图 6-85 所示，就可以在幻灯片上进行书写了。选择"箭头选项"→"可见"命令，即可使鼠标指针恢复正常，选择"擦除幻灯片上的所有墨迹"选项可以删除刚手写的墨迹。

（3）设置放映方式

若想设置从第几张幻灯片开始放映，直到第几张幻灯片结束，可以在"幻灯片放映"选项卡"设置"组中选择"设置幻灯片放映"按钮，弹出"设置放映方式"对话框，然后根据需要进行设置，如图 6-86 所示。

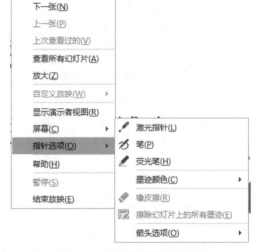

图 6-85　选择"指针选项"

（4）排练计时

在"幻灯片放映"选项卡"设置"组中选择 "排练计时"命令，按需要的速度把幻灯片放映一遍，到达幻灯片结尾时，单击"是"按钮，接受排练时间，或单击"否"按钮，重新开始排练。设置排练时间后，在放映时，若没有单击鼠标，幻灯片会根据保存的排练时间来放映。

（5）录制旁白

在播放幻灯片的时候，对于一些重点问题需要阐述，如果用文字的方法介绍可能要在幻灯片中写很多文字才能概括清楚，遇到这种情况可利用 PowerPoint 的录制旁白给文稿加入声音介绍。要录制语音旁白，需要声卡、话筒和扬声器等设备。在"幻灯片放映"选项卡"设置"组中单击"录制幻灯片演示"按钮，选择开始录制的位置，如图 6-87 所示，接着弹出"录制幻灯片演示"对话框，在保证录音设备正常工作的情况下，单击"开始录制"命令，如图 6–88 所示，进入幻灯片放映视图。此时一边控制幻灯片的放映，一边通过话筒输入语音旁白。直到放映完所有幻灯片，遇到黑色的"退出"屏幕时单击鼠标完成录制。

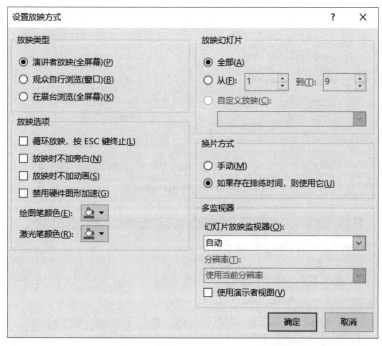

图 6-86　"设置放映方式"对话框

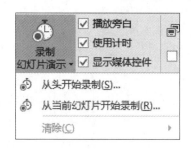

图 6-87　选择开始录制的位置

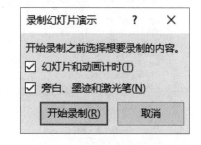

图 6-88　"录制幻灯片演示"对话框

旁白是自动保存的，而且会出现提示框询问是否要保存放映时间。需要保存则单击"保存"按钮，否则单击"不保存"按钮。

在演示文稿中每次只能播放一次声音，若已插入自动播放的声音，语音旁白会将其覆盖。

4. 保存演示文稿

制作完成的演示文稿要记得保存。保存的操作方法为：

执行"文件"→"另存为"命令，选中存放的位置和文件名、文件类型即可（见图 6-89）。单击"保存类型"输入框右侧的下三角按钮，即可打开更多的文件类型列表，如图 6-90 所示。

演示文稿默认的类型后缀为 .pptx；放映格式后缀为 .ppsx，此类型的演示文稿会自动启动播放；模板后缀为 .potx。

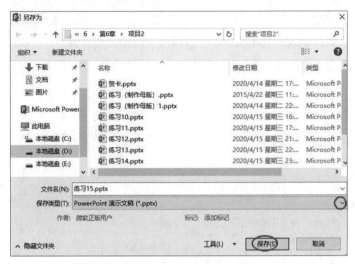

图 6-89 "另存为"对话框

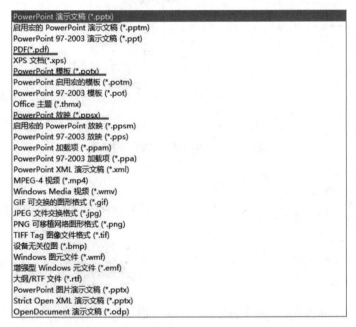

图 6-90 保存的类型

5. 演示文稿的发布和共享

演示文稿制作完成后，需要根据使用的需求来保存并发布演示文稿。常用的发布方式有：

（1）直接复制演示文稿

这种方法最简单、方便，只要将制作完成的演示文稿整个目录复制到 U 盘上进行携带就行了。但需要注意以下几点：

①必须保证演示文稿中超链接的所有外部文件（文档、视频、音频）必须在演示文稿的同一个目录中有存放，否则无法正常播放。

②确保运行该演示文稿的计算机所安装的 PowerPoint 版本与制作版本一致，不然可能会出现自定义动画不能正常播放的情况。

③如果你在演示文稿中使用了其他一些艺术字体，必须保证运行该演示文稿的计算机也安装了对应的字体，不然艺术字体将无法正常显示。

（2）共享

用户可以通过将演示文稿保存到云并将链接发送给他人，来分享演示文稿，进行协作处理。如果不想与其他人共享文档，只需使用传统的电子邮件附件将演示文稿发送给其他人就可以。

通过选择"文件"→"共享"选项卡，可以设置共享的方式，有与人共享、电子邮件、联机演示、发布幻灯片、设置效果如图 6-91~ 图 6-94 所示。

图 6-91　与人共享

图 6-92　电子邮件

图 6-93　联机演示

图 6-94　发布幻灯片

6. 演示文稿的打印

打印演示文稿的操作方法为：在"文件"选项卡下选择"打印"命令，如图 6-95 所示，在设置区中，通过"打印全部幻灯片"下拉列表可以选择打印的范围；通过"整页幻灯片"下拉列表可以选择打印的版式（整页幻灯片、备注页、大纲）；通过"颜色"下拉列表可以选择以彩色或灰度或纯黑白色方式打印。

提示：演示文稿与 Word 的一个重要区别就是，演示文稿中可以设置多种动画效果，这些动画效果的设置可以突出关键信息，起到画龙点睛的作用。但是动画效果的使用切忌不可乱而繁杂，过多、过于花哨的动画效果在吸引观众注意力的同时，会分散观众对主题内容的关注，因此动画效果的使用要恰到好处。

演示文稿的放映有多种方式，可以根据需要选择。同时，使用者在演示时，为了使观众有一个整体的、更详细的了解，也可以提前打印演示文稿，发给观众。

图 6-95　设置打印

第7章

多媒体技术与应用

　　媒体是承载信息的载体，是信息的表示形式。客观世界有各种各样的信息形式，它们都是自然界和人类社会活动中原始信息的具体描述和表现。信息媒体元素是指多媒体应用中可以显示给用户的媒体组成元素，主要包括文本、图形、图像、声音、动画和视频等媒体。多媒体技术是当前计算机领域中最引人注目的高新技术之一，主要利用计算机技术、通信技术和大众传播技术来综合处理多种媒体信息。多媒体技术使多种信息之间建立了有机联系，并集成为一个具有人机交互性的系统。互联网时代的到来，信息传播成本逐渐下降，为多媒体数据的传播和技术的发展提供了有利的环境。随着大数据和人工智能等新技术的普及与革新，多媒体技术相关的应用领域也得到了渗透和突破。短文本、图片、长视频、短视频、直播、虚拟现实等各种媒体形式占据着互联网，媒体内容和形式日趋丰富。其中，人工智能技术将在图像识别、语音语义识别、同声传译、字幕识别等多媒体应用场景有更深的应用与挖掘。多媒体技术改善了人机交互界面，使计算机朝着人类接收和处理信息的最自然的方式发展。交互性是多媒体技术独一无二的最具特色和优势的根本特性，它可以通过采用图形交互界面、窗口交互操作来实现人和计算机之间的信息输入与输出。可以说，多媒体技术是人机交互方式的一次革命。

　　本章介绍多媒体信息处理技术的基本问题，包括多媒体技术的基本概念、多媒体的相关技术、多媒体素材的分类，还介绍了多媒体处理技术，包括图像、音频、视频、动画等的处理。

7.1　多媒体技术

　　多媒体技术几乎涉及与信息技术相关的各个领域，它大体上可分为三个方面：多媒体基本技术，多媒体系统的构成与实现技术，多媒体的创作与表现技术。其中多媒体基本技术主要研究多媒体信息的获取、存储、处理、传输、压缩/解压缩等内容；多媒体系统的构成与实现技术主要研究和多媒体技术相关的计算机硬件系统集成；多媒体的创作与表现技术则主要研究多媒体应用软件开发和多媒体应用设计等内容。

7.1.1　多媒体技术的基本概念

　　计算机多媒体中的"媒体"是指存储信息的物理实体（如磁盘、光盘等），信息的表现形式或传播信息的载体（包括语言、文字、图像、视频、音频等）。

多媒体技术的
基本概念

在计算机系统中，多媒体是指组合两种或两种以上媒体的一种人机交互式信息交流和传播媒体。多媒体技术是指运用计算机综合处理多媒体信息的技术，包括将多种信息建立逻辑连接，进而集成为一个具有交互性的系统等。它是一种基于计算机的综合技术，包括数字化信息的处理技术、音频和视频技术、计算机硬件和软件技术、人工智能和模式识别技术、通信和图像技术等，是一门跨学科的综合技术。

媒体是指人们用于传播和表示各种信息的手段。通常分为感觉媒体、表示媒体、显示媒体、存储媒体、传输媒体五类。

①感觉媒体：是指能直接作用于人们的感觉器官，从而使人产生直接感觉的媒体，如语言、声音、图像、动画、文本等。

②表示媒体：是指为了传送感觉媒体而人为研究出来的媒体，如文本编码、条形码等。

③显示媒体：是指输入/输出信息的媒体，用于在电信号和感觉媒体之间产生转换，如键盘、鼠标、显示器、打印机等。

④存储媒体：是指用于存储表示媒体的物理介质，如硬盘、光盘、胶卷等。

⑤传输媒体：是指传输表示媒体的物理介质，如电缆、光缆等。

通常我们学习和使用的多媒体技术主要是感觉媒体。媒体在计算机领域有两层含义：一是指用以存储信息的实体，如磁带、磁盘、光盘等；另一种是指信息的载体，如数字、文字、图像、声音、动画和视频等。计算机多媒体技术中的多媒体是指后者，信息的载体。

多媒体技术的主要特征如下：

①多样性：指媒体种类及其处理技术的多样化。

②集成性：主要表现为多种信息媒体的集成和处理这些媒体的软硬件技术的集成。信息媒体的集成，就是将各种不同的媒体信息有机地同步，并集成为一个完整、协调的多媒体信息；各种不同的显示或表现媒体设备的集成。

③交互性：为用户提供有效地控制和使用信息的手段，它增加了用户对信息的理解，延长信息保留的时间。多媒体计算机除了可以播放各种媒体信息外，还可以与使用者进行信息交换。

④实时性：由于声音、动态图像（视频）随时间变化，所以多媒体技术必须要支持实时处理。声音和活动视频图像的实时同步处理，使声音和图像在播放时不出现停滞。

⑤数字化：处理多媒体信息的关键设备是计算机，所以要求不同媒体形式的信息都要进行数字化。

7.1.2　多媒体的相关技术

多媒体的相关技术包含了信息存储技术、数据压缩/解压缩技术、数字图像处理技术、数字音频视频处理技术、网络与通信技术和多媒体软件技术等。

1. 多媒体信息存储技术

数字化数据存储的介质有硬盘、光盘和磁带等。多媒体存储技术主要是指光存储技术。光存储技术发展很快，特别是近 10 年来，近代光学、微电子技术、光电子技术及材料科学的发展，为光学存储技术的成熟及工业化生产创造了条件。光存储设备以其存储容量大、工作稳定、密度高、寿命长、介质可换、便于携带、价格低廉等优点，成为多媒体系统普遍使用的设备。

多媒体的相关技术

2. 多媒体数据压缩/解压缩技术

多媒体计算机（Multimedia Personal Computer，MPC）需要解决的关键问题

之一是要使计算机能实时地综合处理声音、文字、图像等多媒体信息。由于数字化的图像、声音等媒体数据量非常大，致使目前流行的计算机产品，特别是个人计算机上开展多媒体应用难以实现。例如，未经压缩的视频图像处理时数据量约为每秒28MB，播放一分钟立体声音乐也需要100MB存储空间。视频与音频信号不仅需要较大的存储空间，还要求传输速度快，这对目前的微机来说几乎无法胜任。因此，必须对多媒体数据进行压缩和解压缩。压缩技术能够节省存储空间，提高通信介质的传输效率，使计算机实时处理和播放视频、音频信息成为可能。

3. 大规模集成电路（Very Large Scale Integration，VLSI）多媒体专用芯片技术

多媒体计算机技术是一门涉及多项基本技术综合一体化的高新技术，特别是视频信号和音频信号数据实时压缩和解压缩处理需要进行大量复杂计算，普通计算机根本无法胜任这些工作。高昂的成本将使多媒体技术无法推广。由于VLSI技术的进步使得生产低廉的数字信号处理器（Digital Signal Processor，DSP）芯片成为可能。VLSI技术为多媒体的普遍应用创造了条件，因此，VLSI多媒体专用芯片是多媒体技术发展的核心技术。就处理事务来说，多媒体计算机需要快速、实时完成视频和音频信息的压缩和解压缩、图像的特技效果、图形处理、语音信息处理等。上述任务的圆满完成必须采用专用芯片才行。

4. 多媒体网络与通信技术

多媒体通信技术支持是保证多媒体通信实施的条件。多媒体通信要求系统能够综合地传输、交换各种类型的多媒体信息，不同的信息呈现出不同的特征。比如，语音和视频有较强的实时性要求，它允许出现部分信号失真，但不能容忍任何延迟；而对于文本、数字来说，则可容忍延迟，但却不能有错，因为即使是一个字节的错误都可能改变数据的意义。传统的通信方式各有自己的优点，但又都有自己的局限性，不能满足多媒体通信的要求。

多媒体通信网络为多媒体应用系统提供多媒体通信手段。多媒体网络系统就是将多个多媒体计算机连接起来，以实现共享多媒体数据和多媒体通信的计算机网络系统。多媒体网络必须有较高的数据传输速率或较宽的信道带宽，以确保高速实时地传输大容量的文本、图形、图像、音频和视频等多媒体数据。

5. 多媒体软件技术

随着硬件的进步，多媒体软件技术也在快速发展。从操作系统、编辑创作软件，到更加复杂的专用软件，产生了一大批多媒体软件系统。特别是在Internet发展的大潮中，多媒体的软件更是得到很大的发展。

多媒体操作系统是多媒体操作的基本环境。一个系统是多媒体的，其操作系统必须首先是多媒体化的。将计算机的操作系统转变成能够处理多媒体信息，并不是增加几个多媒体设备驱动接口那么简单。其中基于时间媒体的处理就是最关键的环节。对连续性媒体来说，多媒体操作系统必须支持时间上的时限要求，支持对系统资源的合理分配，支持对多媒体设备的管理和处理，支持大范围的系统管理，支持应用对系统提出的复杂的信息连接的要求。多媒体的素材采集和制作技术包括文本、图形、图像、动画等素材的通用软件工具和制作平台的开发和使用，音频和视频信号的抓取和播放、音视频信号的混合和同步、数字信号的处理、显示器和电视信号的相互转换及相应媒体采集和处理软件的使用问题。

多媒体创作工具或编辑软件是多媒体系统软件的最高层次。多媒体创作工具应当具有操纵多媒体信息进行全屏幕动态综合处理的能力，支持应用开发人员创作多媒体应用软件。

6. 超文本与超媒体技术

超文本（Hypertext）技术产生于多媒体技术之前，随着多媒体技术的发展而大放异彩。超文本适合于表达多媒体信息，是一种新颖的文本信息管理技术，是一种典型的数据库技术。它是一个非线性的结构，以结点为单位组织信息，在结点与结点之间通过表示它们之间关系的链，加以连接构成表达特定内容的信息网络。用户可以有选择地查阅感兴趣的文本。超文本组织信息的方式与人类的联想记忆方式有相似之处，从而可以更有效地表达和处理信息。如果这种表达信息方式不仅是文本，还包括图像、声音等形式，则称为超媒体系统。

此外，还有集成电路制作技术，用以提高多媒体处理过程中大量计算处理速度。通过多媒体数据库技术研究多媒体信息的特征，建立多媒体数据模型，有效地组织和管理多媒体信息，检索和统计多媒体信息。

多媒体技术的发展呈现多学科交汇、多领域应用的特点，顺应信息时代的需要，促进和推动新产业的形成和发展。随着科技的发展，多媒体的相关技术正向集成化、嵌入化、网络化和智能化等新方向发展。主要体现在：虚拟现实、增强现实、混合现实等。

7. 虚拟现实技术（Virtual Reality，VR）

虚拟现实技术是一种可以创建和体验虚拟世界的计算机仿真系统。它利用计算机生成一种模拟环境，使用户沉浸到该环境中，是一种多源信息融合的、交互式的三维动态视景和实体行为的系统仿真。多种应用虚拟现实技术已经在影视、游戏、娱乐、教育、设计、军事、航空航天等领域中得到了广泛的应用。

VR国外教学应用

虚拟现实技术利用计算机生成一种模拟环境通过多种传感设备，使人能够沉浸在计算机生成的虚拟境界中，并能够通过语言、手势等自然的方式与之进行实时交互，创建了一种适人化的多维信息空间。虚拟现实技术是利用计算机技术生成一个具有逼真的视觉、听觉、触觉及嗅觉等的感觉世界，通过多种传感设备使用户"投入"到该模拟环境中，在用户与该模拟环境之间直接实现自然交互的技术。可以说，"投入"是虚拟现实的本质。这里所谓的"模拟环境"一般是指用计算机生成的有立体感的图形，它可以是某一特定环境的表现，也可以是纯粹的构想的世界。虚拟现实中常用的传感设备包括穿戴在人体上的装置，如立体头盔、数据手套、数据衣等，也包括放置在现实环境中的传感装置。图 7-1 所示是模拟飞行驾驶，图 7-2 所示是虚拟教学。

图 7-1　模拟飞行驾驶

图 7-2　虚拟教学

8. 增强现实技术（Augmented Reality，AR）

增强现实技术是一种将虚拟信息与真实世界巧妙融合的技术，广泛运用了多媒体、三维建模、实时跟踪及注册、智能交互、传感等多种技术手段，将计算机生成的文字、图像、三维模型、音乐、视频等虚拟信息模拟仿真后，应用到真实世界中，两种信息互为补充，从而实现对真实世界的"增强"。AR 是促使真实世界信息和虚拟世界信息内容之间综合在一起的较新的技术内容，它将原本在现实世界的空间范围中比较难以进行体验的实体信息在电脑等科学技术的基础上，实施模拟仿真处理，将虚拟信息内容叠加在真实世界中，并且能够被人类感官所感知，从而实现超越现实的感官体验。真实环境和虚拟物体之间重叠之后，能够在同一个画面以及空间中同时存在。

　　AR 技术现在已经有了广泛的应用，能够以更具互动性的方式改变教学方式，通过将交互式 3D 模型投射在 AR 中，可以把抽象的概念和物体一步步拆分，让学习者有最直观的感受。健康医疗也是 AR 应用的主要领域之一，而且 AR 在医学上的应用案例已经越来越多，在教育培训、病患分析、手术治疗等方面都有成功的应用。2015 年，波兰华沙心脏病研究所的外科医生就利用 Google Glass 辅助手术治疗，实时了解患者冠状动脉堵塞情况。美国凯斯西储大学医学院的学生则使用 HoloLens 在数字尸体上解剖虚拟组织。

　　9. 混合现实技术（Mixed Reality，MR）

　　混合现实技术是虚拟现实技术的进一步发展，通过在现实场景呈现虚拟场景信息，在现实世界、虚拟世界和用户之间搭起一个交互反馈的信息回路，以增强用户体验的真实感。混合现实的实现需要在一个能与现实世界各事物相互交互的环境中。

最新一代MR
眼镜案例

　　MR 技术结合了 VR 与 AR 的优势，能够更好地将 AR 技术体现出来。如果一切事物都是虚拟的那就是 VR 技术；如果展现出来的虚拟信息只能简单叠加在现实事物上，那就是 AR 技术，而 MR 的关键点则是与现实世界进行交互和信息的及时获取。

　　图 7-3 所示为 VR 技术的应用，图 7-4 所示为 AR 技术的应用，图 7-5 为 MR 技术的应用。

图 7-3　VR 技术的应用　　　图 7-4　AR 技术的应用　　　图 7-5　MR 技术的应用

　　◎ 思考与提高——VR、AR、MR技术的比较

　　增强现实（AR）技术包含了多媒体、三维建模、实时视频显示及控制、多传感器融合、实时跟踪及注册、场景融合等新技术和新手段。在如尖端武器、飞行器的研制与开发、数据模型的可视化、虚拟训练、娱乐与艺术等领域具有广泛的应用，而且由于其具有能够对真实环境进行增强显示输出的特性，在医疗研究与解剖训练、精密仪器制造和维修、军用飞机导航、工程设计和远程机器人控制等领域，具有比虚拟现实（VR）技术更加明显的优势。增强现实技术在勘察设计领域中可以有效地应用于实时方案比较、设计元素编辑、三维空间综合信息整合、辅助决策和设计方案多方参与等方面。

混合现实（MR）技术是虚拟现实技术（VR）的进一步发展，该技术通过在现实场景呈现虚拟场景信息，在现实世界、虚拟世界和用户之间搭起一个交互反馈的信息回路，以增强用户体验的真实感。VR是纯虚拟数字画面，而AR是虚拟数字画面加上裸眼现实，MR是数字化现实加上虚拟数字画面。从概念上来说，MR与AR更为接近，都是一半现实一半虚拟影像，但传统AR技术运用棱镜光学原理折射现实影像，视角不如VR视角大，清晰度也会受到影响。混合现实技术是一组技术组合，不仅可以提供新的观看方法，还可以提供新的输入方法，而且所有方法相互结合，从而推动技术创新。混合现实技术的关键点就是与现实世界进行交互和信息的及时获取。

7.1.3 多媒体素材的分类

多媒体素材是指多媒体相关工程设计中所用到的各种听觉和视觉工具材料。多媒体素材是多媒体应用的基本组成元素，是承载多媒体数据信息的基本单位。它包括文本、图形、图像、动画、视频、音频等。

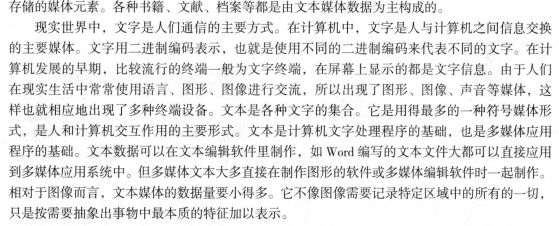

多媒体素材的
分类

1. 文本

文本是指各种文字，包括数字、字母、符号、汉字等各种专用符号表达的信息形式，它是现实生活中使用最多的一种信息存储和传递方式。用文本表达信息给人充分的想象空间，它主要用于对知识的描述性表示，如阐述概念、定义、原理和问题等内容。与其他媒体相比，文字是最容易处理、占用存储空间最少、最方便利用计算机输入和存储的媒体元素。各种书籍、文献、档案等都是由文本媒体数据为主构成的。

现实世界中，文字是人们通信的主要方式。在计算机中，文字是人与计算机之间信息交换的主要媒体。文字用二进制编码表示，也就是使用不同的二进制编码来代表不同的文字。在计算机发展的早期，比较流行的终端一般为文字终端，在屏幕上显示的都是文字信息。由于人们在现实生活中常常使用语言、图形、图像进行交流，所以出现了图形、图像、声音等媒体，这样也就相应地出现了多种终端设备。文本是各种文字的集合。它是用得最多的一种符号媒体形式，是人和计算机交互作用的主要形式。文本是计算机文字处理程序的基础，也是多媒体应用程序的基础。文本数据可以在文本编辑软件里制作，如 Word 编写的文本文件大都可以直接应用到多媒体应用系统中。但多媒体文本大多直接在制作图形的软件或多媒体编辑软件时一起制作。相对于图像而言，文本媒体的数据量要小得多。它不像图像需要记录特定区域中的所有的一切，只是按需要抽象出事物中最本质的特征加以表示。

常用的文本文件的格式有 TXT、RTF，以及 Word 格式的 DOC、DOT 文件。常用的编辑软件：Windows 记事本、Microsoft Word、WPS 等，如图 7-6~ 图 7-8 所示。

2. 图像

图像是多媒体软件中最重要的信息表现形式之一，它是决定一个多媒体软件视觉效果的关键因素。一般地说，凡是能被人类视觉系统所感知的信息形式，或人们心目中的有形想象都称为图像。事实上，无论是图形，还是文字、视频等，最终都以图像的形式出现，但是由于在计算机中对它们分别有不同的表示、处理及显示方法，一般把它们看成不同的媒体形式。图形文件基本上可以分为两大类：位图和矢量图。

图 7-6　Window 记事本　　　图 7-7　Microsoft Word　　　图 7-8　WPS

（1）位图（Bitmap）

位图通常是指计算机中的图像，又称为点阵图像，由一个个像素点组成。各个像素点的强度与颜色的数位集合构成位图文件。当放大位图时，可以看见赖以构成整个图像的无数个方块。位图图像适合表现比较细致，层次和色彩比较丰富，包含大量细节的图像。位图图像是一种最基本的形式。位图是在空间和亮度上已经离散化的图像，可以把一幅位图图像看成一个矩阵。矩阵中的任一元素对应于图像的一个点，而相应的值对应于该点的灰度等级。

（2）矢量图

矢量图通常是指计算机中的图形。矢量图形是通过一组指令集来描述的，这些指令描述构成一幅图的所有直线、圆、圆弧、矩形、曲线等的位置、维数和大小、形状。显示时需要专门的软件读取这些指令，并将其转变为屏幕上所显示的形状和颜色。矢量图形的特点是文件小、不会随着而缩放而失真，主要用于线形的图画、美术字、工程制图等。

常见的图像文件格式有：BMP、JPG（JPEG）、JPEG 2000（.jpg2）、GIF、PSD、CDR、PNG、TIFF 等。为了适应不同应用的需要，图像可以以多种格式进行存储。例如，Windows 中的图像以 BMP 或 DIB 格式存储。另外还有很多图像文件格式，如 PCX、PIC、GIF、TGA 和 JPG等。不同格式的图像可以通过工具软件来转换。常见的图形文件的格式有如下几种：BMP、PCX、GIF、TIF、JPG、TGA 等。常用的图像编辑软件有：Windows 画图、CorelDraw、Adobe Photoshop、Fireworks 等，如图 7-9~ 图 7-12 所示。

图 7-9　Window 画图　　　图 7-10　CorelDraw　　　图 7-11　Adobe Photoshop　　　图 7-12　Fireworks

3. 动画

动画是利用人的视觉暂留特性，快速播放一系列连续运动变化的图形图像，也包括画面的缩放、旋转、变换、淡入淡出等特殊效果。通过动画可以把抽象的内容形象化，使许多难以理解的信息内容变得生动有趣。图形或图像按照一定顺序组成事件序列就是动画。

图像或图形都是静止的，由于人眼的视觉暂留作用，在亮度信号消失后亮度感觉仍可保持 1/20s~1/10s。利用人眼视觉惰性，在时间轴上，每隔一段时间在屏幕上展现一幅有上下关联的图像、图形，就形成了动态图像。任何动态图像都是由多幅连续的图像序列构成的，序列中的每幅图像称为一帧。如果每一帧图像是由人工或计算机生成的图形时，称为动画；若每帧图像为计算机产生的具有真实感的图像时，称为三维真实感动画；当图像是实时获取的自然景物图像时就称为动态影像视频，简称视频。用计算机制作动画的方法有两种：一种称为造型动画，另一种称为帧动画。帧动画由一幅幅连续的画面组成图像或图形序列，是产生各种动画的基本方法。造型动画则是对每一个活动的对象分别进行设计，赋予每个对象一些特征（如形状、大小、颜色等），然后用这些对象组成完整的画面。造型动画每帧由图形、声音、文字、调色板等造型元素组成，用制作表组成的脚本来控制动画每一帧中活动对象表演和行为。

常见的动画文件格式有：SWF、GIF、AVI。常用的动画编辑软件有：Unity、Flash、Director、3D Max 等，如图 7-13~7-16 所示。

图 7-13　Unity　　　　图 7-14　Flash　　　　图 7-15　Director　　　　图 7-16　3D Max

4. 音频

音频属于听觉类媒体，泛指声音，除语音、音乐外，还包括各种音响效果。声音是人们用来传递信息、交流感情最方便、最熟悉的方式之一。语音是指人们讲话的声音；音效是指声音特殊效果，如雨声、铃声、机器声、动物叫声等，它可以从自然界中录音得到，也可以采用特殊方法人工模拟制作而成；音乐则是一种最常见的声音形式。

将音频信号集成到多媒体中，可提供其他任何媒体不能取代的效果，从而烘托气氛、增加活力。音频通常被作为"音频信号"或"声音"的同义语，如：波形声音、语音和音乐等，它们都属于听觉媒体，其频率范围大约在 20Hz 至 20kHz 之间。波形声音包含了所有的声音形式。任何声音信号，包括麦克风、磁带录音、无线电和电视广播、光盘等各种声源所产生的声音，都要首先进行模数转换，然后再恢复出来。常见的声音文件格式有：WAV、MIDI、MP3、WMA、CDA、OGG、ASF 等。常用的编辑软件有：Cool Edit、Adobe Audition 等，如图 7-17、图 7-18 所示。

图 7-17　Cool Edit Pro　　　　　　　　图 7-18　Adobe Audition

5. 视频影像

视频影像具有时序性与丰富的信息内涵，常用于交待事物的发展过程。视频非常类似于我们熟知的电影和电视，有声有色，在多媒体中充当起重要的角色。

视频影像是动态图像的一种。与动画一样，由连续的画面组成，只是画面图像是自然景物的图像。视频一词源于电视技术，但电视视频是模拟信号，而计算机视频则是数字信号。计算机视频图像可来自录像带、摄像机等视频信号源，这些视频图像使多媒体应用系统功能更强、更精彩。但由于视频信号的输出一般是标准的彩色全电视信号，所以，在将其输入到计算机之前，先要进行数字化处理，即在规定时间内完成取样、量化、压缩和存储等多项工作。影像文件通常泛指自扫描仪或视频卡读入的静态画面（影像）。因为这种影像不容易像圆、直线、方形、曲线等图形元件那样清楚地被定义，所以，都是以点阵的方式存入文件。换句话说，我们可以将影像文件视为位图图形文件。

电视、录像片等大家日常使用的视频图像都是采用模拟信号对图像还原的，都属于模拟视频图像。模拟视频图像往往采用不可逆或数字化的介质作为记录材料。录像带是大家非常熟悉的，它所记录的内容是典型的模拟视频图像。模拟视频图像具有成本低、还原度好的优点，因此，在电视上看到的风景，往往有身临其境的感觉。模拟视频图像的最大缺点是不论记录的图像多么清晰，经过长时间的存放后，视频质量将大幅降低，或者经过多次复制后，图像失真就会很明显。个人计算机只能处理数字信息，对视频图像也不例外。模拟视频信号输入计算机后需要经过模数转换。在计算机上存储视频图像的优点是视频图像的可逆转性，使用视频编辑软件可以逐帧编辑或将图像播放方向逆转，制造出特殊的效果。此外，视频图像不会随时间的推移，出现图像衰减或失真的问题。

数字视频图像有两层技术涵义。一是模拟视频信号输入计算机进行数字化视频编辑，最后的成品称为数字化视频图像。二是指视频图像由数字化的摄像机拍摄下来，从信号源开始，就是无失真的数字化视频，输入计算机时不再考虑视频质量的衰减问题，然后通过软件编辑制成成品。这是第二层涵义的数字化视频，也是更纯粹的数字视频技术。一般我们所指的数字化视频技术主要还是前一种数字视频技术，即模拟视频的数字化处理存储输出技术。数字视频是来自录像带、摄像机等模拟视频信号经过数字化视频处理，或是通过计算机获取的数字视频源，进行剪辑后获得的视频。常见的视频格式有：AVI、MEPG、RMVB、FLV、MOV、3GP、MKV 等。常用的视频编辑软件有：Adobe Premiere、Adobe After Effects、EDIUS、会声会影等，如图 7-19~ 图 7-22 所示。

图 7-19　Adobe Premiere　图 7-20　Adobe After Effects　图 7-21　EDIUS　图 7-22　会声会影

7.2　多媒体处理技术

多媒体技术的特点是交互地综合地处理声音、图像信息，在多媒体的广泛应用过程中，声音以及动态图像（视频）为我们提供了一个更加真实的交流。

多媒体信息处理技术是指利用数学、美工等方法和多媒体硬件技术的支持来获取、压缩、识别、综合等多媒体信息的技术。获取和压缩可以合并成变换技术。如前文所述，不同形式的媒体信息都须经数字化后才能被计算机处理；计算机处理的数字化结果须转换成声、图、文、像等自然媒体形式反馈给人。多媒体信息的数据压缩是利用特定算法去除大容量的数据编码中的冗余度以减少信息存储量的变换方式。多媒体信息的识别是对数字化信号进行特征抽取而得到参数及数据的处理方式，如语音识别能将音频信号映射成一串字、词或句子。多媒体信息的综合就是利用模式识别、人工智能等手段将不同媒体形式表达的各种数据综合还原成本来物体对象的处理方法，如语音综合器能将语音的内部表示综合成自然人语输出。从获取到综合是多媒体信息处理程度不断深化的过程。

图像处理

7.2.1　图像处理

近年来，随着计算机硬件技术的飞速发展和更新，使得计算机处理图形图像的能力大大增强。以前要用大型图形工作站来运行的图形应用软件，或是特殊文件格式的生成及对图形所做的各种复杂的处理和转换。如今，很普遍的家用计算机就完全可以胜任，我们还可以轻易地使用 Photoshop、Corel Draw、3D Max 等软件做出精美的图片或是逼真的三维图像和动画。具体来说，图形图像处理技术包括图形图像的获取、存储、显示和处理。获取的方式有很多种。图形图像文件的存储也有很多格式，如 BMP、GIF、JPG、EPS、PNG 等。图形图像的显示原理同呈现图形图像的主要设备有关。图形图像的处理技术是多媒体技术的关键，它决定了多媒体在众多领域中应用的成效和影响。

计算机存储和处理的图形与图像信息都是数字化的，因此，无论以什么方式来获取图形图像信息，最终都要转换为二进制数代码表示的离散数据的集合，即数字图像信息。图像又称为点阵图像或位图图像，它是由许多单独的小方块组成，这些小方块又称为像素点。每个像素点都有特定的位置和颜色值。像素是构成位图图像的基本单元，而分辨率决定了位图图像细节的精细程度。图像处理技术是用计算机对图像信息进行处理的技术，主要包括图像数字化、图像增强和复原、图像数据编码、图像分割和图像识别等。

图形处理技术包括二维平面和三维空间图形处理技术两种，具体处理技术有平移、旋转、缩放、透视、投影等几何变换，配色、阴暗处理、纹理处理、隐面消除等。图像的处理包括图像的变换、增强、复原、合成、重建、分割、识别、编码压缩等。

1. 图像增强

图像增强的目的是改善图像的视觉效果，它是各种技术的汇集，应用也十分广泛，如指纹、虹膜、人脸等生物特征的增强处理，对有雾图像、夜视红外图像、交通事故的分析等。图像增强不考虑图像降质的原因，突出图像中所感兴趣的部分。如强化图像高频分量，可使图像中物体轮廓清晰，细节明显；强化低频分量可减少图像中噪声影响。

2. 图像复原

图像恢复的目的是力求图像保持本来面目，用来纠正图像在形成、传输、存储、记录和显示过程中产生的变质和失真。图像增强和复原的目的都是为了提高图像的质量，如去除噪声、提高图像的清晰度等。图像复原要求对图像降质的原因有一定的了解，应根据降质过程建立"降质模型"，再采用某种滤波方法，恢复或重建原来的图像。

3. 图像分割

图像分割是数字图像处理中的关键技术之一，它是由图像处理到图像分析的关键步骤。图像分割是数字图像处理中的关键技术之一。图像分割是将图像中有意义的特征部分提取出来，其有意义的特征有图像中的边缘、区域等，这是进一步进行图像识别、分析和理解的基础。虽然目前已研究出不少边缘提取、区域分割的方法，但还没有一种普遍适用于各种图像的有效方法。因此，对图像分割的研究还在不断深入之中，是目前图像处理中研究的热点之一。

4. 图像识别

图像识别技术是人工智能的一个重要领域，也称模式识别，就是对图像进行特征抽取，然后根据图形的几何及纹理特征对图像进行分类，并对整个图像进行结构上的分析。图像描述是图像识别和理解的必要前提。作为最简单的二值图像可采用其几何特性描述物体的特性。一般图像的描述方法采用二维形状描述，它有边界描述和区域描述两类方法。对于特殊的纹理图像可采用二维纹理特征描述。随着图像处理研究的深入发展，已经开始进行三维物体描述的研究，提出了体积描述、表面描述、广义圆柱体描述等方法。

图像识别属于模式识别的范畴，其主要内容是图像经过某些预处理（增强、复原、压缩）后，进行图像分割和特征提取，从而进行判决分类。图像分类常采用经典的模式识别方法，有统计模式分类和句法（结构）模式分类。近年来新发展起来的模糊模式识别和人工神经网络模式分类在图像识别中也越来越受到重视。图像识别的应用范围极其广泛，如工业自动控制系统、人脸及指纹识别系统以及医学上的癌细胞识别等（如百度识图、人脸识别对比）。

5. 图像编码

图像编码的目的是解决数字图像占用空间大，特别是在做数字传输时占用频带太宽的问题。图像编码的核心技术是图像压缩。对那些实在无法承受的负荷，只好利用数据压缩技术使图像数据达到有关设备能够承受的水平。图像编码压缩技术可减少描述图像的数据量（即比特数），以便节省图像传输、处理时间和减少所占用的存储器容量。压缩可以在不失真的前提下获得，也可以在允许的失真条件下进行。编码是压缩技术中最重要的方法，它在图像处理技术中是发展最早且比较成熟的技术。评价图像压缩技术要考虑三个方面的因素：压缩比、算法的复杂程度和重现精度。

常见的图像处理软件有 Adobe Photoshop、Adobe Illustrator（见图 7-23）和 ACDSee（见图 7-24）等。

图 7-23　Adobe Illustrator　　　　图 7-24　ACDSee

Photoshop 是 Adobe 公司的王牌产品，是一款图像处理软件，在图形图像处理领域拥有毋庸置疑的权威。无论是平面广告设计、室内装潢，还是处理个人照片，Photoshop 都已经成为不可或缺的工具。随着近年来个人计算机的普及，使用 Photoshop 的家庭用户也多了起来，Photoshop 已经发展成为家庭计算机的必装软件之一。从功能上看，Photoshop 可分为图像编辑、图像合成、校色调色及功能色效制作部分等。图像编辑是图像处理的基础，可以对图像做各种变换如放大、缩小、旋转、倾斜、镜像、透视等，也可进行复制、去除斑点、修补、修饰图像的残损等。

Illustrator 同样出自 Adobe 公司，是一种应用于出版、多媒体和在线图像的工业标准矢量插画的软件。作为一款非常好的矢量图形处理工具，该软件主要应用于印刷出版、海报书籍排版、专业插画、多媒体图像处理和互联网页面的制作等，也可以为线稿提供较高的精度和控制，适合生产任何小型设计到大型的复杂项目。作为全球最著名的矢量图形软件，它以其强大的功能和体贴用户的界面，已经占据了全球矢量编辑软件中的大部分份额。它同时作为创意软件套装 Creative Suite 的重要组成部分，与"兄弟软件"Photoshop 有类似的界面，并能共享一些插件和功能，实现无缝连接。同时它也可以将文件输出为 Flash 格式。因此，可以通过 illustrator 让 Adobe 公司的产品与 Flash 连接。

ACDSee 本身也提供了许多影像编辑的功能，包括数种影像格式的转换，可以借助档案描述来搜寻图档，简单的影像编辑，复制至剪贴簿，旋转或修剪影像，设定桌面，并且可以从数位像机输入影像。另外 ACDSee 有多种影像列印的选择，还可以在网络上分享图片，透过网络来快速且有弹性地传送拥有的数位影像。ACDSee 是使用广泛的看图工具软件，它的特点是支持性强，能打开包括 ICO、PNG、XBM 在内的二十余种图像格式，并且能够高品质地快速显示它们。

它还有一个特点是快，与其他图像观赏器比较，ACDSee 打开图像档案的速度无疑是相对的快。ACDSee 提供了良好的操作界面，具有简单人性化的操作方式，优质的快速图形解码方式，支持丰富的图形格式，强大的图形文件管理功能等。ACDSystems 是全球图像管理和技术图像软件的先驱公司，提供 ACD 品牌家族的各类产品，产品名称以 ACDSee 和 Canvas 开头。ACDSee 作为共享软件已迅速占领全球网络，全球拥有超过 2 500 万的用户。ACDSystems 公司每月软件的下载量近 100 万。

7.2.2　音频处理

音频处理

音频是多媒体技术中媒体的一种，由于音频信号是一种连续变化的模拟信号，而计算机只能处理和记录二进制的数字信号。因此，音频信号必须经过一定的变化和处理，变成二进制数据（0、1 的形式）后才能送到计算机进行编辑和存储。计算机数据的存储是以 0、1 的形式存取的，那么数字音频就是首先将音频文件转化，接着再将这些电平信号转化成二进制数据进行保存，播放的时候把这些数据转换为模拟的电平信号再送到喇叭播出。数字声音和一般磁带、广播、电视中的声音就存储播放方式而言有着本质区别。相比而言，数字声音具有存储方便、存储成本低廉、存储和传输的过程中没有声音的失真、编辑和处理非常方便等特点。

音频处理包括前处理技术，是声音没有进入传输、没有存储之前的处理。音频前处理的目的，就是让声音的存储、传输效率更高、识别率更好。听到声音的主要依托的是麦克风，主要形式为单个麦克风或麦克风阵列（多个麦克风按照一定规则排列，在特定空间对声音进行获取和处理）。麦克风阵列技术，从字面上是指麦克风的排列。也就是说由一定数目的声学传感器（一般是麦克风）组成，用来对声场的空间特性进行采样并处理的系统。声音的物理形式是声波，图像的物理形式是二维或三维空间中连续变化的光和色彩组成的。它们都属于模拟信息。这些信息是关于时间的连续函数。声音信号数字化过程包括采样、量化和编码。

音频处理的方法主要包括：音频降噪、自动增益控制、回声抑制、静音检测和生成舒适噪声，主要的应用场景是音视频通话领域。音频压缩包括各种音频编码标准，涵盖 ITU 制定的电信领域音频压缩标准（G.7xx 系列）和微软、Google、苹果、杜比等公司制定的互联网领域的音频压缩标准。

1. 音频编码压缩技术

音频压缩技术指的是对原始数字音频信号流（PCM 编码）运用适当的数字信号处理技术，在不损失有用信息量，或所引入损失可忽略的条件下，降低（压缩）其码率，也称为压缩编码。它必须具有相应的逆变换，称为解压缩或解码。音频信号在通过一个编解码系统后可能引入大量的噪声和一定的失真。

在音频压缩领域，有两种压缩方式，分别是有损压缩和无损压缩。常见到的 MP3、WMA、OGG 被称为有损压缩。有损压缩顾名思义就是降低音频采样频率与比特率，输出的音频文件会比原文件小。另一种音频压缩方式被称为无损压缩，能够在 100% 保存原文件的所有数据的前提下，将音频文件的体积压缩的更小，而将压缩后的音频文件还原后，能够实现与源文件相同的大小、相同的码率。有损压缩格式有 MP3、RMVB、WMA、WMV，而常见的、主流的无损压缩格式只有 APE、FLAC。

2. 语音识别技术

语音识别技术，也被称为自动语音识别（ASR），其目标是将人类的语音中的词汇内容转换为计算机的输入。一个完整的基于统计的语音识别系统可大致分为三部分：语音信号预处理与特征提取、声学模型与模式匹配和语言模型与语言处理。

2分钟了解语音识别技术的前世今生

语音识别技术的应用包括语音拨号、语音导航、室内设备控制、语音文档检索、简单的听写数据录入等。语音识别技术与其他自然语言处理技术（如机器翻译及语音合成技术）相结合，可以构建出更加复杂的应用，例如语音到语音的翻译。其技术所涉及的领域包括：信号处理、模式识别、概率论和信息论、发声机理和听觉机理、人工智能等。语音识别是一门交叉学科，语音识别正逐步成为信息技术中人机接口的关键技术，语音识别技术与语音合成技术结合使人们能够甩掉键盘，通过语音命令进行操作。语音技术的应用已经成为一个具有竞争性的新兴高技术产业。

常见的音频处理软件是 Adobe Audition（前名为 Cool Edit Pro），是 Syntrillum 出品的多音轨编辑工具，支持 128 条音轨、多种音频格式、多种音频特效，可以很方便地对音频文件进行修改、合并。

7.2.3 视频处理

视频处理

视频携带的信息量大、精细、准确，被人们用来传递消息、情感等，它同时作用于人的视觉与听觉器官，是人类最熟悉的传递信息的方式。它是由一连串的图像（帧）构成并伴随有同步的声音，每一个帧其实可以想象为一个静态影像，当一个个帧以一定的速度在人眼前连续播放时，由于人眼存在"视觉滞留效应"，就形成了动态影像的效果。视频处理技术无论是在目前或未来，都是多媒体应用的一个核心技术。音频、视频处理技术涵盖了很多内容，如音频信息的采集、抽样、量化、压缩、编码、解码、编辑、语音识别、播放等；视频信息的获取、数字化、实时处理、显示等。

视频就其本质而言，就是其内容随着时间变化的一组动态图像，视频帧播放的速率为每秒25 或 30 帧，所以视频又被称为运动图像或活动图像。PLA 制式视频的标准通常为 25 帧 / 秒；NTSC 制式视频的标准通常是 30 帧 / 秒。生活中 VCD、DVD 的压缩标准遵循 MPEG 标准。

视频信号的数字化过程与音频信号的数字化过程的原理是一样的，它也要通过采集、量化、编码等必经步骤。但由于视频信号本身的复杂性，它在数字化的过程又同音频信号有一些差别。如视频信息的扫描过程中要充分考虑视频信号的采样结构、色彩、亮度的采样频率等。

◎ 思考与提高——视频图像处理技术

视频图像处理技术主要包括：智能分析处理，视频透雾增透技术，宽动态处理，超分辨率处理。

（1）智能分析处理技术

智能视频分析技术是解决视频监控领域的大数据筛选、检索技术问题的重要手段。

目前国内智能分析技术可以分为两大类：一类是通过前景提取等方法对画面中的物体的移动进行检测，通过设定规则来区分不同的行为，如物品遗留、周界等；另一类是利用模式识别技术对画面中所需要监控的物体进行针对性的建模，从而达到对视频中的特定物体进行检测及相关应用，如车辆检测、人流统计、人脸检测等应用。

（2）视频透雾增透技术

视频透雾增透技术，一般是指将因雾和水汽灰尘等导致朦胧不清的图像变得清晰，强调图像当中某些感兴趣的特征，抑制不感兴趣的特征，使得图像的质量改善，信息量更加丰富。由于雾霾天气以及雨雪、强光、暗光等恶劣条件导致视频监控图像的图像对比度差、分辨率低、图像模糊、特征无法辨识等问题，增透处理后的图像可为图像的下一步应用提供良好的条件。

（3）数字图像宽度动态的算法

数字图像处理中宽动态的范围是一个基本特征，在图像和视觉恢复中占据了重要的位置，关系着最终图像的成像质量。

目前图像的宽动态范围在视频监控、医疗影像等领域应用较为广泛。

（4）超分辨率重建技术

提高图像分辨率最直接的办法就是提高采集设备的传感器密度。然而高密度的图像传感器的价格相对昂贵，在一般应用中难以承受；另一方面，由于成像系统受其传感器阵列密度的限制，目前已接近极限。

解决这一问题的有效途径是采用基于信号处理的软件方法对图像的空间分辨率进行提高，即超分辨率（Super-Resolution, SR）图像重建，其核心思想是用时间带宽（获取同一场景的多帧图像序列）换取空间分辨率，实现时间分辨率向空间分辨率的转换，使得重建图像的视觉效果超过任何一帧低分辨率图像。

当下流行的手机视频软件提供了视频编辑的诸多基本功能：剪辑视频、动态字幕、海量模板、格式转换、压缩视频、视频倒放、相册影集、抠图换景等。常见的专业性视频处理软件包括会声会影和 Adobe Premiere 等。

会声会影是加拿大 Corel 公司制作的一款功能强大的视频编辑软件，具有图像抓取和编修功能，可以抓取，转换 MV、DV、V8、TV 和实时记录抓取画面文件，并提供有超过 100 多种的编制功能与效果，可导出多种常见的视频格式。

Adobe Premiere 是一款常用的视频编辑软件，由 Adobe 公司推出，通常用于剪辑视频。Premiere 是视频编辑爱好者和专业人士常用的视频编辑工具，提供了采集、剪辑、调色、美化音频、字幕添加、输出、DVD 刻录的一整套流程，并和其他 Adobe 软件高效集成。

7.2.4　动画处理

动画是活动的画面，实质是一幅幅静态图像（帧）的连续播放。动画的连续播放既指时间上的连续，也指图像内容上的连续。帧动画是由一幅幅位图组成的连续的画面，就如电影胶片或视频画面一样要分别设计每屏幕显示的画面。动画制作分为二维动画与三维动画技术，像网页上流行的 Flash 动画就属于二维动画；具备真人实景立体感的当属三维动画，包括很多日常见到的动画制作大片、游戏、建筑动画等都要运用三维动画技术。二维动画和三维动画是当今世界上运用比较广泛的动画形式。动画制作的流程包括角色设计、背景设计、色彩设计、分镜图、构图、配音、效果音合成等。动画制作应用的范围不仅是动画片制作，还包括影视后期、广告等方面。

动画处理

1. 借助人工智能（AI）

目前阶段，AI 主要被用于创造性较小、需要大量劳动力的环节。该技术主要应对动画制作过程中的"中割"和"原画临描"两大环节。"中割"和"原画临描"属于在动画制作过程中属于让画面"动"起来的工作，往往需要大量的动画师花费不少时间去一张一张完成，但技术含量相对于原画等其他环节较低。有了 AI 的辅助之后，画师只需要完成部分轮廓和剪影的设计，计算机就可以自动生成细化的画面，之后输入黑白的线稿就可以涂画大体的颜色，最后画师只需要做一些细微的调整。自动内容生产技术（Automatic Generated Content, AGC）的引入将释放大量轻创作劳动，借助计算机视觉等 AI 技术可以减少动画制作时所需的人物力高消耗。

目前机器生产视频在文化和媒体行业中的应用已十分广泛，AI 影像自动化生产作为多媒体视频内容表达和互动创作分发的核心生产力，在智能视频编辑、影视轻工业、视频信息可视化等方面发挥着重要作用，未来在 5G 等新技术的进一步加持下，AI 技术也将为自动化生产在内容、渠道以及效率方面带来更多值得期待的可能性。

2. 计算机三维技术

从最近几年三维动画作品来看，使用 3D 技术表现出 2D 动画的细腻质感，已经成为了一种流行趋势。三维动画是新兴行业，也可称为 CG 行业（国际上习惯将利用计算机技术进行视觉设计和生产的领域通称为 CG：Computer Graphics），是计算机美术的一个分支，建立在动画艺术和计算机软硬件技术发展的基础上而形成的相对独立的艺术形式。近年来随着三维动画制作的需求越来越多，三维动画已经走进我们的生活中，被各行各业广泛运用。早期主要应用于军事领域，直到 20 世纪 70 年代后期，随着个人计算机的出现，计算机图形学才逐步拓展到如平面设计、服装设计、建筑装潢等领域，80 年代初期，随着计算机软硬件的进一步发展，计算机图形处理技术的应用得到了空前的发展，计算机美术作为一个独立学科走上了迅猛发展道路。

三维动画制作技术应用于虚拟现实场景仿真设计，主要包含模拟真实仿真环境、感知传感技术的集合，由计算机三维动画制作技术来完成实时动态三维立体动画逼真效果。通过计算机感知技术处理参与者对视觉效果的反应，是三维动画制作技术中的一种交换功能应用。

1995 年，由迪斯尼发行的动画片《玩具总动员》上映，这部纯三维制作的动画片取得了巨大的成功。三维动画迅速取代传统动画成为最卖座的动画片种。迪斯尼公司在其后发行的《玩具总动员 2》《恐龙》《怪物公司》《虫虫特工队》都取得了巨大成功。到现在，已经有多部采用"三渲二"技术制作的动画作品获得了强烈的市场反响。国产三维动画代表作有《秦时明月》《大圣归来》《哪吒之魔童降世》等。现今三维动画的运用可以说无处不在，涉及网页、建筑效果图、建筑浏览、影视片头、MTV、电视栏目、电影、科研、计算机游戏等领域。

常见的 2D 动画制作软件包括 Flash、ANIMO、RETAS PRO、Usanimation 及 Adobe After Effects 等。

ANIMO 二维卡通动画制作系统是世界上最受欢迎的、使用最广的二维动画系统。大约有 50 多个国家里的 300 多个动画工作室使用。目前美国好莱坞的特技动画委员会已经把它作为二维卡通动画制作方面一个标准。

RETAS PRO（Revolutionary Engineering Total Animation System）是日本 Celsys 株式会社开发的一套应用于普通 PC 和苹果机的专业二维动画制作系统。它替代了传统动画制作中描线、上色、制作摄影表、特效处理、拍摄合成的全部过程，可广泛应用于电影、电视、游戏、光盘等多种领域。

Usanimation 支持 FLASH 格式及多种生成格式，能够支持互动式的即时播放、多层次三维镜头规划、自动扫描等功能。其上色系统（包括阴影色、特效和高光的上色）被业界公认为最快，且保持笔触，及图像质量。

Adobe After Effects 是 Adobe 公司推出的一款图形视频处理软件，适用于从事设计和视频特技的机构，包括电视台、动画制作公司、个人后期制作工作室以及多媒体工作室，属于层类型的 2D 和 3D 后期合成软件，包含了上百种特效及预置动画效果，适用于影像合成、动画、视觉效果、非线性编辑、设计动画样稿、多媒体和网页动画等方面。

3D 的动画制作软件包括：3D Max，Autodesk Maya、LightWave。网页动漫软件包括 Flash。

图 7-25　Autodesk Maya

Autodesk Maya（见图 7-25）是美国 Autodesk 公司出品的世界顶级的三维动画软件，应用对象是专业的影视广告、角色动画、电影特技等。Maya 功能完善，工作灵活，易学易用，制作效率极高，渲染真实感极强，是电影级别的高端制作软件。Maya 集成了 Alias、Wavefront 最先进的动画及数字效果技术。它不仅包括一般三维和视觉效果制作的功能，而且还与最先进的建模、数字化布料模拟、毛发渲染、运动匹配技术相结合。Maya 可在 Windows NT 与 SGI IRIX 操作系统上运行。目前市场上用来进行数字和三维制作的工具中，Maya 是首选解决方案。

图 7-26　LightWave

LightWave（见图 7-26）是一个具有悠久历史和众多成功案例的为数不多的重量级 3D 软件之一。由美国 NewTek 公司开发的 LightWave3D 是一款高性价比的三维动画制作软件，它的功能非常强大，是业界为数不多的几款重量级三维动画软件之一，被广泛应用在电影、电视、游戏、网页、广告、印刷、动画等各领域。它的操作简便，易学易用，在生物建模和角色动画方面功能异常强大；基于光线跟踪、光能传递等技术的渲染模块，令它的渲染品质几尽完美。它以其优异性能倍受影视特效制作公司和游戏开发商的青睐。火爆一时的好莱坞大片《TITANIC》中细致逼真的船体模型、《RED PLANET》中的电影特效以及《恐龙危机 2》，《生化危机 - 代号维洛尼卡》等许多经典游戏均由 LightWave 3D 开发制作完成。

在图形图像及视频处理技术应用等领域，Adobe 公司也具有极大的优势。Adobe 创建于 1982 年，是世界领先的数字媒体和在线营销解决方案供应商。公司总部位于美国加利福尼亚州，其客户包括世界各地的企业、知识工作者、创意人士和设计者、OEM 合作伙伴，以及开发人员。Adobe Creative Cloud 创意应用软件将是新版本的 Adobe 创意应用软件，可以自行决定其部署方式和时间。自 Adobe Creative Suite 6 发布以来，已增加 1 000 多种新功能，支持新的标准和硬件，并简化日常任务。Adobe Creative Suite 是 Adobe 系统公司出品的一个图形设计、影像编辑与网络开发的软件产品套装。Adobe Creative Cloud 包含了图像处理软件 Adobe Photoshop、矢量图形编辑软件 Adobe Illustrator、音频编辑软件 Adobe Audition、文档创作软件 Adobe Acrobat、网页编辑软件 Adobe Dreamweaver、二维矢量动画创作软件 Adobe Animate、视频特效编辑软件 Adobe After Effects、视频剪辑软件 Adobe Premiere Pro、Web 环境 Adobe AIR 和摄影图片处理 LightRoom，如图 7-27 所示。可以说，Adobe 系列产品的出现也颠覆了整个媒体制作的革命，在数码成像、设计和文档技术等多媒体处理领域具备众多创新成果，树立了杰出的典范，使数以百万计的人们体会到视觉信息交流的强大魅力。

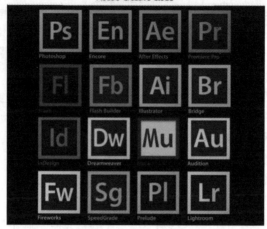

图 7-27　Adobe Creative Cloud 应用软件套装

第8章

计算机应用技术的发展

从世界上第一台电子计算机 ENIAC 问世至今已经七十多年，它的问世对人们的生活有着革命性的影响。20 世纪后期，计算机的性能获得了提升，计算机技术也开始逐步应用到社会的各个角落。不管是家庭、还是企业、机关，计算机已经是人们工作生活中不可或缺的一部分。现今的计算机在运算性能、应用领域和生产成本等各方面取得了空前的发展，其未来的发展趋势在很大程度上决定了很多行业的发展速度，也将会是影响整个社会进步的一个重要因素。

计算机应用技术的发展

互联网产品的日益创新，为人们获取一些信息、数据带来了极大的便利，同时也很大程度上驱动了社会的发展；其次，企业办公运用了计算机的自动化工作模式，使办公效率大幅度提高，且完全依据办公程序和流程的标准实施。企业及商家还能通过网络平台提供服务完成交易。计算机技术的应用已经渗入到商业、军事、生产、医疗等方面，同时相关应用产业也得到发展，成为各行各业发展的内在动力。

本章将介绍大数据、云计算、人工智能、物联网、电子商务和"互联网+"这几种计算机应用技术情况。

8.1 大数据

大数据（Big Data），是指无法在一定时间范围内用常规软件工具进行捕捉、管理和处理的数据集合，是需要新处理模式才能具有更强的决策力、洞察发现力和流程优化能力的海量、高增长率和多样化的信息资产。人类社会经历了三次工业革命，从蒸汽时代、电气时代、到信息时代，已经发展了半个多世纪的信息技术到现在开始进入了信息、数据爆炸时代。正如显微镜能观测微生物、望远镜能观测浩瀚宇宙，大数据也为我们提供了一个前所未有的观测世界的角度。在 2012 年互联网络数据中心（Internet Data Center，IDC）发布的《数字宇宙 2020》中写到，2011 年全球数据总量已达到 1.87ZB（1ZB=2^{70} 字节），并且以每两年翻一番的速度飞快增长。近年全球数据总量达到 35~40ZB，10 年间增长 20 倍以上。

大数据，它将改变人类的生活以及理解世界的方式，它让人类掌握数据、处理数据的能力实现了质的跃升。信息技术及其在经济社会发展多场景、多领域的应用，推动数据成为继物质、能源之后的又一种重要战略资源。

大数据

8.1.1 大数据的来源

数据无处不在，人类自从发明文字开始，就开始记录各种数据，如今，数据正在爆炸式增长，人们的日常生活时刻在产生数据。手机及电脑等终端中的应用软件、电子邮件、社交媒体等生成和存储的文档、图片、音频、视频数据流。同时，移动通信数据也随之更新，智能手机等移动设备能够完成信息追踪和通讯，如地点移动所产生的状态报告数据、定位/GPS 系统数据等。数据不再是社会生产的"副产物"，而是可被二次乃至多次加工的原料，从中可以探索更大价值，它变成了生产资料。可以说，每个人及设备都是数据的生产者，也是数据的使用者。

随着移动互联网、物联网、云计算等新一代信息技术的不断成熟与普及，产生了海量的数据资源，人类社会进入大数据时代。大数据不仅增长迅速，而且已经渗透到各行各业，发展成为重要的生产资料和战略资产，蕴含着巨大的价值。2015 年以来全球数据量每年增长 25%，50% 的数据来源于边缘端（Edge），全球 560 亿设备，相当于每个人有 7 个。到 2025 年，全球数据量估计达到 175ZB，相当于 65 亿年时长的高清视频内容。为了应对惊人的数据量，人类社会需要实现更快地传输数据、高效存储和访问数据，以及处理所有数据。这对当前技术和未来技术平台将产生难以置信的影响。5G、人工智能和边缘计算（Edge Computing），这些新技术结合在一起，将更好更快地推动数字智能时代的到来，如图 8-1 所示。

数据是数字世界的核心，我们正日益构建信息化经济。数据价值不断增加，社会也将逐渐步入产品智能化、体验人性化、服务全面化的大数据时代。数据也是应用下一代技术（如认知、物联网、人工智能和机器学习)构建的现代用户体验和服务的核心。然而，随着数据量的快速增长，现有的数据存储、计算、管理和分析能力也面临挑战。与传统数据库模式的数据处理方式相比，已经无法应对大数据带来的挑战，需要新技术、新思维和新策略来提升数据采集、分析、处理效率。可以说，大数据就是"未来的新石油"，它需要新的处理模式才能具有更强的决策力、洞察发现力和流程优化能力的海量、高增长率和多样化的信息资产。

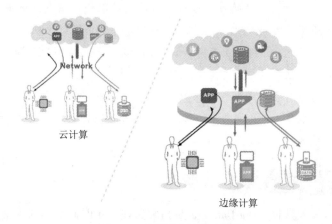

云计算

边缘计算

图 8-1 云计算与边缘计算

8.1.2 什么是大数据

全球信息咨询机构国际数据公司对大数据的技术定义是：通过高速捕捉、发现或分析，从大容量数据中获取价值的一种新的技术架构。从字面来看，大数据是一种规模大到在获取、存储、管理、分析方面大大超出了传统数据库软件工具能力范围的数据集合。一般来说，数据集合里可分为结构化、半结构化和非结构化 3 种数据。

结构化数据是指可以使用关系型数据库表示和存储，表现为二维形式的数据。一般特点是：数据以行为单位，一行数据表示一个实体的信息，每一行数据的属性是相同的，它们的存储和排列是很有规律的。半结构化数据是结构化数据的一种形式，它并不符合关系型数据库或其他数据表的形式关联起来的数据模型结构，但包含相关标记，用来分隔语义元素以及对记录和字段进行分层。因此，它也被称为自描述的结构。

非结构化数据是数据结构不规则或不完整、没有预定义的数据模型，不方便用数据库二维逻辑表来表现的数据，包括所有格式的办公文档、文本、图片、各类报表、图像和音频/视频信息等。

非结构化数据的格式非常多样，标准也是多样性的，而且在技术上非结构化信息比结构化信息更难标准化和理解。所以存储、检索、发布以及利用非结构化数据需要更加智能化的 IT 技术，比如海量存储、智能检索、知识挖掘、内容保护、信息的增值开发利用等。

掌握更多的数据对于人类科学来说是一种进步，更有助于我们认识客观世界。研究人员只是从收集到的数据中提取了极少量数据进行分析，这些被分析的少量数据支配了目前的大数据创新，被称为"大数据"。"大数据"其实并不大，与反映客观事物的真实数据还有很大的差距。大数据的价值也不在于"大"，而在于挖掘和预测的能力。大数据具有海量的数据规模（Volume）、快速的数据流转（Velocity）、多样的数据类型（Variety）和价值密度低（Value）四大特征，常被简称为大数据的 4V 特征，如图 8-2 所示。

①数量大，即数据规模巨大。伴随着各种随身设备、物联网和云计算、云存储等技术的发展，人、事、物等发展或移动轨迹都可以被记录，数据也因此被大量生产出来。大量自动或人工产生的数据通过网络传输聚集到某些特定的地点，包括电信运营商、互联网运营商、政府、银行、商场、企业、交通枢纽等机构，形成了大数据。

②速度块，不仅指数据处理速度快，也包括数据的产生速度快。大数据是一种以实时数据处理、实时结果导向为特征的解决方案。速度快是大数据处理技术和传统的数据挖掘技术最大的区别。对于大数据应用而言，1 秒是临界点，否则处理结果就是过时和无效的。数据的产生速度方面，有的数据是爆发式产生，例如，欧洲核子研究中心的大型强子对撞机在工作状态下每秒产生 PB（$1PB=2^{50}B$）级的数据；也有的数据是涓涓细流式产生，但是由于用户众多，短时间内产生的数据量依然非常庞大，例如点击流、日志、射频识别数据、GPS（全球定位系统）位置信息。

4V特征

数据容量和复杂性使传统工具和技术已无法处理	增长速度快处理速度快
Volume巨量	Velocity高速
人对人人对机器机器对机器	创造价值高价值密度低
Variety多样	Value价值

图 8-2 大数据的 4V 特征

③多样性，即数据类型和格式的繁多。大数据不仅包括传统的格式化数据，还包括来自互联网的网络日志、视频、图片、地理位置信息等；数据来源也越来越多样，不仅产生于组织内部运作的各个环节，也来自组织外部。

④价值高，即追求高质量的数据。随着互联网以及物联网的广泛应用，信息感知无处不在，信息海量但价值密度较低，如何结合实际业务场景的逻辑并通过算法来挖掘数据价值，是大数据时代最需要解决的问题。数据的重要性就在于对决策的支持，数据的质量及潜在价值的获取是制定成功决策最坚实的基础。

由大数据的 4V 特征可以看出数据思维的核心是理解数据背后的价值，并通过对数据的深度挖掘去创造价值。因此，大数据时代下我们的思维也需要革新：在于从样本思维向总体思维转变、从精确思维向容错思维转变、从因果思维向相关思维转变。事实上，大数据时代带给我们思维方式的深刻转变远不止此。

总的来说，大数据时代思维变革的特点可以归纳为：

①总体思维。相比于小数据时代，大数据时代的数据收集、存储、分析技术有了突破性发展，因此更强调数据的多样性和整体性改变，我们的思维方式只有从样本思维转向总体思维，才能更加全面、系统地洞察事物或现实的总体状况。

②容错思维。随着大数据技术的不断突破，对于大量的异构化、非结构化的数据进行有效储存、分析和处理的能力不断增强。在不断涌现的新情况里，在能够掌握更多数据的同时，不精确性的出现已经成为一个新的亮点。人们的思维方式要从精确思维转向容错思维。

③相关思维。大数据技术通过对事物之间线性的相关关系以及复杂的非线性相关关系的研究与分析，更深入地挖掘出数据的潜在信息。运用这些认知与洞见就可以帮助我们掌握以前无法理解的复杂技术和社会动态，帮助我们捕捉现在和预测未来。

8.1.3　大数据的应用

在当前的社会发展中，随着大规模智能化应用服务的深入发展，产生了海量、异构、多源的大数据。但是，海量的数据本身并不具有意义，只有经过人们的开发、分析与利用才能产生价值。如何应用这些大规模、复杂的数据，对其进行有效的感知、采集、存储、管理、分析、挖掘、计算和应用，是当前科学技术发展的一大挑战。

大数据技术框架的组成部分包括处理系统、平台基础和计算模型。首先，处理系统必须稳定可靠，同时支持实时处理和离线处理多种应用，支持多源异构数据的统一存储和处理等功能。其次，平台基础要解决硬件资源的抽象和调度管理问题，以提高硬件资源的利用效率，充分发挥设备的性能。最后，计算模型需要解决三个基本问题：模型的三要素（机器参数、执行行为、成本函数）、扩展性与容错性和性能优化。这些要求对构建大数据技术框架提出了非常高的要求。因此，我们需要逐步扩展现有架构，更深入地分析当前数据，针对数据多样性、数据量、高处理速度等进行设计，探索新模式，满足大数据要求，如表 8-1 所示。

表 8-1　大数据涉及的关键技术

需　求	技　术	描　述
海量数据存储技术	Hadoop、MPP、Map Reduce	分布式文件系统
实时数据处理技术	Streaming Data	流计算引擎
数据高速传输技术	Infini Band	服务器 / 存储间高速通信
搜索技术	Enterprise Search	文本检索、智能搜索、实时搜索
数据分析技术	Text Analytics Engine Visual Data Modeling	自然语言处理、文本情感分析、机器学习、聚类关联、数据模型

目前分布式架构的企业级云化大数据平台一般分为数据开放层、数据处理层、数据交换层，能够为上层应用提供各类大数据的基础云服务，有力支撑上层各类大数据应用的百花齐放。

平台对外提供三大服务：数据交换服务、数据处理服务、数据开放服务。

数据交换服务：建立统一的数据采集交换中心，提供数据采集服务、数据交换服务，实现移动信息生态圈数据共享与交换。

数据处理服务：建立数据处理中心，提供离线计算服务和在线计算服务，实现海量数据批处理和实时处理。

数据开放服务：实现海量数据实时查询、多维度挖掘分析，实现大数据变现。大数据在给我们的生活带来各种便利的同时，也带来各种网络安全威胁。主要包括大数据基础设施安全威胁、大数据存储安全威胁、隐私泄露问题、针对大数据的高级持续性攻击、数据访问安全威胁以及其他安全威胁等。大数据资源在国家安全方面具有很高的战略价值，网络安全、数据安全已成为企业必须面对的头等问题，公民信息和隐私泄露问题也将给个人带来极大困扰与损失。科技的发展从来不是有百利而无一害的，大数据的发展带来便利和繁荣的同时也给我们的个人隐私造成了极大威胁。

可见大数据时代下信息安全面对极大的挑战与考验，互联网信息安全将会是信息社会最值得关注的问题。在未来互联网行业领域，信息安全技术将是重中之重。在大数据发展的同时，需要相应的监管条例来管控数据的使用，避免数据滥用造成的严重后果。

8.1.4 大数据应用成功案例

大数据的核心价值给企业带来营收增长，这无疑关系到企业的发展。公司的发展离不开对市场精准度的把控，及时了解市场的变化是公司立足市场的基础。市场调研、战略规划、内部管理等方面都需要大数据信息处理技术的支持。信息采集和处理能力是大数据的基本特性，大数据将是今后企业获取竞争优势的重要筹码之一。如今大数据在各行各业中得到深度应用，如大数据与政府治理融合应用（城市数据中台、城市大脑、数字孪生城市[①]、政府数据资产管理与应用等）、大数据与民生服务融合应用（未来数字社区、医疗大数据、交通大脑等）、大数据与实体经济融合应用（工业互联网、数据区块链、金融大数据、电力大数据等）。

1. 商品零售大数据

运用大数据对商业市场预测及决策分析的众多案例中最著名的便是"啤酒与尿布"。这个故事产生于 20 世纪 90 年代，全球零售业巨头沃尔玛在对消费者购物行为进行统计分析时发现，啤酒与尿布这两件看上去毫无关系的商品经常会出现在同一个购物篮中。经过后续调查发现，男性顾客在购买婴儿尿布时，常常会顺便搭配几瓶啤酒来犒劳自己。沃尔玛发现了这一独特的现象，开始在卖场中尝试将啤酒与尿布摆放在相同的区域，让年轻的父亲可以同时找到这两件商品，并很快地完成购物。没想到这个促销手段获得了很好的商品销售收入。如今，"啤酒与尿布"的数据分析成果早已成了大数据技术应用的经典案例，被人津津乐道。可以见得准确、有效的大数据分析可以助力企业的业务运营、改进产品，帮助做出更好、更有利于市场发展的经营决策。

2. 消费大数据

全球著名电子商务网站亚马逊在 2013 年 12 月获得了一项名为"预测式发货"的新专利，可以通过对用户数据的分析，在他们还没有下单购物前，提前发出包裹。通过这项专利，亚马逊将根据消费者的购物偏好，提前将他们可能购买的商品配送到距离最近的快递仓库。这将大大缩短货物运输时间，从而降低消费者前往实体店的冲动。亚马逊可能会根据之前的订单和其他因素，预测用户的购物习惯，从而在他们实际下单前便将包裹发出。为了决定要运送哪些货物，网站会参考用户之前的订单、商品搜索记录、愿望清单、购物车，甚至包括用户的鼠标在某件商品上悬停的时间。

---

① 数字孪生（Digital Twin）是一种物理空间与虚拟空间的虚实交融、智能操控的映射关系，通过在实体世界，以及数字虚拟空间中，记录、仿真、预测对象全生命周期的运行轨迹，实现系统内信息资源、物质资源的最优化配置。数字孪生城市是数字孪生技术在城市层面的广泛应用，既可以理解为实体城市在虚拟空间的映射和状态，也可以视为支撑新型智慧城市建设的复杂综合技术体系，是推进城市规划、建设、服务，确保城市安全、有序运行的赋能支撑。

这项专利意味着预见性分析系统将会变得更加精确，以至于它可以预测顾客什么时候以及将要购买什么产品或服务。科技和零售消费行业都在通过种种方式提前预测消费者的需求，以期提供更为精准、个性化的服务。

3. 制造大数据

在摩托车生产厂商哈雷·戴维森公司位于宾尼法尼亚州约克市新翻新的摩托车制造厂，软件不停地在记录着微小的制造数据，如喷漆室风扇的速度等。当软件察觉风扇速度、温度、湿度或其他变量脱离规定数值，它就会自动调节机械。同时还使用软件、通过研究数据，解决生产过程存在的瓶颈，通过调整工厂配置提高效率。与此同时，美国一些纺织及化工生产商，根据从不同的百货公司 POS 机上收集的产品销售速度信息，将原来的 18 周送货速度减少到 3 周，这对百货公司分销商来说，能以更快的速度拿到货物，减少仓储。对生产商来说，积攒的材料仓储也能减少很多。

大数据技术对制造业的影响远非成本这一个方面。利用源于产品生命周期中市场、设计、制造、服务、再利用等各个环节数据，制造业企业可以更加精细、个性化地了解客户需求；建立更加精益化、柔性化、智能化的生产系统；创造包括销售产品、服务、价值等多样的商业模式，并实现从应激式到预防式的工业系统运转管理模式的转变。

4. 金融交易大数据

互联网金融的核心是大数据。互联网金融并非简单的把传统金融业务搬到网上去，而是充分利用大数据来颠覆银企之间信息不对称的问题。数据是一个平台，因为数据是新产品和新商业模式的基石。推动互联网金融发展的核心正是大数据的价值。

5. 医疗大数据

谷歌基于每天来自全球的 30 多亿条搜索指令设立了一个系统，这个系统在 2009 年甲流爆发之前就开始对美国各地区进行"流感预报"，并推出了"谷歌流感趋势"服务。

谷歌在这项服务的产品介绍中写道：搜索流感相关主题的人数与实际患有流感症状的人数之间存在着密切的关系。虽然并非每个搜索"流感"的人都患有流感，但谷歌发现了一些检索词条的组合并用特定的数学模型对其进行分析后发现，这些分析结果与传统流感监测系统监测结果的相关性高达 97%。这也就表示，谷歌公司能做出与疾控部门同样准确的传染源位置判断，并且在时间上提前了一到两周。

6. 公安大数据

大数据挖掘技术的底层技术最早是英国军情六处研发用来追踪恐怖分子的技术。大数据筛选犯罪团伙，与锁定的罪犯乘坐同一班列车，住同一酒店的两个人可能是同伙。过去，刑侦人员要证明这一点，需要通过把不同线索拼凑起来排查疑犯。

通过对越来越多数据的挖掘分析，某一片区域的犯罪率以及犯罪模式都将清晰可见。大数据可以帮助警方定位最易受到不法分子侵扰的区域，创建一张犯罪高发地区热点图和时间表。不但有利于警方精准分配警力，预防打击犯罪，也能帮助市民了解情况，提高警惕。

7. 能源大数据

国际大石油公司一直都非常重视数据管理。如雪佛龙公司将 5 万台桌面系统与 1 800 个公司站点连接，消除炼油、销售与运输"下游系统"中的重复流程和系统，每年节省 5 000 万美元，过去 4 年已获得了净现值约为 2 亿美元的回报。

准确预测太阳能和风能需要分析大量数据，包括风速、云层等气象数据。丹麦风轮机制造商维斯塔斯（Vestas Wind Systems），通过在世界上最大的超级计算机上部署 IBM 大数据解决方案，得以通过分析包括 PB 量级气象报告潮汐相位、地理空间、卫星图像等结构化及非结构化的海量数据，优化风力涡轮机布局，有效提高风力涡轮机的性能，为客户提供精确和优化的风力涡轮机 配置方案不但帮助客户降低每千瓦时的成本，并且提高了客户投资回报估计的准确度，同时它将业务用户请求的响应时间从几星期缩短到几小时。

8. 文化传媒大数据

Netflix 是美国最具影响力的影视网站之一，在美国本土有约 2 900 万的订阅用户。Netflix 从一个传统的 DVD 租赁公司发展成为最成功的全球化媒体公司，它的成功之处在于其强大的推荐系统，数据起到了最核心的作用，该系统基于用户视频点播的基础数据如评分、播放、快进、时间、地点、终端等，存储在数据库后通过数据分析，计算出用户可能喜爱的影片，并为他提供定制化的推荐。

9. 航空大数据

通过预测机票价格的走势以及增降幅度，Farecast 公司开发了票价预测工具能帮助消费者抓住最佳购买时机，用来推测当前网页上的机票价格是否合理。Farecast 预测当前的机票价格在未来一段时间内会上涨还是下降。这个系统需要分析所有特定航线机票的销售价格并确定票价与提前购买天数的关系。Farecast 票价预测的准确度已经高达 75%，使用 Farecast 票价预测工具购买机票的旅客，平均每张机票可节省 50 美元。

🎯 思考与提高——大数据是万能的吗？

当今社会越来越多的问题，在大数据的处理和分析下迎刃而解。无论是用户喜好、销售变化、市场动态、经济形势，甚至是预测天气、预测交通，都能够即时掌握资讯。但是，大数据真的是神奇且万能的吗？

2014年，麻省理工学院（MIT）出版了《"Raw Data" Is an Oxymoron》，书中提到"数据从来都不可能是原始存在的，因为它不是自然的产物，而是依照一个人的倾向和价值观念被构建出来的。我们最初定下的采集数据的方法已经决定了数据将以何种面貌呈现出来。数据分析的结构看似公正客观，其实价值选择贯穿于构建到解读的全过程。"可以认为，人们在处理数据时使用的工具和算法都是按照我们给定的逻辑和思路来设计与编写，从最初采集数据的时候，数据就已经被加工过并打上了人工的烙印，因此也就不存在"原始数据"的概念了。由此可见，对于大数据分析与应用来说，分析师、数据库工程师、系统搭建和使用者，任何一个参与分析和研究的人，都在左右着数据对现实反映的"客观性"和"真实性"。

所以，大数据并不是"万能"的，它绝非完全客观地反映现实，也并不能够解决所有的问题。如果过分依赖数据的结果，或者把数据的结果理解成用户的"思想"，就很容易作出错误的判断，甚至曲解用户意图、违背真实规律。

可见大数据也是一把双刃剑，在数据分析过程中，清晰的思维和头脑比任何数据与算法都重要。我们应该做到善用大数据、警惕大数据的"陷阱"，从而做出有价值的分析。

此外，数据不再被认为是静止的、陈旧的物品，数据的挖掘不仅仅局限于我们已知的某种用途，更有可能在未来某个无法预测的时间节点对数据进行重组，发现数据蕴藏的更大潜能。例如，

Google 街景和 GPS 数据所收集的地理位置信息数据一开始仅是为电子地图和导航服务的，到如今却发现在无人驾驶场景下这样的数据能发挥更大的作用，能够为无人驾驶汽车提供精准的位置服务及复杂场景下计算机视觉识别的训练。

互联网的发展将大家带入了大数据时代，数据为构建智慧城市、智慧国家甚至是智慧地球提供高效、透明的信息支撑；对政府管理、商业活动、媒介生态、个人生活等都产生了深远影响。发掘大数据的潜在商业价值，推动数据智能时代的发展，机会与挑战并存。

8.2 ///// 云计算

云计算

云计算（Cloud Computing）是基于互联网的相关服务的增加、使用和交付模式，通常涉及通过互联网提供动态易扩展且经常是虚拟化的资源。云是网络、互联网的一种比喻说法。过去在图中往往用云来表示电信网，后来也用来表示互联网和底层基础设施的抽象。因此，云计算甚至可以让用户体验每秒 10 万亿次的运算能力，拥有这么强大的计算能力可以模拟核爆炸、预测气候变化和市场发展趋势。云计算是通过使计算分布在大量的分布式计算机上，而非本地计算机或远程服务器中。用户通过电脑、笔记本、手机等方式接入数据中心，按自己的需求进行运算；企业也能够将资源切换到需要的应用上，根据需求访问计算机和存储系统。云计算的普及和应用，还有很长的道路，社会认可、用户习惯、技术程度，甚至是社会管理制度等都应做出相应的改变，方能使云计算真正普及。

8.2.1 云计算概述

云计算是分布式计算的一种，指的是通过网络"云"将巨大的数据计算处理程序分解成无数个小程序，通过多部服务器组成的系统进行处理和分析这些小程序得到结果并返回给用户。云计算早期是为了解决任务分发并合并计算结果的简单分布式计算。因而，云计算又称为网格计算，它可以在很短的时间内（几秒种）完成对数以万计的数据的处理，从而达到强大的网络服务。对云计算的定义有多种说法。对于到底什么是云计算，至少可以找到 100 种解释。现阶段广为接受的是美国国家标准与技术研究院（National Institute of Standards and Technology，NIST）的定义：云计算是一种按使用量付费的模式，这种模式提供可用的、便捷的、按需的网络访问，进入可配置的计算资源共享池（资源包括网络、服务器、存储、应用软件、服务），这些资源能够被快速提供，只需投入很少的管理工作，或与服务供应商进行很少的交互。云计算现在已经成为 IT 的发展趋势，各种需求的迭代产生成为云计算技术发展的一大推动力，包括商业、运营和计算的需求，以及计算机技术的不断进步。

- 商业需求：降低 IT 成本、简化 IT 管理和快速响应市场变化。
- 运营需求：规范流程、降低成本、节约能源。
- 计算需求：更大的数据量、更多的用户。
- 技术进步：虚拟化、多核、自动化、Web 技术。

云计算并不是革命性的新发展，而是历经数十载不断演进的结果，其演进经历了网格（Grid）计算、效用（Utility）计算、软件即服务（SaaS）和云计算 4 个阶段，如图 8-3 所示。云计算是在这些基础上发展起来的一种计算概念。因此，它与分布式、网格和效用计算在概念上有一定的重合处，同时又在适用情况下具有自己独特的含义。

图 8-3　云计算的演进过程

网格计算是分布式计算的一种，由一群松散耦合的计算机组成的一个超级虚拟计算机，常用来执行一些大型任务，是研究如何把一个需要非常巨大的计算能力才能解决的问题分成许多小的部分，然后把这些部分分配给许多计算机进行处理，最后把这些计算结果综合起来得到最终结果。

效用计算是一种提供服务的模型，在这个模型里服务提供商提供客户需要的计算资源和基础设施管理，并根据应用所占用的资源情况进行计费，而不是仅仅按照速率进行收费。简单地说就是通过互联网资源来实现企业用户的数据处理、存储和应用等问题，企业不必再组建自己的数据中心。效用计算理念发展的进一步延伸就是云计算技术，该技术正在逐步成为技术发展的主流。

如今人们将云计算与更高级别的云抽象化关联起来。由于云计算是一种新兴的计算模式，使用户能够在任何地点、任何时间使用各种终端访问所需的应用。这些应用部署在地域分散的数据中心上，这些数据中心可以动态地提供和分享计算资源，这种方式显著地降低了成本、提高了经济收益。

从技术方面看，云是一种基础设施，其上搭建了一个或多个框架。虚拟化的物理硬件层提供了一个灵活、自适应的平台，能够提高资源的利用率，并以分层模型体现了云计算概念。云计算架构如图 8-4 所示。从分层来看，云计算可以提供 IaaS（Infrastructure as a Service，基础设施即服务）、PaaS（Platform as a Service，平台即服务）、SaaS（Software as a Service，软件即服务），以便在各个层次实施和实现相应的业务需求。

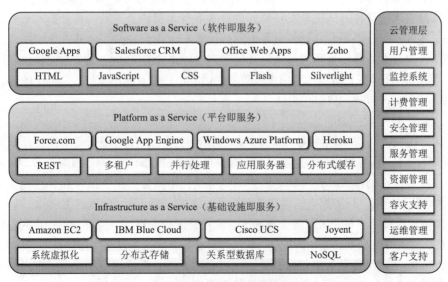

图 8-4　云计算架构示意图

云计算是一个方便灵活的计算模式，可通过网络进行访问和使用的计算资源的共享池（例如网络、服务器、存储、应用程序服务），它以用最少的管理付出，与服务供应商有最少的交互的前提下，可以达到将各种计算资源迅速地配置和推出。作为一种新兴的 IT 交付方式，应用、数据和 IT 资源能够通过网络作为标准服务在灵活的价格下快速地提供最终用户。对于云计算提供方而言，它具备虚拟化资源、高自动化、简化和标准化、动态调整、低成本增长等优势，能够自动集中简化和灵活的来提供服务；对用户来说，云计算是一种简单到实用、单位付费、资产变成费用、标准付费、灵活交付的方式。

云计算的表现形式多种多样，简单的云计算在人们日常网络应用中随处可见，比如搜索引擎、在线存储（网盘）等服务。目前，云计算的类型和服务层次可以按照提供的服务类型和对象进行分类。按提供的服务类型可以分为：IaaS、PaaS、SaaS 三种。

（1）基础设施即服务（IaaS）

以服务的形式提供虚拟硬件资源，如虚拟主机、存储、网络、数据库管理等资源，用于无需购买服务器、网络设备、存储设备，只需通过互联网租赁即可搭建自己的应用系统。典型应用：Amazon Web Service（AWS）。

IaaS 即把厂商的由多台服务器组成的"云端"基础设施，作为计量服务提供给客户。它将内存、I/O 设备、存储和计算能力整合成一个虚拟的资源池为整个业界提供所需要的存储资源和虚拟化服务器等服务。这是一种托管型硬件方式，用户付费使用厂商的硬件设施。例如 Amazon Web 服务（AWS）、IBM 的 BlueCloud 等均是将基础设施作为服务出租。它的优点是用户只需低成本硬件，按需租用相应计算能力和存储能力，大大降低了用户在硬件上的开销。目前，以亚马逊公司的 Elastic Compute Cloud 最具代表性，IBM、VMware、HP 等传统 IT 服务提供商也推出了相应的 IaaS 产品。

（2）平台即服务（PaaS）

PaaS 提供应用服务引擎，如互联网应用编程接口 / 运行平台等。用户基于该应用服务引擎，可以构建该类应用。这种方式把开发环境作为一种服务来提供。这是一种分布式平台服务，厂商提供开发环境、服务器平台、硬件资源等服务给客户，用户在其平台基础上定制开发自己的应用程序并通过其服务器和互联网传递给其他客户。PaaS 能够给企业或个人提供研发的中间件平台，提供应用程序开发、数据库、应用服务器、试验、托管及应用服务。Google 的 App 引擎，微软的 Azure 是 PaaS 服务的典型代表。

（3）软件即服务（SaaS）

SaaS 服务提供商将应用软件统一部署在自己的服务器上，用户根据需求通过互联网向厂商订购应用软件服务，服务提供商根据客户所定软件的数量、时间的长短等因素收费，并且通过浏览器向客户提供软件的模式。这种服务模式的优势是：由服务提供商维护和管理软件、提供软件运行的硬件设施，用户只需拥有能够接入互联网的终端，即可随时随地使用软件。这种模式下，客户不再像传统模式那样花费大量资金在硬件、软件、维护人员，只需要支出一定的租赁服务费用，通过互联网就可以享受到相应的硬件、软件和维护服务，这是网络应用最具效益的营运模式。用户通过 Internet（如浏览器）来使用软件，而不必购买而只需按需租用减少了客户的管理维护成本，可靠性也更高。Salesforce 是 SaaS 模式的典型代表。

按照云服务的对象的不同，云计算被分为了三大类：公有云、私有云和混合云。这三种模式构成了云基础设施构建和消费的基础。

（1）公有云

通常面向外部用户需求，通过开放网络提供云计算服务。公有云一般可通过 Internet 使用，可能是免费或成本低廉的。它的核心属性是共享资源服务，这种云有许多实例，可在当今整个开放的公有网络中提供服务。

（2）私有云

私有云是为某个客户单独使用而构建的，例如面向企业内部需求提供云计算服务的内部数据中心等，因此提供对数据、安全性和服务质量的有效控制。企业拥有基础设施，并可以控制在此基础设施上部署应用程序的方式。私有云可部署在企业数据中心的防火墙内，也可以部署在一个安全的主机托管场所，私有云的核心属性是专有资源，可由公司自己的互联网机构，也可由云提供商进行构建。

（3）混合云

这是一种兼顾以上两种情况的云计算服务，是近年来云计算的主要模式和发展方向。企业用户出于信息安全考虑，更青睐于将数据存放在私有云中，但同时又希望可以获得公有云的计算资源，因此混合云的解决方案逐渐成为主流。例如 Amazon Web Server 等服务商既可为企业内部又为外部用户提供云计算服务。

云计算拥有超大规模计算、虚拟化、高可靠性和安全性、通用性、动态扩展性、按需服务、降低成本等特点，具备以下几种优势：

①降低总体拥有成本。通过计算资源共享及动态分配，提高资产利用率；减少能耗，节能减排，同时能够减少管理成本。同样，随着用户数量的突然增加，可以增加服务器资源；并且可以减少有限数量用户使用的服务器资源，从而降低其成本。按需配置各种硬件和应用程序。

②基于使用的支付模式。在云计算模式下，最终用户根据使用了多少服务来付费。这为应用部署到云计算基础架构上降低了准入门槛，让大企业和小公司都可以使用相同的服务。

③在处理或存储方面，可以将资源整合在一起。避免重复计算，重复存储。

④提高灵活性。系统资源池化能够对应用屏蔽底层资源的复杂度；扩展性和弹性云计算环境具有大规模、无缝扩展的特点，能自如地应对应用使用急剧增加的情况。当原始服务器因任何原因发生故障而停止时，可以检索并运行副本。

现阶段所说的云服务已经不单是一种分布式计算，而是分布式计算、效用计算、负载均衡、并行计算、网络存储、热备份冗杂和虚拟化等计算机技术混合演进并跃升的结果，是基于互联网相关服务的增加、使用和交付模式。云计算可以将虚拟的资源通过互联网提过给每一个有需求的客户，从而实现拓展数据处理。

8.2.2　云计算主要技术

云计算系统运用了许多技术，其中以编程模型、数据管理技术、数据存储技术、虚拟化技术、云计算平台管理技术最为关键。云计算的本质核心是以虚拟化的硬件体系为基础，以高效服务管理为核心，提供自动化的，具有高度可伸缩性、虚拟化的硬/软件资源服务。

虚拟化技术作为实现资源共享和弹性基础架构的手段，将 IT 资源和新技术有效整合。它可实现软件应用与底层硬件相隔离，包括将单个资源划分成多个虚拟资源的裂分模式，也包括将多个资源整合成一个虚拟资源的聚合模式。

云计算系统中高效的服务管理能够使大量的服务器协同工作，方便地进行业务部署和开通，快速发现和恢复系统故障，通过自动化、智能化的手段实现大规模系统的可靠运营。以服务为核心，将资源模块化、服务化，提供给最终用户。实现自动快速的任务分发、资源部署和服务响应，提高运维管理效率。

云管理平台主要实现对于云计算平台资源的管理、硬件及应用系统的性能和故障监控。可扩展的支持海量数据的分布式文件系统用于大型的、分布式的、对大量数据进行访问的应用。它运行于廉价的普通硬件上，提供容错功能，典型技术为 GFS/HDFS/KFS 等。大规模并行计算是指在分布式并行环境中将一个任务分解成更多份细粒度的子任务，这些子任务在空闲的处理节点之间被调度和快速处理之后，最终通过特定的规则进行合并生成最终的结果。典型技术为 MapReduce。类似文件系统采用数据库来存储结构化数据，云计算也需要采用特殊技术实现结构化数据存储，典型技术为 BigTable/Dynamo 以及中国移动提出的 HugeTable。

此外，运维管理方面包括以下三部分：

IT 运维管理流程：基于 ITIL 的 IT 服务管理，保障运维工作的规范化和标准化。

运维自动化管理：通过自动化手段，对大规模的云架构内系统进行维护，提高运维管理效率和管理质量，提高对服务需求的响应速度。

统一监控管理：对云架构内软硬件及应用系统进行全方位的监控管理

安全管理包含以下三个方面：

服务器安全管理：服务器的安全加固，防病毒管理等。

数据安全管理：数据存储加密、数据传输加密、数据备份。

网络安全管理：防入侵管理、安全域管理。

云计算技术框架如图 8-5 所示。

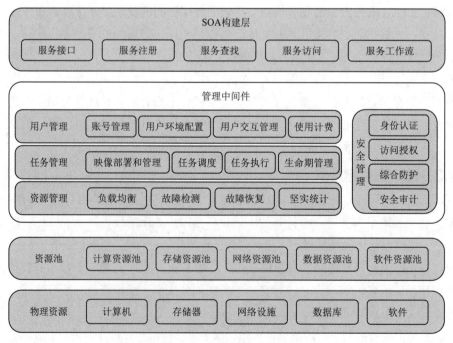

图 8-5　云计算技术框架

8.2.3　云计算产业及其应用

云计算应用市场近几年将呈现大规模的增长，衍生成多样的商业模式。包括固定式 / 包月式的合同收费、按需动态收费、按使用量收费、按服务效果收费（业务分成）、后向收费（广告收费）等几种商业模式。

云计算产业作为战略性新兴产业，近些年得到了迅速发展，形成了成熟的产业链结构，产业涵盖硬件与设备制造、基础设施运营、软件与解决方案供应商、基础设施即服务、平台即服务、软件即服务、终端设备、云安全、云计算交付 / 咨询 / 认证等多个环节。产业链格局也逐渐被打开，由平台提供商、系统集成商、服务提供商、应用开发商等组成的云计算上下游构成了国内云计算产业链的初步格局。互联网、通信业、IT 厂商互相渗透，打破传统的产业链模式，形成高度混合渗透的生态模式。较为简单的云计算技术已经普遍服务于现如今的互联网服务中，通过云端共享了数据资源已成为了社会生活中的一部分。通过网络、以云服务的方式，为企业、商户及个人终端用户等多群体提供非常便捷的应用。

（1）政务云

政务云上可以部署公共安全管理、容灾备份、城市管理、应急管理、智能交通、社会保障等应用，通过集约化建设、管理和运行，可以实现信息资源整合和政务资源共享，推动政务管理创新，加快向服务型政府转型。

（2）教育云

教育云，实质上是指教育信息化的一种发展，可以将所需要的任何教育硬件资源虚拟化，然后将其发布到互联网中，向教育机构和学生老师提供一个方便快捷的平台。通过教育云平台可以有效整合幼儿教育、中小学教育、高等教育以及继续教育等优质教育资源，逐步实现教育信息共享、教育资源共享及教育资源深度挖掘等目标。

（3）金融云

金融云，是指利用云计算的模型将信息、金融和服务等功能分散到庞大分支机构构成的互联网"云"中，旨在为银行、证券、保险和基金等金融机构提供互联网处理和运行服务，同时共享互联网资源，从而解决现有问题并且达到高效、低成本的目标。

（4）医疗云

医疗云，是指在云计算、移动技术、多媒体、4G/5G 通信、大数据、以及物联网等新技术的基础上结合医疗技术，使用"云计算"来创建医疗健康服务云平台，实现了医疗资源的共享和医疗范围的扩大。可以推动医院与医院、医院与社区、医院与急救中心、医院与家庭之间的服务共享，并形成一套全新的医疗健康服务系统，从而有效地提高医疗保健的质量。

（5）企业云

中小企业云能够让企业以低廉的成本建立财务、供应链、客户关系等管理应用系统，大大降低企业信息化门槛，迅速提升企业信息化水平，增强企业市场竞争力。

（6）存储云

云存储，是在云计算技术上发展起来的一个新的存储技术，是一个以数据存储和管理为核心的云计算系统。用户可以将本地的资源上传至云端上，可以在任何地方连入互联网来获取云上的资源。大家所熟知的谷歌、微软等大型网络公司均有云存储的服务，在国内，百度云和微云则是市场占有量最大的存储云。存储云向用户提供了存储容器服务、备份服务、归档服务和记录管理服务等等，大大方便了使用者对资源的管理。

云计算作为一种新兴的资源使用和交付模式逐渐为学界和产业界所认知。我国云发展创新产业联盟评价云计算为"信息时代商业模式上的创新"。继个人计算机终端变革、互联网技术变革之后，云计算被看作第三次IT浪潮，是我国战略性新兴产业的重要组成部分。它将带来生活、生产方式和商业模式的根本性改变，已成为当前全社会关注的热点。

8.3 \\\\ 人工智能

人工智能

人工智能（Artificial Intelligence，AI）是计算机科学的一个分支，是研究、开发用于模拟、延伸和扩展人的智能的理论、方法、技术及应用系统的一门新的技术科学。它指的是人类制造的机器所表现出的智能，最终目标是让机器具有像人脑一般的智能水平。21世纪，互联网新科技层出不穷。伴随着大数据、云技术以及整个算力的发展，人工智能技术的研究及应用也迅速壮大，在语音、图像和自然语言方面取得了卓越的成绩。大数据是智慧社会的生产资料，人工智能是生产工具，云计算、5G、边缘技术等是重要的生产环境，数据资源是提供服务的产品。当前，随着移动互联网发展红利逐步消失，后移动时代已经来临。当新一轮产业变革席卷全球，人工智能成为产业变革的核心方向，科技巨头纷纷把人工智能作为后移动时代的战略支点，努力在云端建立人工智能服务的生态系统。传统制造业在新旧动能转换，将人工智能作为发展新动力，不断创造出新的发展机遇。人工智能作为新的生产力，赋能领域非常宽广。

8.3.1 人工智能概述

现代人工智能一般认为起源于美国1956年的一次夏季讨论（达特茅斯会议），在这次会议上，第一次提出了"Artificial Intelligence"这个词。约翰·麦卡锡、马文·明斯基、香农和IBM公司的罗切斯特等几个计算机科学家相聚在达特茅斯会议，提出了"人工智能"的概念，其目标是"制造机器模仿学习的各个方面或智能的各个特性，使机器能够读懂语言，形成抽象思维，解决人们目前的各种问题，并能自我完善"。科学家们梦想着用当时刚刚出现的计算机来构造复杂的、拥有与人类智慧同样本质特性的机器。

达特茅斯会议之后，人工智能研究进入了20年的黄金时代。人工智能一直萦绕于人们的脑海之中，并在科研实验室中慢慢孵化。在美国，成立于1958年的国防高级研究计划署对人工智能领域进行了数百万的投资，让计算机科学家们自由的探索人工智能技术新领域。在这个黄金时代里，约翰·麦卡锡开发了LISP语音，成为以后几十年来人工智能领域最主要的编程语言；马文·明斯基对神经网络有了更深入的研究，也发现了简单神经网络的不足；多层神经网络、反向传播算法开始出现；专家系统也开始起步；第一台工业机器人走上了通用汽车的生产线；也出现了第一个能够自主动作的移动机器人。

出生就遇到黄金时代的人工智能，过度高估了科学技术的发展速度，遭受了严厉的批评和对其实际价值的质疑。1973年，著名数学家拉特希尔向英国政府提交了一份关于人工智能的研究报告，对当时的机器人技术、语言处理技术和图像识别技术进行了严厉的批评，尖锐地指出人工智能那些看上去宏伟的目标根本无法实现，声称研究已经完全失败。随后，各国政府和机构也停止或减少了资金投入，人工智能在70年代陷入了第一次寒冬。之后的几十年里，科学界对人工智能进行了一轮深入的拷问，关于人工智能的讨论一直在两极反转：或被称作人类文明耀眼未来的预言，或被当成技术疯子的狂想扔到垃圾堆里。直到2012年之前，这两种声音还在同时存在。

2012 年以后，得益于数据量的上涨、计算资源与计算能力的提升和机器学习新算法（深度学习，Deep Learning）的出现，人工智能开始大爆发。现在，人工智能是研究、开发用于模拟、延伸和扩展人的智能的理论、方法、技术及应用系统的一门新的技术科学。人工智能现在被普遍定义为是研究人类智能活动的规律、构造具有一定智能行为的系统，是由计算机模仿人类智能的科学。

8.3.2　人工智能简史

人工智能的发展可以归纳为以下六个阶段：

（1）萌芽阶段

1956 年至 20 世纪 60 年代是人工智能的第一个发展黄金阶段，以克劳德·艾尔伍德·香农为首的科学家共同研究了机器模拟的相关问题，人工智能正式诞生。人工智能概念提出后，相继取得了一批令人瞩目的研究成果，如机器定理证明、跳棋程序等，掀起人工智能发展的第一个高潮。

（2）瓶颈阶段

20 世纪 70 年代经过科学家深入的研究，发现机器模仿人类思维是一个十分庞大的系统工程，难以用现有的理论成果构建模型，使人工智能的发展走入低谷。

（3）应用发展阶段

20 世纪 70 年代至 80 年代中，出现的专家系统模拟人类专家的知识和经验解决特定领域的问题，实现了人工智能从理论研究走向实际应用、从一般推理策略探讨转向运用专门知识的重大突破。专家系统在医疗、化学、地质等领域取得成功，推动人工智能走入应用发展的新高潮。已有人工智能研究成果逐步应用于各个领域，在商业领域取得了巨大的成果。

（4）低迷发展阶段

20 世纪 80 年代中至 90 年代中。随着人工智能的应用规模不断扩大，专家系统存在的应用领域狭窄、缺乏常识性知识、知识获取困难、推理方法单一、缺乏分布式功能、难以与现有数据库兼容等问题逐渐暴露出来。

（5）平稳发展阶段

20 世纪 90 年代以来，随着互联网技术的逐渐普及，人工智能已经逐步发展成为分布式主体，为人工智能的发展提供了新的方向。随着移动互联网技术、云计算技术的爆发，积累了历史上超乎想象的数据量，这为人工智能的后续发展提供了足够的素材和动力，加速了人工智能的创新研究，促使人工智能技术进一步走向实用化。1997 年国际商业机器公司（IBM）深蓝超级计算机（DeepBlue）战胜了国际象棋世界冠军卡斯帕罗夫，2008 年 IBM 提出"智慧地球"的概念，以上都是这一时期的标志性事件，成为人工智能发展历史上的一个重大里程碑。

（6）蓬勃发展期

2011 年至今，随着大数据、云计算、互联网、物联网等信息技术的发展，泛在感知数据和图形处理器等计算平台推动以深度神经网络为代表的人工智能技术飞速发展，大幅跨越了科学与应用之间的"技术鸿沟"，诸如图像分类、语音识别、知识问答、人机对弈、无人驾驶等人工智能技术实现了技术突破，迎来爆发式增长的新高潮。2016 年 3 月，由谷歌（Google）旗下 DeepMind 公司开发的"阿尔法围棋"（AlphaGo）与围棋世界冠军、职业九段棋手李世石进行围棋人机大战，并以 4:1 的总比分获胜；它的核心算法就是强化学习。2017 年 1 月，谷歌 Deep Mind 公司 CEO 哈萨比斯在德国慕尼黑宣布推出阿尔法围棋（AlphaGo）2.0 版。其特点是摈弃了人类棋谱，只靠深度学习的方式成长起来挑战围棋的极限，利用大量的训练数据和计算资源来提高准确性，可见强大的计算能力和工程能力是搭建优秀 AI 系统的必要条件。目前，AI 发展也已步入重视数据、自主学习的认知智能时代。

8.3.3　人工智能应用

人工智能是计算机科学的一个分支，它企图了解智能的实质，并生产出一种新的、能以与人类智能相似的方式做出反应的智能机器，该领域的研究包括机器人、语言识别、图像识别、自然语言处理和专家系统等。目前，理论和技术日益成熟，应用领域也不断扩大。最近几年，随着算法、计算能力及大数据等技术的推动下，人工智能的应用场景及产品化思路逐渐明朗，蕴含着巨大的发展潜力和商业价值。如今，AI 在各种行业、领域正发挥着巨大的作用，为医疗、金融、安防、教育、交通、物流等各类传统行业带来机遇与发展潜力。

（1）智能工业

人工智能的第一个阶段是生产力和生活效率的提升，人工智能最开始的开发都是为了代替大部分劳动力的工作，尤其对于工业，趋势也是尤为明显。如今的智慧工厂已经开始使用大量的人工智能技术算法，虽然还无法全面取代人类，但是采用人类 + 机器的运营模式后，不但工作效率大幅提升，更给工厂节省了额外开支，最主要的是客户的服务量也有所提升，为企业带来了业务量的激增。

（2）智能金融

人工智能的第一个阶段是生产力和生活效率的提升，人工智能最开始的开发都是为了代替大部分劳动力的工作，尤其对于金融行业，趋势也是尤为明显。如今的金融圈已经开始使用大量的人工智能技术算法，虽然还无法全面取代人类，但是采用人类 + 机器的运营模式后，不但工作效率大幅提升，更给企业节省了额外开支，最主要的是客户的服务量也有所提升，为企业带来了业务量的激增。同时，高效的算法能够为金融机构提供投资组合建议，在风险信贷管理、精准营销、保险定损等众多应用上发挥作用。

（3）智能安防

园区管理、人脸识别、车辆追踪、视频信息提取被广泛运用于安防，有利于维护社会稳定，提高刑侦效率，在智慧城市的构建部署中，提升城市治理能力。智慧城市是物联网、大数据、云计算、人工智能等新一代信息技术驱动下的城市管理信息化、数字化的高级形态。智慧城市建设用于极为丰富的场景，在建设过程中，各类新技术和新模式的应用将推动城市运行系统更高效、更智能，赋予城市智慧感知、反应、管理的能力，使城市发展更加和谐、更具活力、更可持续。

目前我国已形成了以长三角、珠三角、环渤海湾为代表的一批智慧城市建设试点城市群。目前全世界已启动或在建智慧城市项目 1 000 多个，中国约有 500 个，是智慧城市建设最热的国家。

（4）智能医疗

人工智能走进医疗方向已经是正在进行的动作了，尤其是在医学影像方面，人工智能的工作效率不但相比人类医生有了急速的提升，更是在病理诊断中表现得尤为突出。通过人工智能技术自动分析，再辅以远程会诊、远程查体等音视频通信应用工具，将赋予医疗一个新的业务模式。图像识别、医疗诊断帮助提升效率，弥补医疗资源不平衡带来的隐患。

2020年初国内爆发的新冠肺炎疫情给大家留下了至深的印象，在疫情期间，人工智能技术在疫情监测分析、人员物资管控、医疗救治、药品研发、后勤保障、复工复产等方面充分发挥了作用。

以智能识别（温测）产品为例，基本实现多人同时非接触测温，并在体温异常时报警，能够在戴口罩情况下人脸识别，并对数据进行实时上云、跟踪管理。其中，智能告警和数据管理是人工智能测温系统区别于传统测温系统的两大重要功能。据中国人工智能产业联盟 AI 人体测温系统评测结果，产品在测温误差、最大测温距离和人脸抓拍准确率这方面较为出色，充分利用自身优势助力疫情防控。在测温误差方面，参评产品的误差都不超过 0.25℃；在人脸抓拍能力方面，参评产品的准确率主要保证在 90%以上；在最大测温距离能力上，因为参评产品使用场景不同，各产品最大测温距离在2~8米之内波动，基本保障达到各自场景使用场景的需求。

其次，智能外呼机器人的应用提高了筛查效率，减轻了基层工作者压力。目前医疗服务场景的实体智能服务机器人的主要应用场景为清洁、消毒和配送，以替代人力完成重复性、机械性、简单的工作为主，降低医护人员感染风险，提高管控工作效率。

此外，通过优化AI算法和算力，能有效助力病毒基因测序、疫苗/药物研发、蛋白筛选等药物研发攻关。人工智能技术给医疗及各行业的"赋能"作用日益显现，更多详细应用案例可访问"人工智能支撑新冠肺炎疫情防控信息平台"（http://ky.aiiaorg.cn/）查看。

（5）智能司法

以信息技术为基础的人工智能已经嵌入司法领域，构建成现代意义的智慧审判活动。智慧审判随着科技和社会进步，创新并开拓司法工作新局面、推进与落实司法改革各项要求应运而生。提高效率，降低法律服务成本，通过已有的法律条文、参考文献及历史案件等数据，进行推论，使更多需要法律服务的人得到帮助。强化人权保障、保证公正裁判中发挥重要作用，真正实现智能辅助法官办案，服务司法公正。

此外，人工智能在智能家居、智能教育等领域也有重大突破。结合计算机视觉技术能够完成物体识别、人脸识别、追踪等应用。在自然语言理解方面，语音识别、对话机器人（例如苹果公司的 Siri、微软公司的 Cortana 等）也正在成为下一代人机交互的入口。

人工智能是社会发展和技术创新的产物，是促进人类进步的重要技术形态。人工智能发展至今，已经成为新一轮科技革命和产业变革的核心驱动力，正在对世界经济、社会进步和人民生活产生极其深刻的影响。对世界经济而言，人工智能是引领未来的战略性技术，全球主要国家及地区都把发展人工智能作为提升国家竞争力、推动国家经济增长的重大战略；对社会进步而言，人工智能技术为社会治理提供了全新的技术和思路，将人工智能运用于社会治理中，是降低治理成本、提升城市治理效率、减少治理干扰最直接、最有效的方式；对日常生活而言，深度学习、图像识别、语音识别等人工智能技术已经广泛应用于智能终端、智能家居、移动支付等领域，未来人工智能技术还将在教育、医疗、出行等等与人民生活息息相关的领域里发挥更为显著的作用，为普罗大众提供覆盖更广、体验感更优、便利性更佳的智能生活服务。

8.4 \\\\ 物联网

物联网

物联网（Internet of things，IoT）是物物相连的互联网，是互联网的延伸，它利用局部网络或互联网等通信技术把传感器、控制器、机器、人和物等通过新的方式联在一起，进行信息交换和通信，形成人与物、物与物相联，实现信息化和远程管理控制。物联网是未来信息技术的重要组成部分，涉及政治、经济、文化、社会和军事各领域。从原动力来说，主要是国家层面在推动物联网的建设和发展。我国推动物联网发展的主要目的是：在国家统一规划和推动下，在农业、工业、科学技术、国防以及社会生活各个方面应用物联网技术，深入开发、广泛利用信息资源，加速实现国家现代化和由工业社会向信息社会的转型。

8.4.1 物联网概述

物联网是指通过信息传感设备（如无线传感器网络节点、射频识别装置、红外感应器、移动手机、全球定位系统、激光扫描器等），按照约定的协议，把任何物品与互联网连接起来，进行信息交换和通信，以实现智能化识别、定位、跟踪、监控和管理的一种网络。它是在互联网基础上的延伸和扩展的网络。

物联网概念的萌芽要追溯到 1998 年，麻省理工学院（MIT）的 Kevin Ashton 第一次提出把 RFID 技术与传感器技术应用于日常物品中形成一个"物联网"。2005 年国际电信联盟（ITU）在突尼斯举行了信息社会世界峰会（World Summit on the Information Society，WSIS），会上发布了《ITU Internet reports 2005——the Internet of things》，该报告介绍了物联网的概念、特征、相关技术、面临的挑战与未来的市场机遇，并指出物联网是通过 RFID 和智能计算等技术实现全世界设备互联的网络。2008 年，IBM 提出把传感器设备安装到各种物体中，并且普遍链接形成网络，即"物联网"，进而在此基础上形成"智慧地球"。2009 年，欧洲物联网研究项目工作组制订《物联网战略研究路线图》，介绍传感网 /RFID 等前端技术和 20 年发展趋势。

物联网是互联网的应用拓展，与其说物联网是网络，不如说物联网是业务和应用。因此，应用创新是物联网发展的核心，以用户体验为核心是物联网发展的灵魂。物联网通过智能感知、识别技术与普适计算等通信感知技术，广泛应用于网络的融合中。

8.4.2 物联网的特征与体系结构

随着网络覆盖的普及，人们提出了一个问题，既然无处不在的网络能够成为人际间沟通的无所不能的工具，为什么我们不能将网络作为物体与物体沟通的工具，人与物体沟通的工具，乃至人与自然沟通的工具？

物联网是"万物沟通"的，具有全面感知、可靠传送、智能处理特征的连接物理世界的网络，实现了任何时间、任何地点及任何物体的连结。可以帮助实现人类社会与物理世界的有机结合，使人类可以以更加精细和动态的方式管理生产和生活，从而提高整个社会的信息化能力。

物联网的基本特征可概括为全面感知、可靠传送、智能处理。全面感知，指的是物联网可以利用射频识别、二维码、智能传感器等感知设备感知获取物体的各类信息。可靠传输，通过对互联网、无线网络的融合，将物体的信息实时、准确地传送，以便信息交流、分享。智能处理，使用各种智能技术，对感知和传送到的数据、信息进行分析处理，实现监测与控制的智能化。

现有的互联网络相比于物联网更注重信息的传递，互联网络的终端必须是计算机（个人电脑、

PDA、智能手机）等，并没有感知信息的概念。物联网是互联网的延伸和扩展，使信息的交互不再局限于人与人或者人与机的范畴，而是开创了物与物、人与物这些新兴领域的沟通。物联网对所连接的物件主要有三点要求：一是联网的每一个物件均可寻址；二是联网的每一个物件均可通信；三是联网的每一个控件均可控制。与其他网络的区别是：物联网的接入对象更为广泛，获取信息更加丰富；网络可获得性更高，互联互通更为广泛；信息处理能力更强大，人类与周围世界的相处更为智慧。

由于物联网存在异构需求，所以物联网需要有一个可扩展的、分层的、开放的基本网络架构。目前业界将物联网的基本架构分为三层：感知层、网络层和应用层，即物联网三层构架 DCM（Device、Connect、Manage），与工业自动化的三层架构是互相呼应的，如图 8-6 所示。

在物联网的环境中，每一层次自原来的传统功能大幅进化，在设备（Device）达到所谓的全面感知，就是让原本的物，提升为智能物件，可以识别或撷取各种数据；而在连接（Connect）层则是要达到可靠传递，除了原有的有线网络外更扩展到各种无线网络；而在管理（Manage）层部分，则是要将原有的管理功能进步到智能处理，对撷取到的各种数据做更具智能的处理与呈现。

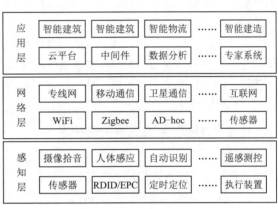

图 8-6 物联网体系架构

（1）感知层

第 1 层感知层是全面感知，就是利用射频识别、二维码、传感器等感知、捕获、测量技术随时随地对物体进行信息采集和获取。感知层处于最底层，是物联网的实现基础，实现物体信息的采集、自动识别和智能控制的功能主要在感知层。该层涉及的主要技术有 EPC 技术、RFID 技术、智能传感技术等。

①EPC 技术。EPC 技术将物体进行全球唯一编号，以方便接入网络。编码技术是 EPC 的核心，该编码可以实现单品识别，使用射频识别系统的读写器可以实现对 EPC 标签信息的读取，互联网 EPC 体系中实体标记语言服务器把获取的信息进行处理，服务器可以根据标签信息实现对物品信息的采集和追踪，利用 EPC 体系中的网络中间件等，对所采集的 EPC 标签信息进行管理。

②射频识别技术（RFID）技术。RFID 技术是一种非接触式的自动识别技术，使用射频信号对目标对象进行自动识别，获取相关数据，目前该方法是物品识别最有效的方式.根据工作频率的不同，可以把 RFID 标签分为低频、高频、超高频、微波等不同的种类。

③智能传感器技术。获取信息的另一个重要途径是使用智能传感器，在物联网中，智能传感器可以采集和感知信息，使用多种机制把获取的信息表示为一定形式的电信号，并由相应的信号处理装置处理，最后产生相应的动作。常见的智能传感器包括温度传感器、压力传感器、湿度传感器、霍尔磁性传感器等。

（2）网络层

第 2 层网络层是可靠传递，就是通过将物体接入信息网络，依托各种通信网络，随时随地进行可靠的信息交互和共享。物联网传输层处在感知层和应用层之间，该层主要作用是把感知层获取的信息准确无误传输给应用层，使应用层对海量信息进行分析、管理，做出决策。物联网传输层又可以分为汇聚网、接入网和承载网三部分。

①汇聚网：主要采用短距离通信技术如 Zig-Bee、蓝牙和 UWB 等技术，实现小范围感知数据的汇聚。

②接入网：物联网的接入方式较多，多种接入手段整合起来是通过各种网关设备实现的，使用网关设备统一接入到通信网络中，需要满足不同的接入需求，并完成信息的转发、控制等功能。

③载网：物联网需要大规模信息交互和无线传输，重新建立通信网络是不现实的，需要借助现有通信网设施，根据物联网特性加以优化和改造以承载各种信息。

（3）应用层

第 3 层应用层是智能处理，就是对海量的感知数据和信息进行分析并处理，实现智能化的决策和控制。物联网应用层关键技术包括中间件技术、云计算、物联网业务平台等技术。物联网中间件位于物联网的集成服务器和感知层、传输层的嵌入式设备中，主要针对感知的数据进行校验、汇集，在物联网中起着比较重要的作用。

8.4.3　物联网的主要关键技术

物联网是物联化、智能化的网络，它的技术发展目标是实现全面感知、可靠传递和智能处理。虽然物联网的智能化是体现在各处和全体上，但其技术发展方向的侧重点是智能服务方向。物联网的关键技术包括：传感器技术、低功耗蓝牙技术，无线传感器网络、移动通信技术等其他基础网络技术。从开发应用的角度来看，物联网的关键技术包括以下几个方面。

①无线通信技术：人类在信息与通信世界里获得的一个新的沟通维度，将任何时间或地点的人与人之间的沟通连接扩展到人与物、物与物之间。

②安全与可靠性技术：从技术角度看，物联网是基于因特网、移动通信网、无线传感器网络、RFID 等技术的，所以物联网遇到的信息安全问题会很多。因此我们必须在研究物联网的同时从技术保障与法制技术完善的角度出发，为物联网的健康发展创造一个良好的环境。从技术上讲，需要重点研究隐私保护技术、设备保护技术、数据加密技术等。

③物联网软件设计技术：物联网软件除了要完成用户需求域和信息空间域间的协同，还需要完成用户需求域和物理空间域间的协同，以及三者间的无缝连接，对其操作环境和运作环境不确定性的适应是物联网软件设计面临的重要挑战。

④物联网系统标准化技术：标准作为技术的高端形式，对物联网的发展至关重要。

⑤能效管理技术：一般采用虚拟化技术来有效整合网络资源，可以有效降低这些物理设备的使用，从而降低网络中不必要的能量损耗，促进资源共享，以实现"任何人在任何地点接入控制任何设备"为愿景。

物联网设备分散且应用场景复杂，还需要利用中间件、M2M、云计算等技术合理利用以及高效处理海量数据信息，并为用户提供相关的物联网服务。例如中间件的使用极大地解决了物联网领域的资源共享问题，它不仅可以实现多种技术之间的资源共享，也可以实现多种系统之间的资源共享，类似于一种能起到连接作用的信息沟通软件。利用这种技术，物联网的作用将被充分发挥出来，形成一个资源高度共享、功能异常强大的服务系统。

8.4.4 物联网的应用

互联网是连接计算机和移动智能终端的网络，基本上是围绕着人主动触发的场景展开应用。而物联网是物物之间的互联，更多是基于物品对本身或周围环境的感知而触发的自动化应用场景，是互联网的延展。物联网是建立在互联网基础上的网络发展的一个新阶段。它可以通过各种有线或无线网络与互联网融合，广泛应用于网络的融合中，也因此被称为继计算机、互联网之后世界信息产业发展的第三次浪潮。现在有越来越多的趋势展现，物联网结合人工智能等新兴技术，在多个领域的应用日益具备商用条件，并极大促进了原来互联网场景的智能化和自动化能力，从而为用户提供新的价值。

（1）智能医疗

在医疗卫生领域中，物联网是通过传感器与移动设备来对生物的生理状态进行捕捉，如心跳频率、体力消耗、葡萄糖摄取、血压高低等生命指数。把它们记录到电子健康文件里面。方便个人或医生进行查阅。还能够监控人体的健康状况，再把检测到的数据送到通信终端上，在医疗开支上可以节省费用，使得人们生活更加轻松。

（2）智能交通

物联网技术在道路交通方面的应用比较成熟，主要以图像识别技术为核心，综合利用射频技术、标签等手段，对交通流量、驾驶违章、行驶路线、牌号信息、道路的占有率、驾驶速度等数据进行自动采集和实时传送，相应的系统会对采集到的信息进行汇总分类，并利用识别能力与控制能力进行分析处理与识别，为交通事件的检测提供详细数据，有效缓解交通压力，提升车辆的通行效率。

（3）智慧物流

智慧物流是一种以信息技术为支撑，在物流的运输、仓储、包装、装卸搬运、流通加工、配送、信息服务等各个环节实现系统感知。全面分析，及时处理及自我调整功能，实现物流规整智慧、发现智慧、创新智慧和系统智慧的现代综合性物流系统。智慧物流能大大降低制造业、物流业等各行业的成本，实打实地提高企业的利润，生产商、批发商、零售商三方通过智慧物流相互协作，信息共享，物流企业便能更节省成本。

（4）智能农业

在农业领域，物联网的应用非常广泛，如地表温度检测、家禽的生活情形、农作物灌溉监视情况、土壤酸碱度变化、降水量、空气、风力、氮浓缩量、土壤的酸碱性和土地的湿度等，进行合理的科学估计，为农民在减灾、抗灾、科学种植等方面提供很大的帮助，完善农业综合效益。

物联网的应用前景非常广阔，遍及智能交通、环境保护、政府工作、公共安全、平安家居、智能消防、工业监测、环境监测、个人健康与护理、花卉栽培、水系监测、食品溯源、信息侦查和情报搜集等多个领域。如今，人们把传统的信息通信网络延伸到了更为广泛的物理世界形成了物联网。尽管"物联网"还是一个发展的概念，然而将"实物"纳入"网络"中，应该是信息化发展的一个大趋势。物联网技术将会掀起信息产业发展的新一轮浪潮，必将对社会发展和经济增长产生重大影响。

⊙ 思考与提高——生活中的物联网

物联网这种颠覆性技术正在渗透到各种行业，并连接我们周围每一台支持互联网的设备。我们身边的每一个"智能"设备都在致力于通过数字信息化来解决现实世界中的问题。例如智能手环采用传感和心率测量等技术辅助健康监测、智慧物流通过RFID、传感器、移动通讯技术等提升货物配送效率……细数一下你生活中的物联网产品有哪些?它们又是依赖哪些技术得以实现?

8.5 电子商务

电子商务

电子商务（Electronic Commerce，EC）是以网络通信技术进行、商品交换为中心的商务活动；也可理解为在互联网、企业内部网和增值网上以电子交易方式进行交易活动和相关服务的活动，是传统商业活动各环节的电子化、网络化、信息化；以互联网为媒介的商业行为均属于电子商务的范畴。它是一种依托现代信息技术和网络技术，集金融电子化、管理信息化、商贸信息网络化为一体，旨在实现物流、资金流与信息流和谐统一的新型贸易方式。电子商务在互联网的基础上，突破传统的时空观念，缩小了生产、流通、分配、消费之间的距离，大大提高了物流、资金流和信息流的有效传输和处理，开辟了世界范围内更为公平、公正、广泛、竞争的大市场，为制造者、销售者和消费者提供了能更好地满足各自需求的极好的机会。

电子商务作为数字经济的突出代表，在促消费、保增长、调结构、促转型等方面展现出前所未有的发展潜力，也为大众创业、万众创新提供了广阔的发展空间，成为驱动经济与社会创新发展的重要动力。

8.5.1 电子商务概述

从古到今，随着生产力的发展，商务的形式及具体内容也在不断地变化。历史上由于技术的进步，使交通工具、运输方式产生变化，货物及服务流通分配渠道产生变化，各部门，单位的相互契约关系等也在变化。

自 2000 年以来，电子商务正以前所未有的力量冲击着人们千百年来形成的商务观念与模式，直接作用于商务活动、间接作用于社会经济的方方面面，正在推动人类社会继农业革命、工业革命之后的第三次革命。对于任何想实现跨越式发展的企业来讲，开展电子商务都是必然选择。

近年来我国电子商务持续快速发展，各种新业态不断涌现，在增强经济发展活力、提高资源配置效率、推动传统产业转型升级、开辟就业创业渠道等方面发挥了重要作用。据数据统计显示，2018 年全国电子商务交易额达到 31.63 万亿元，同比增长 8.5%。其中，商品、服务类电子商务交易额 30.61 万亿元，同比增长 14.5%。未来电子商务行业将继续保持快速增长，其市场前景十分广阔。

8.5.2 电子商务的产生与发展

电子商务最早产生于 20 世纪 60 年代，发展于 20 世纪 90 年代，其产生和发展的重要条件主要是计算机的广泛应用、网络的普及和成熟、信用卡的普及与应用、电子安全交易协议的制定、政府的支持与推动以及网民意识的转变。它的发展经历了 3 个阶段。

第 1 阶段（20 世纪 60 年代~90 年代），基于 EDI 的电子商务。EDI（Electronic Data Interchange，电子数据交换）在 20 世纪 60 年代末期产生于美国，当时的贸易商们在使用计算机处理各类商务文件的时候发现，影响了数据的准确性和工作效率的提高，人们开始尝试在贸易伙伴之间的计算机上使数据能够动交换，EDI 应运而生。它将业务文件按一个公认的标准从一台计算机传输到另一台计算机上去的电子传输方法。由于 EDI 大大减少了纸张票据，因此，人们也形象地称之为"无纸贸易"或"无纸交易"。多年来，EDI 已经演进成了集中不同的技术使用网络的业务活动。

第 2 阶段（20 世纪 90 年代中期），基于 Internet 的电子商务。国际互联网迅速走向普及化，逐步地从大学、科研机构走向企业和百姓家庭，其功能也已从信息共享演变为一种大众化的信息传播工具。信息的访问和交换成本减低，且范围空前扩大。

第 3 阶段（20 世纪 90 年代中期至今），从 1991 年起，一直徘徊在互联网之外的商业贸易活动正式进入到这个王国，因此而使电子商务成为互联网应用的最大热点。互联网带来的规模效应降低了业务成本，丰富了企业、商户等的活动多样性，也为小微企业创造了机会，使他们能在平等的技术平台基础上进行竞争。

我国的电子商务发展经历了培育期、创新期及引领期，每个时期都伴随着技术的发展和特定的行业生态，正朝着智能化、场景化以及去中心化的方向发展。电子商务是创新驱动和引领的洋河，它的发展需要准确判断并把握时机，新技术的不断应用将成为产业的主要驱动力。

8.5.3　电子商务的概念

各国政府、学者及企业界认识根据自己所处的地位、参与的角度和程度不同，对电子商务给出了不同的定义，通常分为广义和狭义两种。

（1）从广义上来讲

电子商务是一种运用电子通信作为手段的经济活动，通过这种方式人们可以对带有经济价值的产品和服务进行宣传、购买和结算等经济活动。这种交易的方式不受地理位置、资金多少或零售渠道的所有权影响，任何企业和个人都能自由地参加广泛的经济活动。电子商务能使产品在世界范围内交易并向消费者提供多种多样的选择。

（2）从狭义上来讲

所谓电子商务，就是通过计算机网络进行的各项商务活动，包括广告、交易、支付、服务等活动。也就是说当企业将它的主要业务通过企业内部网（Intranet）、外部网（Extranet）以及互联网（Internet）与客户、供应商直接相连时，其中发生的各种活动就是电子商务。

与传统的商务活动方式相比，电子商务具有以下几个优势：

①电子商务所具有的开放性和全球性的特点。电子商务使企业可以以相近的成本进入全球电子化市场，使得中小企业有可能拥有和大企业一样的信息资源，提高了中小企业的竞争能力。电子商务一方面破除了时空的壁垒，另一方面又提供了丰富的信息资源，为企业创造了更多的贸易机会，为各种社会经济要素的重新组合提供了更多的可能，这将影响到社会的经济布局和结构。

②电子商务将传统的商务流程电子化、数字化，节省了潜在开支。电子商务重新定义了传统的流通模式，减少了中间环节，使得生产者和消费者的直接交易成为可能，从而在一定程度上改变了整个社会经济运行的方式。一方面以电子流代替了实物流，可以大量减少人力、物力，降低了成本；另一方面突破了时间和空间的限制，使得交易活动可以在任何时间、任何地点进行，从而大大提高了效率。

③电子商务具备更多互动性。通过互联网，商家之间可以直接交流、谈判、签合同，消费者也可以把自己的反馈建议反映到企业或商家的网站，而企业或者商家则要根据消费者的反馈及时调查产品种类及服务品质，做到良性互动。同时使商户能及时得到市场反馈，改进本身的工作，企业间的合作也得到了加强，决策者们能够通过准确、及时的信息获得高价值的商业情报，辨别隐藏的商业关系和把握未来的趋势，做出更有创造性、更具战略性的决策，增强企业竞争力。

◎ 思考与提高——电子商务带来的巨变

电子商务从根本上改变了社会经济，推动了社会发展和经济增长。电子商务尤其是B2B业务增长迅速，国内电商巨头阿里巴巴、拼多多、京东等企业快速崛起，降低了成本从而提高了经济效率，促进了市场的根本变化，不仅带来就业增长，也促使技能需求结构的变化。电子商务的社会经济影响对政策也提出了新需求。那么，电子商务的发展对社会和经济的不同方面、各类群体产生了怎样的影响？

8.5.4　电子商务的分类

电子商务按照参与经营模式或经营方式、交易涉及的对象、交易所涉及的商品内容、进行交易的企业所使用的网络类型等可分为不同的类型。

①按照商业活动的运行方式，电子商务可以分为：完全电子商务和非完全电子商务。

②按照商务活动的内容，电子商务可以分为：间接电子商务和直接电子商务。

间接电子商务：是指有形货物的电子订货和付款，仍然需要利用传统渠道如邮政服务和商业快递车送货。如鲜花、书籍、食品、汽车等，交易的商品需要通过传统的渠道如邮政业的服务和商业快递服务来完成送货。因此，间接电子商务要依靠送货的运输系统等外部因素。

直接电子商务：是指无形货物和服务，如某些计算机软件，娱乐内容产品的联机订购、付款和交付，或者是全球规模的信息服务。直接电子商务能使双方越过地理界线直接进行交易，充分挖掘全球市场的潜力。

③按照开展电子交易的范围，电子商务可以分为：区域化电子商务、远程国内电子商务、全球电子商务。

④按照使用网络的类型，电子商务可以分为：基于专门增值网络（EDI）的电子商务、基于互联网的电子商务、基于 Intranet 的电子商务。

EDI 是按照一个公认的标准和协议，将商务活动中涉及的文件标准化和格式化，通过计算机网络，在贸易伙伴的计算机网络系统之间进行数据交换和自动处理。EDI 主要应用于企业与企业、企业与批发商、批发商与零售商之间的批发业务。

因特网（Internet）指利用连通全球的网络开展的电子商务活动。在因特网上可以进行各种形式的电子商务业务，这种方式所涉及的领域广泛，全世界各个企业和个人都可以参与，所以当前正以飞快的速度在发展，其前景十分广阔，是目前电子商务的主要形式。

内联网（Intranet）指在一个大型企业的内部或一个行业内开展的电子商务活动，通过这种形式形成一个商务活动链，这样可以大大提高工作效率和降低业务的成本。

⑤按照交易对象，电子商务可以分为：企业对企业的电子商务（B2B），企业对消费者的电子商务（B2C），企业对政府的电子商务（B2G），消费者对政府机构的电子商务（C2G），消

费者对企业的电子商务（C2B），消费者对消费者的电子商务（C2C），企业、消费者、代理商三者相互转化的电子商务（ABC），以消费者为中心的全新商业模式（C2B2S），以供需方为目标的新型电子商务（P2D）。

电子商务的跨界属性日益增强，随着线上服务、线下体验与现代物流的深度融合，也创造出更丰富的应用场景，正在驱动新一轮电子商务产业创新。人工智能、大数据等新技术的应用催生营销模式不断创新，缩短了消费者与商品服务的距离，提升用户体验并促成更多交易。目前，无人超市、无感支付、智能零售等数字化新业态推动着电子商务日趋智能化、多场景方向发展。

8.6　互联网＋

互联网＋

新中国成立 70 年来，我国经济社会发展取得巨大成就，人民生活发生翻天覆地的变化。特别是党的十八大以来，网络、信息等技术加速向产业渗透，平台经济、共享经济蓬勃发展，线上线下快速融合，互联网以不可阻挡之势，与各领域、各行业迅速融合。互联网＋零售、互联网＋餐饮、互联网＋医疗、互联网＋金融……现代互联网科技手段的广泛运用，为我们开启了全新的生活。互联网＋是创新 2.0 下的互联网发展的新业态，也是知识社会创新 2.0 推动下的互联网形态演进及其催生的经济社会发展新形态。它是互联网思维的进一步实践成果，推动经济形态不断地发生演变，从而带动社会经济实体的生命力，为改革、创新、发展提供广阔的网络平台。

8.6.1　"互联网＋"的提出

2015 年 3 月 5 日十二届全国人大三次会议上，李克强总理在政府工作报告中首次提出"互联网＋"行动计划。李克强在政府工作报告中提出，制定"互联网＋"行动计划，推动移动互联网、云计算、大数据、物联网等与现代制造业结合，促进电子商务、工业互联网和互联网金融（ITFIN）健康发展，引导互联网企业拓展国际市场。

2015 年 7 月 4 日，经李克强总理签批，国务院日前印发《关于积极推进"互联网＋"行动的指导意见》，这是推动互联网由消费领域向生产领域拓展，加速提升产业发展水平，增强各行业创新能力，构筑经济社会发展新优势和新动能的重要举措。在具体行动安排上，提出了包括"互联网＋"促进创业创新、协同制造、现代农业、智慧能源、普惠金融、公共服务、高效物流、电子商务、便捷交通、绿色生态、人工智能等 11 个重点领域发展目标任务，并确定了相关支持措施。

8.6.2　"互联网＋"的本质

"互联网＋"代表一种新的经济形态，即充分发挥互联网在生产要素配置中的优化和集成作用，将互联网的创新成果深度融合于经济社会各领域之中，提升实体经济的创新力和生产力，形成更广泛的以互联网为基础设施和实现工具的经济发展新形态。它以互联网为主的一整套信息技术（包括移动互联网、云计算、人工智能、大数据技术等）在经济、社会生活各部门的扩散、应用过程。

"互联网＋"的本质是传统产业的网络化、数据化。网络零售、在线广告、跨境电商、电子银行、网约车、外卖行业等所做的工作都是努力实现交易的网络化。通过网络社交及线上交易，商品的交易行为及人的社交关系都迁移到互联网上，实现了数据的采集、分析、挖掘和使用。网络化、数据化之后就可以通过大数据技术反馈助力行业的生产、经营和管理。

"互联网＋"并不是简单的"互联网＋各个传统行业"，它是两方面融合的升级版，将互联网作为当前信息化发展的核心特征，提取出来，并与工业，商业，金融业等服务业的全面融合。这其中最关键的就是创新，只有创新才能让这个"+"更有意义更有价值。

"互联网 +"的内涵不同于之前的"信息化"，或者说互联网重新定义了信息化。我们把信息化定义为：ICT 技术不断应用深化的过程。但是，如果 ICT 技术的普及、应用没有释放出信息和数据的流动性，从而促进信息或数据在跨组织、跨地域的广泛分享使用，就会出现"IT 黑洞"陷阱，信息化效益难以体现。在互联网时代，信息化正在回归这个本质。互联网是迄今为止人类所看到的信息处理成本最低的基础设施。互联网天然具备的全球开放、平等、透明等特性使得信息和数据在工业社会中被压抑的巨大潜力爆发出来，转化成巨大生产力，成为社会财富增长的新源泉。例如，淘宝网作为架构在互联网上的商务交易平台，促进了商品供给—消费需求信息在全国、全球范围内的广泛流通、分享和对接：10 亿件商品、900 万商家、3 亿消费者实时对接，形成一个超级在线大市场，极大地促进了中国流通业的效率和水平，释放了内需消费潜力。

8.6.3 "互联网 +"与传统行业

从产品设计（C2B 用户参与、按需订制）、产品生产（众包协同生产）、产品投入（众筹）、产品营销（微博、微信线上营销）、产品流通（去中心化、跨境电商崛起）到产品服务（O2O 极致服务），"互联网 +"改造行业的每一个环节，从信息传输环节开始，逐渐渗透进了产品的制造、运营和销售等各个环节，同时也向更纵深的方向发展。利用互联网将传感器、控制器、机器人和人连接在一起，实现全面的链接，从而推动产业链的开放融合，改革传统规模化生产模式，实现以用户为中心，围绕满足用户个性化需求的新型生产模式，推动产业转型升级。人们衣食住行涉及的领域，都正在被"互联网 +"的发展思路所渗透、革新。

（1）餐饮 O2O 在线商务

餐饮行业是和人们日常生活最息息相关的行业，随着互联网的普及，中国网民规模继续增大，特别是移动互联网用户规模增长明显，越来越多的用户开始尝试在线外卖预定，在网上下载优惠券再去线下餐馆消费也越来越普遍。餐饮行业 O2O 在线商务用户包括通过网络（包括 PC 端和移动端）购买、预定餐饮，和下载餐饮优惠券而去线下消费的用户。参照中国互联网络信息中心（China Internet Network Information Center，CNNIC）发布的 2020 年 4 月第 45 次《中国互联网络发展状况统计报告》，截至 2020 年 3 月，我国网上外卖用户规模达 3.98 亿，占网民整体的 44.0%；手机网上外卖用户规模达 3.97 亿，占手机网民的 44.2%。

餐饮 O2O 的进程，其实是餐饮行业信息化的一个过程。"互联网 +"餐饮也不仅仅局限于把餐厅的一些基本信息（如菜单、顾客评价等）搬上互联网，真正改变餐饮行业互联网结合的途径来自餐饮后端服务的信息化改造和升级，通过商业形态的进化为餐饮行业提高服务效率与质量、降低运营成本、增加营收。

（2）网约车行业

网约车是指基于移动互联网、以手机 App 为主要服务平台、为具有出行需求的顾客和具有出行服务资格与能力的驾驶员提供信息沟通和有保障连接服务的新型商业运行模式。网络预约专车类服务包括专车、快车和顺风车等等，是传统用车市场的补充。2012 年，打车应用软件在国内出现，由于其满足乘客和出租车司机的双重需要，我国网约车在市场上受到资本、供求双方的热捧。2019 年，网约车行业合规化进程加速推进，竞争加剧催生新的合作模式。参照 CNNIC 发布的数据统计报告，截至 2020 年 3 月，我国网约车用户规模达 3.62 亿，占网民整体的 40.1%。目前，根据交通运输部及网约车监管信息交互平台数据统计，我国已有 140 多家网约车平台公司取得了经营许可；全国合法网约车驾驶员已达 150 多万人，日均完成网约车订单超过 2 000 万单。

从各类打车软件相继上线到行业洗牌、寡头显现，再到监管升级，市场逐渐规范，网约车为公共交通提供良好补充的同时也为用户提供个性化出行需求，有效节约社会资源。"互联网＋"下的出行模式除了提供预约租车服务之外，还通过创新性地利用信息技术、大数据分析技术和管理优化技术来开发整合一系列综合服务，包括驾驶员服务质量与信用评价、导航、拼车等，甚至还发展到城市交通自动化调度、交通拥堵治理等。

（3）互联网金融

用技术打破信息壁垒、以数据跟踪信用记录，互联网技术优势正在冲破金融领域的种种信息壁垒，互联网思维正在改写金融业竞争的格局。"互联网＋"金融的实践，正在让越来越多的企业和百姓享受更高效的金融服务。互联网金融和传统金融的碰撞以及争论持续了许久，但前者的规模并未因此停止碰撞的速度。传统银行用融资服务吸引商户，再通过对商户的资金流、商品流、信息流等大数据的分析，为这些中小企业提供灵活的线上融资服务，提高用户黏度的同时，也节约了银行自身的运营成本。

目前的互联网金融模式仍在探索发展中，主要包括第三方支付，金融产品线上销售，P2P 理财以及众筹模式。新型的网络金融服务公司利用大数据、搜索等技术，让上百家银行的金融产品可以直观地呈现在用户面前。

"互联网＋"正在逐渐渗透进第三产业，形成互联网金融、互联网教育等新的产业液态，此外，"互联网＋"也开始向第一和第二产业进军，比如工业互联网正在逐渐走进设备制造、能源和新材料等工业领域，创新生产方式，推动传统工业的转型发展；农业互联网也正在逐渐向生产环节渗透，为农业的发展带来了新的发展机遇，同时也提供更广阔的发展空间。此外，在线旅游模式也正在悄然演进，广播电视媒体行业也面临市场角力、整合与洗牌。

8.6.4 "互联网＋"的积极影响与挑战

互联网正在全面融入经济社会生产和生活各个领域，引领了社会生产新变革，创造了人类生活新空间，带来了国家治理新挑战，并深刻地改变着全球产业、经济、利益、安全等格局。"互联网＋"时代的到来无疑给整个社会都带来了新的发展机遇。带来的积极影响包括便捷性、即时性、交互性、功能齐全性、服务灵活性、信息传播广泛性等等，不仅推动了信息化社会的到来，使得信息经济在世界各地全面发展，更加快了经济全球化的步伐。

从个人层面而言，"互联网＋"为每一个个体提供学习、生活方方面面的个性化服务。这一新技术形态的建立，使得人人、人物、物物地广泛连接、交互成为可能。借助网络技术，学习、科研、生活已不再受到校园这一物理边界的制约，依托于互联网的信息技术也延伸至校园之外，与学习、科研、生活紧密叠加，为每个个体提供了个性化服务。

从社会层面的角度，"互联网＋"发展了人的社会关系：以网结缘的社会关系扩大了社会关系的范围，使人们从地域性个人变成了世界性个人。丰富了社会生活形态：移动互联网塑造了全新的社会生活形态，潜移默化地改变着移动网民的日常生活。

从国家层面，"互联网＋"提升综合国力和国际竞争力。国家从战略角度考虑"互联网＋"，借助以互联网为代表的新技术力量，把"互联网＋"纳入国家行动计划，是经济新常态下的理性选择。

"互联网＋"时代给人们带来的既有机遇，同样也有挑战。面临的风险与挑战也日益增多：

信息庞杂性、信息可靠性、信息碎片性、人际隔离性、缺乏规范性、安全风险性等等。现阶段用户数据的收集、存储、管理和使用缺乏规范，主要依靠企业、管理者等的自律，用户无法确定自己隐私信息的用途。此外，许多组织机构担心擅自使用数据会触犯监管和法律底线，同时数据处理不当可能会给企业及相关单位带来声誉风险和业务风险，因而在驾驭大数据层面仍存在困难与挑战。

此外，网络也疏远了部分人群的人际交往关系。根据 CNNIC 报告显示，截至 2020 年 3 月，我国网民规模达 9.04 亿，较 2018 年底增长 7508 万，互联网普及率达 64.5%。调查结果显示，最主要的上网设备为手机，其比例达 99.3%。在网民群体中，学生最多，占比为 26.9%。

同时，网络失范现象危害社会稳定，网络失范行为存在着隐蔽性、即时性、交互性等特征，不仅管理起来难度大，而且其造成的社会危害更是难以估量。随着世界各国对网络空间主导权的争夺加剧，我国作为发展中的网络大国，在网络安全方面正面临着严峻挑战，需要时刻应对好网络犯罪、网络攻击、网络泄密等诸多安全问题。互联网已经成为意识形态斗争的最前沿、主战场，成为国家安全面临的"最大变量"。

◎ 思考与提高——如何做好一个信息公民？

信息化发展异常迅猛的今天，网络成了公民学习、生活和工作的必备工作和助手。网络信息环境下法律意识的培养已成为历史发展的必然趋势，那么信息公民网络道德的培养应当从哪些方面加以考虑呢？

放眼未来，技术手段持续进步，"互联网+"仍有巨大的发展空间。把握经济转型升级大趋势，着眼进一步优化创新创业创造环境，让产业发展更好地聚集创新要素，更好地应对资源和环境等外部挑战，将推动全球产业发展迈入创新、协调、绿色、共享、开放的数字经济新时代。

第9章

实验辅助
——5Y 学习平台的使用

本课程属于实操性较强的课程，要求学生熟悉掌握计算机办公软件的操作技能。因此教材编写团队结合 5Y 学习（谐音"我要学习"）平台的自动测评功能，研发了一系列的配套资源。平台服务的主要对象是高校师生，网站用户分为：教务员、教师以及学生。教师可以在平台上跟踪学生的学习情况，包括登录次数、观看视频完成情况以及测试通过情况。教师可以上传自己的课件、视频等文件方便学生学习，根据平台反馈的跟踪数据可以及时调整教学策略，极大发挥教师个人能动性。而本章主要介绍学生如何正确使用 5Y 学习平台的课程资源，利用平台的反馈数据进行学习。教务员端、教师端的使用方法，请另参看平台的使用手册。

5Y学习平台

9.1 \\\\\ 5Y 学习平台的登录与运行要求

9.1.1 认识学习平台与登录平台

5Y 学习平台是广东省高等学校教学考试管理中心研发的一个以"教、学、管、考"四维一体的平台。其主要目的是辅助教师、学生开展日常的教学和学习活动，为高校提供更多优质的课程资源，实现线上教学评价与学生学习轨迹跟踪，解决线上线下教学和学习的问题。平台秉承资源共享共建模式，摆脱传统封闭的教学模式，创建与网络学习支撑环境相对独立的、开放的超媒体信息资源中心。图 9-1 所示为平台的界面。

学生可以利用平台的资源以及任课老师提供的学习指引进行学习，根据平台提供学习数据的跟踪与反馈进行自我监督。如果读者是在校学生，请根据任课老师提供的网站以及用户名登录平台，任课老师可以跟踪学生的学习轨迹。一般情况下，任课老师会将平台上的学习情况作为平时成绩的一部分。如果读者所在的学校没有使用 5Y 学习平台，任课老师没有提供学习网址，请使用以下网址与账号登录平台。

平台简介

网址：http://5y.gdoa.net:8580　用户名：stud2016@gdoa　密码：123456

图 9-1   5Y 学习平台界面

在图 5-1 所示界面右上角，单击"登录"即可打开登录界面，输入账号与密码即可登录平台，如果是任课老师提供的账号，学生账号默认的登录密码是 123456，如果忘记密码可以联系自己的任课老师。

注意一下，登录平台的网址不可借助百度等搜索工具进行查找，因为 5Y 学习平台有非常多的子站点，目前有 77 个子站点，不同学校站点不同，登录网址不同，所以请同学们收藏好本校老师提供的平台网址或者使用上面提供的登录地址。

9.1.2   平台与测试客户端的运行条件

1. 学习平台硬软件要求

计算机的操作系统：Windows 系列，建议 Windows 7 或 Windows 10 版本等。目前 5Y 平台不支持苹果操作系统，使用苹果操作系统可以观看视频或作答客观题，而操作题需要启用测试客户端，因测试客户端不支持苹果操作系统，所以苹果操作系统无法作答操作类试题。

浏览器版本：使用 IE 浏览器、360 浏览器或平台自带 5Y 浏览器。使用 IE 浏览器的版本需要 IE9 或更高版本，360 浏览器需要切换兼容模式。使用 IE 或 360 浏览器的优点是通常可直接观看视频，缺点是需要自行安装测试客户端。

推荐使用平台自带的 5Y 浏览器。5Y 浏览器集成了测试客户端，使用该浏览器登录平台后直接可以进行操作题的作答，无须安装测试客户端。Windows 8、Windows 10 系统推荐使用绿色版，Windows 7 系统推荐使用完全安装版；若课程视频不能观看则需安装 Flash 插件。

电脑分辨率：建议 1280*768 或以上。

音频能外放：即电脑带有声卡，能正常播放带有声音的视频。

Office 操作软件：Office 2016 软件。本课程的操作均基于 Office 2016 软件，如果使用其他版本或者 WPS 等软件作答平台的测试试题，可能会导致评分出错或无法评分的情况。

2. 学习平台必备插件

Flash 插件：播放视频插件，无法观看视频时，会有安装提示，按指引安装即可。

测试客户端：自动测评插件，无法进入相关测试时，会有相关提示，按指引安装即可。

需要注意的是：一般情况下，如果使用 5Y 浏览器，不需要再安装上面两个插件，但也有可能 Flash 插件需要下载新版本进行安装，按无法播放的界面指引安装即可。

9.2　5Y 学习平台的学习指引

通过 5Y 学习平台，学生随时可登录到学习平台的学生端进行"计算机应用（2016）"课程的学习。学生可以在线下课堂听从任课老师的教学指引进行学习，也可以自我学习，在平台网络上与同学相互间进行探讨和交流学习体会，也可以向老师询问、请教；教师也能通过网络学习平台给学生布置、批改作业，进行指导和答疑，并能随时掌握学生的学习进度，指导学生学习。

学生在利用平台资源进行课程学习时，可以参考图 9-2 的学习流程图。

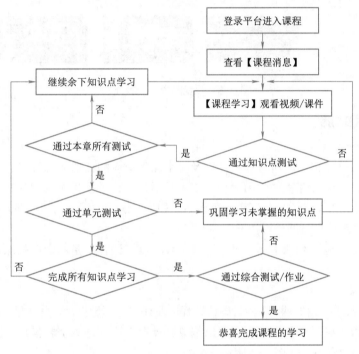

图 9-2　学习流程图

9.3　"我的中心"功能简介

在 IE 浏览器地址栏里输入平台指定的网址，不同学校登录网址不同（例如使用体验网址：http://5y.gdoa.net:8580），在打开的 5Y 学习平台首页右上角单击"登录"按钮即可打开登录窗口，登录平台时，平台会判断用户类型，根据用户类型加载不同的功能模块页面。

学生先输入自己的"用户名"。一般情况下"用户名"为学生的学号，但具体以任课老师通知为准，再输入"登录密码"，默认登录密码是 123456，然后单击"登录"按钮，即可登录到学生端页面（例如用户名：stud2016@gdoa 密码：123456），登录平台后即可进入"我的中心"界面，如图 9-3 所示。

下面是各个功能模块的详细介绍。

图 9-3   "我的中心"界面

9.3.1   常用功能

1. 我的课程

本栏目显示的是已选修的所有课程，以及每个课程对应的任课老师姓名，在这里单击相应的课程图标即可进入相关课程的学习界面。如果是通过所在学校提供的网站进入平台，则显示的主讲老师姓名即为线下课堂中的任课老师姓名。如果有误请告诉自己的任课老师，帮忙调整。否则任课老师无法跟踪自己的学习情况。

如在课程图标下显示红色字体"已修"，则表示该门课程不是本学期的课程，是以往学期已修课程。

2. 基本信息

首次登录平台，在"我的课程"栏目确认课程以及任课老师无误后，先打开"基本信息"栏目，校对基本资料是否正确，如信息有误，可以修改并保存正确的基本资料信息，同时在这个栏目可以上传自己的头像资料，如图 9-4 所示。

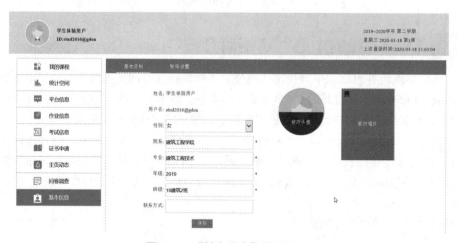

图 9-4   "基本信息"栏目界面

除了修改基本资料外,在"基本信息"栏目界面也可以修改登录密码,单击"账号设置"选项卡,即可切换到密码修改界面,按提示设置新密码即可。有的学校为了避免学生忘记登录密码会禁止修改登录密码。

9.3.2 "统计空间"栏目

本栏目显示的是本校所有课程的线上学习统计信息,选择相应课程单击"操作"下方的查看统计图标即可进入该课程的统计页面,如图 9-5 所示。

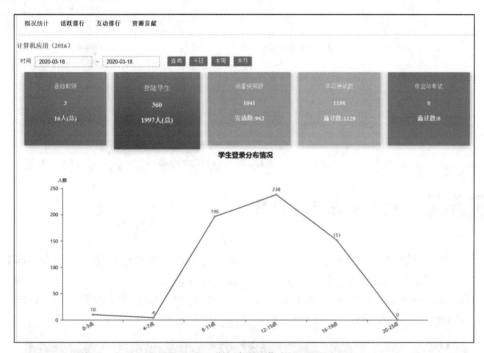

图 9-5 "统计空间"栏目界面

进入课程的统计空间后,我们可以看到统计的页面包含了 4 个栏目:概况统计、活跃排行、互动排行、资源贡献。

概况统计主要显示的信息是本校所有学生、老师的在线情况,包括登录的人数,登录的时间分布,观看视频的数量以及完成测试的数量,可以设置查询的日期范围。"活跃排行"显示的是每个学院老师、学生的登录排行情况,如图 9-6 所示。"互动排行"显示的是通过平台进行互动的老师、学生排行情况。"资源共享"显示的是老师在对平台课程资源建设的共享情况。空值数据是指没有学院信息的用户活跃情况。

9.3.3 其他不常用模块

"平台信息""作业信息""考试信息"主要用于信息通知的,如果有新通知在界面上有明显的数字提醒,单击打开查看即可。"主页动态"主要显示其他用户对该用户的评价与留言。"问卷调查"栏目显示的是老师或教务员发布的问卷调查,如果有新的问卷调查,按信息提示填写即可。

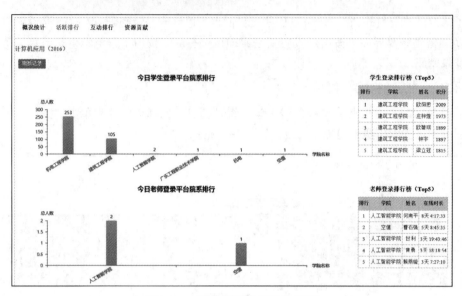

图 9-6　"活跃排行"选项卡界面

9.4 进入课程学习空间

在"我的中心"页面选择课程即可进入该课程的学习空间。如图 9-7 所示，进入学习空间后，首先看到的是学习进度栏目，显示的是最近一次的学习轨迹以及自己任课老师发布的课程消息（默认为空，需要任课老师发布才有消息）。在这里可以根据上一次的学习轨迹或老师发布的课程学习指引进行学习。在界面右侧显示的是同一个任课老师所有学生的积分排行情况，显示前 10 名与当前学生用户的积分，可以帮助学生快速找出学习差距。

图 9-7　进入课程学习后显示的界面

9.4.1　"课程学习"栏目

"课程学习"是课程学习的主要阵地，包含有课程的目录结构以及每个知识点的学习资源，学习的资源有视频资源，课件资源以及测试资源，如图 9-8 所示。其中 📹 表示知识点视频，📄 表示课件内容，📋 表示知识点测试。

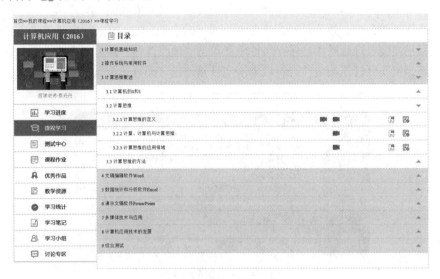

图 9-8　课程学习目录

9.4.2　"测试中心"栏目

该栏目显示本课程所有的测试资源，其中"知识点测试"显示的是前面"课程学习"栏目里所有的测试汇总。"综合测试"的题目是相对综合的题目汇总，是参照全国高等学校计算机水平考试（广东考区）一级考试形式研发的试卷。在这里可以查看该学生用户所有测试的测试信息以及得分情况。在这里也可以直接进入测试，或单击测试标题也能继续进入相关知识点的视频学习，如图 9-9 所示。交卷 3 次后，可以单击测试所在行的答案图标可以查看客观题的正确答案。

图 9-9　测试中心学习界面

在"测试中心"测试序号字体颜色为黑色的测试是可以直接在网页打开进行作答的试题，一般是客观题。如果测试序号字体颜色为红色，则该测试需要调用测试客户端才能进入测试，一般是包含操作题的测试。推荐使用平台自带的 5Y 浏览器打开网站，这样进入包含操作题的测试则无须安装测试客户端即可直接进行测试。Win8、Win10 系统推荐使用绿色版，Win7 系统推荐使用完全安装版。如使用其他浏览器则需按界面提示，另外安装测试客户端。

单击含操作题的测试，进入测试界面如如图 9-10 所示，在本地电脑按题目描述打开指定的目录，按题目描述要求进行操作。保存文件后，单击"预改该题"即可查看得分。如作答有误，想要重新作答，关闭已打开的文件，然后单击"恢复该题"即可还原操作素材。

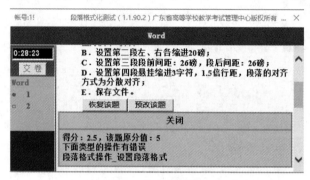

图 9-10　测试界面

完成作答后，单击"交卷"按钮即可对所有作答的题目进行评分汇总，在弹出的界面单击"提交成绩"按钮即可提交成绩。其中测试通过与否是按百分制计算得分进行判断的，百分制后的得分 >=60 即通过，否则不通过。

9.4.3　"学习统计"栏目

本栏目主要用于统计学生用户本人的学习情况，以图表的方式，横向、纵向分析学生的学习情况。如图 9-11 所示，整体显示学生各个章节的视频、测试完成情况。

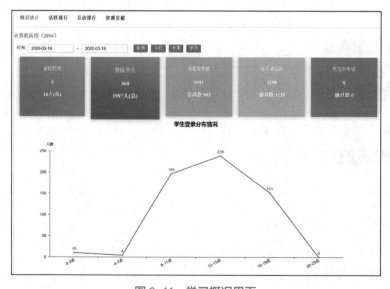

图 9-11　学习概况界面

通过切换图 9-11 所示界面的"详细数据"选项卡，可非常详细地罗列该用户所有知识点的学习情况，包括每个知识点的测试次数、最后的测试时间、提交次数等信息，如图 9-12 所示。

顺序	章	学习点	视频进度				测试进度			
			有视频	浏览数	时长	完成率	有测试	提交数	成绩	最后测试时间
1	1	计算机的定义	有	3	0:1:23	172.9%	有	2	100	2020-03-01 22:34:40
2	1	计算机的发展	有	3	0:4:56	200%	有	4	100	2020-03-01 22:58:03
3	1	计算机的分类	有	3	0:6:51	121.2%	有	2	100	2020-03-01 22:59:48
4	1	移动设备	有	1	0:1:29	100%	有	2	100	2020-03-06 14:23:12
5	1	计算机系统	有	1	0:1:28	100%	有	1	100	2020-03-06 14:23:50
6	1	计算机硬件系统	有	1	0:7:36	100%	有	2	100	2020-03-06 14:25:24
7	1	计算机软件系统	有	1	0:2:11	100%	有	1	100	2020-03-06 14:26:18
8	1	计算机的主要性能指标	有	1	0:3:33	100%	有	1	100	2020-03-06 14:27:14
9	1	个人计算机的硬件组成和选购	有	1	0:1:51	100.9%	有	1	100	2020-03-06 14:27:50
10	1	计算机网络的功能与分类	有	2	0:6:5	110.6%	有	1	100	2020-03-06 14:28:45
11	1	计算机网络的组成	有	1	0:3:47	100.4%	有	1	100	2020-03-06 14:29:19
12	1	网络设备与传输介质	有	1	0:8:9	100%	有	1	100	2020-03-06 14:29:48
13	1	无线网络	有	2	0:3:54	134.5%	有	2	100	2020-03-06 14:30:22
14	1	Internet基础知识	有	1	0:9:50	100.2%	有	1	100	2020-03-06 14:30:56
15	1	网络安全概述	有	1	0:2:49	100.6%	有	1	100	2020-03-06 14:31:34
16	1	网络病毒和网络攻击	有	1	0:7:20	100%	有	2	100	2020-03-06 14:38:26
17	1	网络安全防护	有	1	0:1:57	100%	有	1	100	2020-03-06 14:38:47
18	1	网络安全法	有	1	0:1:59	100.8%	无	-	-	-

图 9-12　学习概况界面

通过切换图 9-12 所示界面的选项卡"班级统计"可以查看同班同学的积分情况，方便用户了解自己的学习积分在班级里的排行情况。

9.4.4　其他栏目

"课程作业"默认为空，显示任课老师布置的课程作业信息，按照信息指引完成作业即可。

"课程考试"默认为空，显示任课老师布置的测试小考信息，按照信息指引完成考试即可。

"优秀作品"默认为空，显示的是任课老师上传的优秀作品文件，用于成果分享。

"教学资源"默认为空，显示的是任课老师上传的学习资源，学生可以在这里下载任课老师提供的课件等资源。

"学习笔记"默认为空，在这个栏目，学生用户可以添加学习笔记，学习笔记分为公开或不公开的形式，公开的笔记可以共享给所有同学一起学习，互相交流学习心得。

"学习小组"默认为空，如任课老师设置了分组操作，即有相关的显示，可以进入小组话题的讨论。如没有分组则该栏目没有内容。

"讨论专区"默认为空，显示的为同一任课老师关于该课程所有的帖子与回复，属于本课程学习的交流园地。

9.5　Flash 播放器与测试客户端

5Y 学习平台其实就是一个学习网站，使用任何的浏览器都能访问，但与普通网站不同的是它有自动测评功能，可以观看视频微课。所以这里会用到测试客户端与 Flash 播放器。如果使用平台自带的 5Y 浏览器则无须安装测试客户端可直接进行测试。Win8、Win10 系统推荐使用绿色版，Win7 系统推荐使用完全安装版。

若课程视频不能观看则需安装 Flash 插件。

Flash 插件可以在 https://www.Flash.cn（Flash 官网）进行下载安装。

如不想使用 5Y 浏览器，按提示下载测试客户端，解压后运行安装即可。

下面是安装测试客户端的演示步骤。

第一步：下载测试客户端

在首页或做测试的界面都可以下载测试客户端。图 9-13 是 win10 操作系统下使用 IE 浏览器登录平台首次进行操作题测试的界面，按方式一单击下载客户端。

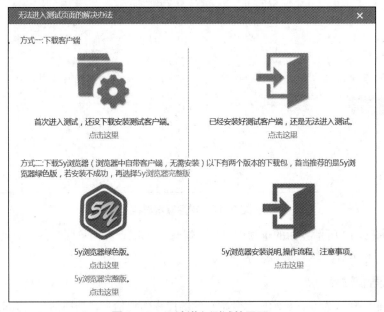

图 9-13　无法进入测试的界面

第二步：解压测试客户端

刚下载的测试客户端软件是一个压缩包软件，如图 9-14 所示。需要使用解压软件解压后再运行。

图 9-14　下载好的测试客户端压缩包

第三步：安装测试客户端

右击"安装客户端 .bat"文件，选择"以管理员身份运行"，如图 9-15 所示。

第四步：进入测试客户端

刷新测试中心界面或者重新登录平台，进入测试，一般情况下，首次进入测试会在 IE 界面下方弹出如图 9-16 所示信息框，单击"允许"后，再单击操作类的测试试题即进入测试客户端。

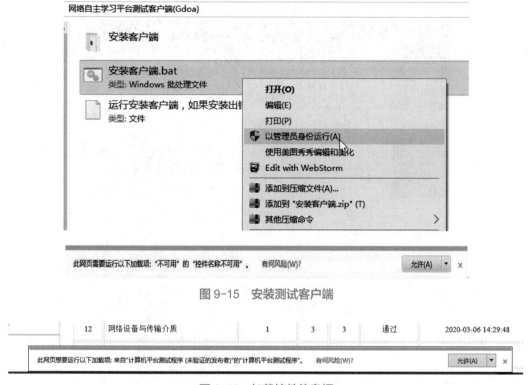

图 9-15　安装测试客户端

| 12 | 网络设备与传输介质 | 1 | 3 | 3 | 通过 | 2020-03-06 14:29:48 |

此网页想要运行以下加载项：来自"计算机平台测试程序 (未验证的发布者)"的"计算机平台测试程序"。　有何风险(W)?　　　允许(A) ▾　×

图 9-16　加载控件信息框

安装测试客户端过程中常见的两个问题：

①如图 9-17 所示，解决方法：请结束安装任务或重启电脑，按图 9-15 以管理员身份 (右击测试客户端图标，在弹出的菜单选择以管理员身份运行) 进行安装即可。

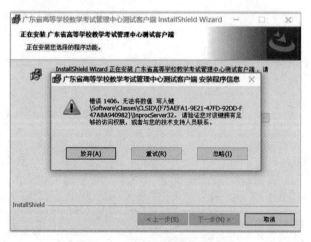

图 9-17　安装时弹出的信息框

②如图 9-18 所示，"预改该题"无法加载指定的 dll。解决方法：退出 360 杀毒软件、关闭防火墙；若仍提示上图状况，则需重新安装 5Y 浏览器或测试客户端。

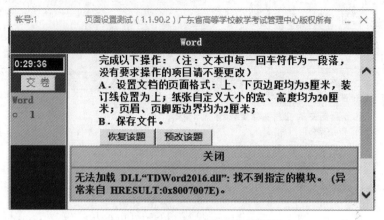

图 9-18 "预改该题"时出错界面